"十三五"国家重点图书出版规划项目

城市安全风险管理丛书

编委会主任:王德学　总主编:钟志华　执行总主编:孙建平

国家出版基金项目
NATIONAL PUBLICATION FOUNDATION

城市历史建筑保护风险防控

Risk Prevention and Control of Conservation of Historic Building in Urban Areas

侯建设　王安石　乔延军　朱毅敏 等　编著

同济大学出版社
TONGJI UNIVERSITY PRESS

图书在版编目(CIP)数据

城市历史建筑保护风险防控 / 侯建设等编著. —上海：同济大学出版社，2021.6
（城市安全风险管理丛书 / 钟志华总主编）
"十三五"国家重点图书出版规划项目
ISBN 978 - 7 - 5608 - 7343 - 5

Ⅰ. ①城… Ⅱ. ①侯… Ⅲ. ①古建筑—文物保护—风险管理—研究—中国 Ⅳ. ①TU-87

中国版本图书馆 CIP 数据核字(2021)第 126903 号

"十三五"国家重点图书出版规划项目
城市安全风险管理丛书

城市历史建筑保护风险防控

侯建设　王安石　乔延军　朱毅敏 等　编著

出 品 人： 华春荣
策划编辑： 高晓辉　吕　炜　马继兰
责任编辑： 吕　炜　高晓辉
责任校对： 徐春莲
装帧设计： 唐思雯

出版发行　同济大学出版社　www.tongjipress.com.cn
　　　　　（地址：上海市四平路 1239 号　邮编：200092　电话：021 - 65985622）
经　　销　全国各地新华书店、建筑书店、网络书店
排版制作　南京文脉图文设计制作有限公司
印　　刷　上海安枫印务有限公司
开　　本　787mm×1092mm　1/16
印　　张　13.25
字　　数　331 000
版　　次　2021 年 6 月第 1 版　　2021 年 6 月第 1 次印刷
书　　号　ISBN 978 - 7 - 5608 - 7343 - 5
定　　价　88.00 元

内容简介

城市历史建筑是承载城市历史文化的重要载体,对于文明的传统的重要性不言而喻。保护历史建筑,已经逐渐成为社会的共识。但在历史建筑保护的实践中,仍然面临许多问题,实现历史建筑的科学保护,非常迫切。本书对历史建筑保护中存在的风险点进行了梳理,对造成风险的自然和人为原因进行了分析,对保护实践中体制、机制、技术等方面存在的不足进行了总结。在此基础上,提出风险防控的理念,围绕风险意识的强化,风险管理体制、机制的完善,现代化技术和金融手段的创新应用等方面,提出了具体的防控举措,特别是提出了"法治化、社会化、智能化、标准化"的防控原则和路径,提出建设统一的风险防控平台,以及积极利用好保险这一现代化金融工具,实现风险防控的长效化和可持续性。

作者简介

侯建设

男,高级工程师,文物保护工程勘察设计师。

曾任上海建工集团装饰公司历史建筑保护研究中心技术科长、上海现代建筑设计集团历史建筑保护设计研究院项目经理、上海康业建筑装饰工程有限公司总工程师。

现任同济大学城市风险管理研究院历史(既有)建筑风险研究所所长、宝葫历史建筑科技(上海)有限公司总经理、中国历史建筑保护网 CEO、上海市建筑学会历史建筑保护委员会委员、上海市城市经济学会历史建筑保护咨询专家、上海石库门文化中心专家委员会委员、上海市住宅修缮工程评标专家、北京历史建筑保护工程研究中心研究员。

主持并参与上海市外滩历史文化风貌区的和平饭店、东风饭店、外滩十八号、中国银行等10 余项历史建筑保护修复项目的工作,以及贵州安顺古城历史文化街区保护修缮项目、烟台所城里历史文化街区保护性改造项目等古城保护修复项目的工作,并在《建筑施工》《时代建筑》《上海城市发展》等专业期刊和《解放日报》《东方早报》《新闻晨报》等媒体发表论文 20 余篇,发明专利 30 余项。

王安石

男,工商管理硕士、高级经济师。

曾任上海市人民政府农业委员会综合计划处处长,兼任上海市农业资金管理领导小组办公室主任,上海市农业综合开发办公室主任、上海农村能源办公室主任、上海农口住宅建设办公室主任,上海市住宅发展局副总经济师、规划设计处处长,上海市房屋土地资源管理局副总工程师、房屋修缮改造处处长、历史建筑保护处处长,上海市建筑学会历史建筑保护专业委员会副主任,上海市太阳能学会秘书长,上海市建交委第四、第五、第六届科技委员会委员。

现任上海市历史文化风貌区和优秀历史建筑保护专家委员会委员,天津市历史风貌建筑保护专家咨询委员会特邀委员,中国文物保护技术协会近现代建筑保护学术委员,上海市建筑学会历史建筑保护专业委员会顾问,上海石库门文化研究中心副主任,上海市宏观经济学会城镇经济发展专家委员会主任,中国历史建筑保护网创始人,上海阮仪三城市遗产保护基金会理事。

执笔完成《加快上海郊区城镇建设 推进农村城市化进程研究报告》《关于增强县级综合调控能力的调研报告》；撰写《沪郊城镇建设贵在创新》(上、中、下)并在《城市导报》连载；参与编撰《乡镇工程建设指南》；《上海建设》年鉴"农房建设"第一作者；作为主要编写人之一参与《上海面向二十一世纪初的住宅建设发展战略研究》，获上海市科技进步三等奖；作为第一序列人参与"上海市房屋安全管理规定及居住物业修缮技术标准研究"，获上海市科技进步奖；参与"上海市居住房屋结构完好性评定标准研究"，获上海市科技成果奖；作为课题组组长完成"上海市历史文化风貌区和优秀历史建筑保护政策研究"。

乔延军

男，上海城市建设和管理研究所所长，长期从事住房和城乡建设管理系统重大调研课题组织和研究，撰写并发表城市建设、管理和规划类论文近 20 篇，主持、承担和参与住建部、上海市以及上海市建设交通系统重大课题研究 10 余项，其中，"上海市加强住宅小区综合治理的调研"荣获第十届上海市决策咨询成果奖一等奖，"上海城市综合管理标准体系研究"荣获市建设交通系统重大调研课题成果奖一等奖。致力于历史文化保护和发展研究，策划出版青浦、嘉定、宝山、金山、松江、浦东、奉贤历史文化大型画册。参加中欧社会论坛香港和上海峰会并发表信息化和城市安全的演讲，参与阿拉善 SEE 生态协会活动并任上海地区咨询专家，参与中国城投公司联谊会的组织和活动。

"城市安全风险管理丛书"编委会

编委会主任　王德学

总 主 编　钟志华

编委会副主任　徐祖远　周延礼　李逸平　方守恩　沈　骏　李东序
　　　　　　　陈兰华　吴慧娟　王晋中

执行总主编　孙建平

编委会成员　（按姓氏笔画排序）

于福林　马　骏　马坚泓　王文杰　王以中　王安石
白廷辉　乔延军　伍爱群　任纪善　刘　军　刘　坚
刘　斌　刘铁民　江小龙　李　垣　李　超　李伟民
李寿祥　杨　韬　杨引明　杨晓东　吴　兵　何品伟
张永刚　张燕平　陆文军　陈　辰　陈丽蓉　陈振林
武　浩　武景林　范　军　金福安　周　淮　周　嵘
单耀晓　胡芳亮　钟　杰　侯建设　秦宝华　顾　越
柴志坤　徐　斌　凌建明　高　欣　郭海鹏　涂辉招
黄　涛　崔明华　盖博华　鲍荣清　蔡义鸿

《城市历史建筑保护风险防控》编撰人员

顾　　　问　孙建平　王安石

主　　　编　侯建设　乔延军

主要编撰人员　马小康　侯紫耀

主要参编单位及牵头人：

　　　　　同济大学　王海艳

　　　　　河北工业大学　丁承君

　　　　　北京工业大学　杨昌鸣

　　　　　上海大学文化遗产研究院　黄继忠

　　　　　上海市历史建筑保护事务中心　李宜宏

　　　　　徐汇区房管局　姜　江

　　　　　上海市房地产科学研究院　陈　洋

　　　　　维尔科宝(安徽)应用大数据产业有限公司　刘中一

　　　　　上海建工一建集团有限公司　徐　飚

　　　　　上海静安建筑装饰实业股份有限公司　沈皎东

　　　　　武汉设计之都促进中心　金志宏

　　　　　上海康业建筑装饰工程有限公司　孙仲夏

　　　　　宝葫历史建筑科技(上海)有限公司　王　啸

总序

　　浩荡 40 载,悠悠城市梦。一部改革开放砥砺奋进的历史,一段中国波澜壮阔的城市化历程。40 年风雨兼程,40 载沧桑巨变,中国城镇化率从 1978 年的 17.9% 提高到 2017 年的 58.52%,城市数量由 193 个增加到 661 个(截至 2017 年年末),城镇人口增长近 4 倍,目前户籍人口超过 100 万的城市已经超过 150 个,大型、特大型城市的数量仍在不断增加,正加速形成的城市群、都市圈成为带动中国经济快速增长和参与国际经济合作与竞争的主要平台。但城市风险与城市化相伴而生,城市规模的不断扩大、人口数量的不断增长使得越来越多的城市已经或者正在成为一个庞大且复杂的运行系统,城市问题或城市危机逐渐演变成了城市风险。特别是我国用 40 年时间完成了西方发达国家一二百年的城市化进程,史上规模最大、速度最快的城市化基本特征,决定了我国城市安全风险更大、更集聚,一系列安全事故令人触目惊心。北京大兴区西红门镇的大火、天津港的"8·12"爆炸事故、上海"12·31"外滩踩踏事故、深圳"12·20"滑坡灾害事故等,昭示着我们国家面临着从安全管理 1.0 向应急管理 2.0 乃至城市风险管理 3.0 的方向迈进的时代选择,有效防控城市中的安全风险已经成为城市发展的重要任务。

　　为此,党的十九大报告提出,要"坚持总体国家安全观"的基本方略,强调"统筹发展和安全,增强忧患意识,做到居安思危,是我们党治国理政的一个重大原则",要"更加自觉地防范各种风险,坚决战胜一切在政治、经济、文化、社会等领域和自然界出现的困难和挑战"。中共中央办公厅、国务院办公厅印发的《关于推进城市安全发展的意见》,明确了城市安全发展总目标的时间表:到 2020 年,城市安全发展取得明显进展,建成一批与全面建成小康社会目标相适应的安全发展示范城市;在深入推进示范创建的基础上,到 2035 年,城市安全发展体系更加完善,安全文明程度显著提升,建成与基本实现社会主义现代化相适应的安全发展城市。

　　然而,受制于一直以来的习惯性思维,当前我国城市公共安全管理的重点还停留在发生事故的应急处置上,突出表现为"重应急、轻预防",导致对风险防控的重要性认识不足,没有从城市公共安全管理战略高度对城市风险防控进行统一谋划和系统化设计。新时代要有新思路,城市安全管理迫切需要由"强化安全生产管理和监督,有效遏制重特大安全事故,完善突发事件应急管理体制"向"健全公共安全体系,完善安全生产责任制,坚决遏制重特大安全事故,提升防灾减灾救灾能力"转变,城市风险管理已经成为城市快速转型阶段的新课题、新挑战。

　　理论指导实践,"城市安全风险管理丛书"(以下简称"丛书")应运而生。"丛书"结合城市安全管理应急救援与城市风险管理的具体实践,重点围绕城市运行中的传统和非传统风险等热点、痛点,对城市风险管理理论与实践进行系统化阐述,涉及城市风险管理的各个领域,涵盖城市建设、城市水资源、城市生态环境、城市地下空间、城市社会风险、城市地下管线、城市气象灾害以及城市高铁运营与维护等各个方面。"丛书"提出了城市管理新思路、新举措,虽然还未能穷尽城市风险的所有方面,但比较重要的领域基本上都有所涵盖,相信能够解城市风险管理人士之所需,对城市风险管理实践工作也具有重要的指南指引与参考借鉴作用。

"丛书"编撰汇集了行业内一批长期从事风险管理、应急救援、安全管理等领域工作或研究的业界专家、高校学者,依托同济大学丰富的教学和科研资源,完成了若干以此为指南的课题研究和实践探索。"丛书"已获批"十三五"国家重点图书出版规划项目并入选上海市文教结合"高校服务国家重大战略出版工程"项目,是一部拥有完整理论体系的教科书和有技术性、操作性的工具书。"丛书"的出版填补了城市风险管理作为新兴学科、交叉学科在系统教材上的空白,对提高城市管理理论研究、丰富城市管理内容,对提升城市风险管理水平和推进国家治理体系建设均有着重要意义。

中国工程院院士

2018 年 9 月

前言

　　优秀的历史建筑是一个城市宝贵的文化遗产,传承好这些宝贵的文化遗产,对未来的发展具有重要的意义。保护好优秀的历史文化建筑,让这些建筑浴火重生,对城市的发展和面貌,至关重要。我国各级政府一贯高度重视历史建筑的保护工作,尤其是党的十八大以来,许多城市贯彻落实习近平总书记切实加强历史文化遗产保护的系列重要讲话,明确提出建立最严格的保护制度的指导思想,全面规划、整体保护、积极利用、依法严管,延续城市历史,积淀城市文化,基本形成了以优秀历史建筑为重点的保护理念和模式,并进行了积极探索。

　　在历史建筑保护的实践中,仍然面临许多问题,如何实现历史建筑的科学保护仍有待探索。本书系统梳理历史建筑保护中存在的风险点,分析造成风险的自然和人为因素,对保护实践中体制、机制、技术等方面存在的不足进行了总结。在此基础上,积极借鉴国际先进经验,提出风险防控的理念,围绕风险意识的强化,风险管理体制、机制的完善,现代化技术和金融手段的创新应用等方面,提出了具体的防控举措,特别是提出了法治化、社会化、智能化、标准化的防控原则和路径,提出建设统一的风险防控平台,以及积极利用好保险这一现代化金融工具,实现风险防控的长效化和可持续性。

　　本书由同济大学城市风险管理研究院历史(既有)建筑风险研究所具体牵头组织编写,同济大学、河北工业大学、北京工业大学、上海大学等院校相关部门以及上海建工一建集团有限公司、上海静安建筑装饰实业股份有限公司、武汉设计之都促进中心、上海康业建筑装饰工程有限公司、宝葫历史建筑科技(上海)有限公司、上海市房地产科学研究院、维尔科宝(安徽)应用大数据产业有限公司等参与编写,上海市历史建筑保护事务中心、徐汇区房管局等政府管理部门指导编写,提供政策法规咨询建议。自2019年以来,编写人员凝心聚力,确保内容的完整性和准确性。

　　同济大学城市风险管理研究院孙建平院长多次对编写组提出指导意见和建议,推动编纂进展,研究院其他领导和老师也给予了大力支持。同济大学出版社的领导和责任编辑尽职尽责、一丝不苟,对本书的编纂,从框架结构、内容和格式上,提出了具体指导建议。在此一并表示感谢!

　　由于时间紧张,加上历史建筑保护风险防控方面资料局限,书中尚有许多有待完善之处,留待以后不断完善,望广大读者谅解。

编者

2021年5月

目录

总序
前言

1 城市历史建筑保护概述 ·· 1
  1.1 城市历史建筑保护的基本概念 ·· 1
    1.1.1 保护对象 ··· 1
    1.1.2 保护原则 ··· 1
    1.1.3 保护体系——法国经验启示 ·· 3
  1.2 我国历史建筑保护概况 ·· 9
    1.2.1 历史及遗留问题 ·· 9
    1.2.2 历史建筑保护体系及现状 ·· 11
    1.2.3 历史建筑保护的新形势新思路 ·· 12
  1.3 上海市历史建筑保护基本情况 ·· 13
    1.3.1 保护政策沿革 ·· 13
    1.3.2 分类分级保护 ·· 14
  1.4 历史保护建筑相关的立法及制度保障 ·· 21
    1.4.1 地方条例 ··· 21
    1.4.2 管理网络 ··· 22
    1.4.3 所有人的责任和义务 ··· 24
    1.4.4 处罚及工作问责制度 ··· 25

2 城市历史建筑安全风险管理方向和路径 ··· 27
  2.1 世界遗产风险管理概述 ·· 27
    2.1.1 战争时期的风险管理 ··· 27
    2.1.2 灾害准备 ··· 28
    2.1.3 预防性保护 ··· 30
  2.2 我国城市历史建筑风险管理体系 ·· 31
    2.2.1 现有普遍误区 ·· 31
    2.2.2 风险管理体系建设 ··· 32
    2.2.3 多元共治的风险管理路径 ·· 33
    2.2.4 现代化的风险管理发展方向 ·· 33

3 城市历史建筑风险识别与评估 ·· 42

  3.1 风险及损失的识别 ·· 42

    3.1.1 风险识别体系 ·· 43

    3.1.2 风险识别最常用的方法 ··· 43

    3.1.3 风险源 ··· 45

    3.1.4 致灾因子 ··· 46

    3.1.5 其他相关城市公共安全风险 ····································· 50

    3.1.6 地震带的城市历史建筑——尼泊尔教训 ························· 50

  3.2 风险评估 ··· 51

    3.2.1 风险评估体系 ··· 52

    3.2.2 风险评级标准 ··· 54

    3.2.3 RM风险地图——意大利经验启示 ································ 55

    3.2.4 我国长三角地区风险图 ··· 56

4 城市历史建筑风险防控实践 ·· 58

  4.1 风险预警与监控 ··· 58

    4.1.1 世界遗产监测的国际要求 ······································· 59

    4.1.2 国家监控预警平台 ··· 60

    4.1.3 地方监控预警平台 ··· 63

    4.1.4 项目监控预警平台 ··· 65

    4.1.5 风险监控大数据统计——欧盟经验启示 ··························· 66

  4.2 城市风险防控体系 ··· 66

    4.2.1 灾害准备和防灾规划 ··· 67

    4.2.2 应急管理和灾后急救 ··· 73

    4.2.3 报告书和工艺传承制度——日本经验启示 ······················· 75

  4.3 项目层面风险防控体系 ··· 78

    4.3.1 日常维护管理中的风险防控 ····································· 79

    4.3.2 修缮工程相关的风险防控 ······································· 80

    4.3.3 开发建设相关的风险防控 ······································· 85

    4.3.4 特殊的风险防控手段——保护性拆解与复建 ····················· 87

  4.4 基于新技术的历史建筑风险防范 ····································· 90

    4.4.1 实时监控技术 ··· 90

    4.4.2 物联网技术 ··· 91

    4.4.3 数字化技术 ··· 101

  4.5 专项监测系统——布达拉宫雷暴监测系统 ····························· 108

5　历史保护建筑财务型风险防控工具 ·· 111

　5.1　历史保护建筑财务型风险防控概述 ·· 111

　　5.1.1　财务型风险防控的定义 ·· 111

　　5.1.2　财务型风险防控的分类 ·· 111

　5.2　国内外历史建筑保护利用风险防控的融资模式 ···················· 113

　　5.2.1　国外融资模式 ··· 113

　　5.2.2　国内融资模式 ··· 115

　　5.2.3　国内外融资模式的比较与创新 ····································· 116

　5.3　历史建筑保护利用风险防控的保险机制 ······························ 117

　　5.3.1　保险的功能 ·· 117

　　5.3.2　我国城市历史建筑保险现状 ·· 119

　　5.3.3　历史建筑保险实践——美国经验启示 ···························· 120

　5.4　城市历史建筑保护利用风险的可保性 ································· 121

　　5.4.1　可保风险的概念 ··· 121

　　5.4.2　城市历史建筑风险的可保性 ·· 122

6　城市历史建筑保护利用风险防控案例 ····································· 124

　6.1　我国历史建筑风险案例分析 ··· 124

　　6.1.1　和平饭店风险防控案例分析 ·· 124

　　6.1.2　民立中学历史建筑风险防控案例分析 ··························· 129

　　6.1.3　嘉里南区历史建筑风险防控案例分析 ··························· 134

　　6.1.4　武汉翟雅阁历史保护建筑风险防控案例分析 ·················· 137

　6.2　城市历史建筑风险评估与预警案例 ····································· 145

　　6.2.1　佛山城市历史建筑风险评估与预警案例分析 ·················· 145

　　6.2.2　意大利文化遗产风险评估与预警案例分析 ···················· 149

　　6.2.3　英格兰遗产风险评估与预警案例分析 ··························· 152

　　6.2.4　上海吉安里沈宅、陆宅保护修缮工程风险分析 ··············· 155

7　数字保护技术在风险管理体系中的应用及案例分析 ··················· 176

　7.1　圣三一基督教堂结构健康监测应用实践案例分析 ·················· 176

　　7.1.1　工程概况 ··· 176

　　7.1.2　保护建筑修缮的前期准备和调研 ·································· 176

　　7.1.3　保护建筑修缮的前期准备 ·· 177

　　7.1.4　保护建筑的历史和现状 ··· 177

　　7.1.5　保护建筑的修缮、恢复 ··· 178

　　7.1.6　信息监测技术措施 ··· 179

7.2 河南路桥修缮数字化保护技术的应用案例分析 ················· 184

    7.2.1 改造背景 ··· 184

    7.2.2 河南路桥历史 ··· 185

    7.2.3 保护原则构思 ··· 185

    7.2.4 重点保护对象分析 ······································· 185

    7.2.5 河南路桥风貌的再生理念 ································· 186

    7.2.6 河南路桥具有文化特征的现有构件调查原则 ············· 186

    7.2.7 河南路桥重生技术 ······································· 186

7.3 贵州安顺古城历史文化街区保护修缮项目风险应对措施分析 ····· 188

    7.3.1 项目概况 ··· 188

    7.3.2 项目的风险应对举措 ····································· 189

名词索引 ··· 195

1 城市历史建筑保护概述

1.1 城市历史建筑保护的基本概念

1.1.1 保护对象

根据使用语境的不同,城市历史建筑(mounuments historiques)的概念和指代范围往往可大可小。本书所涵盖的保护及风险管理对象主要包含如下三种:

(1) 文物建筑(包括世界文化遗产、各级文物保护单位及登录的不可移动文物)。

(2) 除文物建筑外,价值得到相关专家认可并获得提名和登录的优秀历史建筑。

(3) 具有相当的价值,尚未被提名和登录,但是对城市历史风貌具有突出贡献的其他近现代建筑(下文代称为风貌建筑或保留建筑)[1]。

上述三种隶属于历史文化遗产的城市历史建筑通常具有如下一种或一种以上的价值内涵和影响因素:一是与历史发展的事件或任务相关联;二是记录特定的建筑风格、形式、结构、用途、技术工艺等;三是表现特定的历史文化和民俗传统的场所,如历史遗迹或景观。从所属年代、传统延承、形式风格来说,这些建筑既包括清末民初以前按照传统布局、技术工艺和风貌色彩建造的古典建筑,也包含从鸦片战争开始以新建筑体系包括从西方引进的和中国自身发展建造的具有新风格、新技术、新功能的近代建筑。根据所在区域的不同[2],被保护的历史建筑就建筑年龄来说通常有 50 年及以上的规定。考虑到对展现了近现代科学建造技术的地标性建筑、获奖建筑和"未来遗产"等的预防性保护,也有部分城市地区将可列入保护名录的历史建筑的建成年限酌情放宽至 30 年及以上。另外,随着社会对于历史建筑的保护意识、保护意愿以及专业保护技术的不断增强,曾经被忽视的工业建筑、军事建筑、现代主义风格建筑、20 世纪建筑等遗产门类也不断获得各界关注并被逐步增加到保护名录当中[1]。

值得一提的是,上述三种历史建筑中的前两种由于须经过政府部门确定、公布及备案,因而受到相关法律的明确保护;第三种虽然在业内通常被认为是准优秀历史建筑,并往往进入到登录的候选名单中,但是由于缺乏清晰的法律地位和针对性的保护条例,它们不仅在保护强度上略逊于前两种,且更容易被钻空子的所有者违法拆搭建或无视历史依据进行任意修改却无法追责,造成了宝贵历史文化遗产的损失。因此,在对此类建筑的风险管理上更加需引起重视。

1.1.2 保护原则

历史建筑的价值认识是保护观念形成的核心,也是保护实践的根本依据。历史价值、艺术价值和科学价值是历史建筑价值的基本构成。

历史建筑的价值与其空间结构、材料机理等物质载体的完整性和原真性直接相关,因此,在历史建筑的保护和利用中,有一系列需要严格执行和贯彻的准则来防止历史建筑的价值因不恰当的保护技术和修缮设计而丢失。这些从世界文化遗产的保护中衍生出的国际公约、宪章(表 1-1)和保护原则经过了时间的认证,在历史建筑保护领域得到广泛的认可和运用,并逐步下沉,被吸纳进各级历史建筑保护和利用的管理之中。

这些保护修缮的原则有:

1. 真实性原则(authenticity)

尽量全面保存并延续历史建筑的原物和真实历史信息,反对一切形式的伪造。修复和重建一定要有完整、详细的资料,不能有丝毫主观臆测成分并尽量保留原有的材料、结构和工艺。审美原则应建立在历史真实性上,不允许为了追求完整、华丽而改变历史原状。

2. 完整性原则(integrity)

一个历史文化遗存是连同其环境一同存在的,保护不仅是保护其本身,还要保护其周围的环境,尤其是对城市、街区、地段,要保护其整体的环境,这样才能体现出历史的风貌。整体性还包含其文化内涵、形成的要素,如街区就应包括居民的生活活动及与此相关的所有环境对象。另外,在历史演化过程中形成的包括各个时代特征、具有价值的物质遗存都应得到尊重。

3. 可识别性原则(identity)

慎重对待历史建筑在它存在的历史过程中的遗失和增建部分,对不可避免的添加和缺失部分的修补必须与整体保持和谐,但又能与原来部分明显区分,让参观者可以区分新旧真假而不是以假乱真,修复部分歪曲历史建筑的艺术或作为历史见证。

4. 可逆性原则(re-treatability)

可逆性原则亦称为适合性和可再处理原则,即修缮和改建的措施应尽量做到可以撤除而不损害建筑本身,修缮时新添加的材料其强度应不高于原始材料,新旧材料要有物理、化学兼容性,为将来采取更科学、更适合的修缮留有余地。

5. 最小干预原则

修缮历史建筑时,要把对它的干预降低到最小程度,力争无创或微创。能维持正常的安全存在即可,无须"画蛇添足"或"锦上添花"。尽可能多地保留原来的构件和材料,非万不得已不得舍弃,伤残的部件通过挖补拼接再次使用。原构件和材料上残存的工具加工痕迹也进行保留。在使用新材料、新工艺前,应对它们的长远效果进行充分研究,不盲目使用。

总体而言,城市历史建筑的保护修缮必须以房屋质量检测报告为依据,通过对历史、沿革、变迁、价值、原状和现状的调查分析,在符合各项原则的前提下制定出有针对性的修复方案。值得一提的是,对历史建筑的保护并不意味着把它们都变成博物馆。根据《中国文物古迹保护准则》,文物建筑不得改变其原状,而另两类(即优秀历史建筑和风貌建筑)可在满足一定条件的情况下，根据各地的地方性条例进行适用性改造和利用。具体来说，文物建筑要求在不改变原状的前提下使用恰当的保护技术来延长建筑的生命周期，并贯彻"保护为主、抢救第一、合理利用、加强管理"的方针；而优秀历史建筑和风貌建筑则须遵循"统一规划、分类管理、有效保护、合理利用、利用服从保护"的方针；也就是说历史建筑的一切利用必须以保护为前提，以促进保护为目标。所选取的利用方式、使用功能、控制强度和各项利用措施，必须同时能够使专家划定的保护内容和重点保护部位实现更安全、更长久的保护，同时在利用中彰显其历史、艺术和科学的价值。

表 1-1   国际文化遗产保护文件选编

时间	文件名称	会议
1931 年	《关于历史性纪念物修复的雅典宪章》	第一届历史纪念物建筑师及技师国际会议
1933 年	《雅典宪章》	国际现代建筑协会
1964 年	《关于古迹遗址保护与修复的国际宪章（威尼斯宪章）》	第二届历史古迹建筑师及技师国际会议
1975 年	《关于建筑遗产的欧洲宪章》《阿姆斯特丹宣言》	欧洲理事会
1987 年	《保护历史城镇与城区宪章（华盛顿宪章）》	国际古迹遗址理事会
1994 年	《奈良真实性文件》	与世界遗产公约相关的奈良真实性会议
1999 年	《巴拉宪章》	国际古迹遗址理事会澳大利亚国家委员会
2000 年	《北京共识》	中国文化遗产保护与城市发展国际会议
2000 年	《中国文物古迹保护准则》	国际古迹遗址理事会中国国家委员会
2003 年	《关于工业遗产的下塔吉尔宪章》	国际工业遗产保护联合会
2007 年	《北京文件》	东亚地区文物建筑保护理念与实践国际研讨会

1.1.3   保护体系——法国经验启示

随着历史建筑保护领域专业的不断深化，对历史建筑的保护意识不断增强，我国的行政部门、学术界和民间都逐渐意识到，仅仅保存极少数最高规格的宗教建筑和礼制建筑，而忽视对包括石库门里弄和四合院胡同在内的民居及其他类型建筑的整体保护的方案并不可取。这将导致大量的与城市记忆相关联的建筑遗产迅速消失，城市历史文化资源宝库迅速萎缩。因此，当前城市历史保护工作的对象和范围已经由点及线再及面，逐步扩增至规格相对稍低但与本地历史紧密关联的建筑群和风貌街区。在城市历史建筑的整体保护中，尤其是在世界遗产城市和中国历史文化名城名镇的申报和评选中，保护体系的建设至关重要。如作为国际上较早引入遗产保护管理概念的地区，法国巴黎的历史风貌区及历史建筑的保护已形成了极具规模性和系统性的体系。

法国巴黎建筑遗产当前的保留保护体系涵盖了历史建筑、景观地、保护区以及建筑/城市和风景遗产保护区等不同内容，以分级分类保留保护、细化保留保护标准，强调对历史建筑的活化利用、动态保护为主要特征。历史风貌区及历史建筑保留保护类别、等级基本可分为以下几种类型：

1. 历史建筑

法国历史建筑包括列级历史建筑(Mounments Historiques Classés)以及列入补充名单的历史建筑(Mounments Historiques Inscrits)。由《历史建筑保护法》(1913年)所明确,由法国国家文化部历史建筑委员会所管理。截至2000年,全法国共有列级和补充名单历史建筑39 000幢。其法律地位相当于我国的"文物建筑"(《中华人民共和国文物保护法》)以及"历史建筑"(《历史文化名城名镇名村保护条例》)。

一般而言,列级历史建筑以修缮利用为主,而列入补充名单的历史建筑则更多地以改扩建等灵活的方式[3],在历史建筑保护的基础上进行充分的动态活化利用。

2. 景观地(sites)

景观地同样分为列级和列入补充名单两类,由《景观保护法》(1930年)确定,由国家景观地高级委员会负责管理。《景观保护法》是法国第一个不仅仅将单体建筑作为保护对象,是对"美学的、历史的、风景的或留下传说的、留下人类杰出痕迹的地方"进行保护的法律。同时,在法律第三条中指出,该法律可授权在历史建筑周围建立一个被保护的区域,例如巴黎环线内80%的城区属于列入补充名单的景观地。截至2002年,全法国共有2 700个列级的景观地(占国土面积的1.5%)和5 100个列入补充清单的景观地。

3. 历史建筑的周边地区

所有列级或列入补充名单的历史建筑周围500 m半径内的范围为历史建筑的周边地区(Les Abords des Monuments Historiques),由《历史建筑保护法》在1943年的修订增补中明确,地区内的建筑特征是作为历史建筑的周边环境而被保护的。法国国家文化部历史建筑周边地区委员会负责其保护管理。1998年,全法国的历史建筑周边地区共有300万hm²,占整个国土面积的5.4%。

4. 保护区(Secteurs Sauvegardés)

20世纪50年代后期,第二次世界大战后的法国面临着急需改造旧城区的要求,因此开始了对城市中心"不卫生"地区的改造,大量老旧房屋被新的建设取而代之,类似于中国在某一阶段的"大拆大建"。然而,人们发现新的建设割裂了原有的城市机理,由此意识到城市旧区的改善与历史环境的保护应当同时得到考虑。1962年,法国推出了《马尔罗法》,提出"有活力的城市必须以现有的城市状况为基础",通过规划和财政,对被划定为"保护区"的旧城区的保护提供支持,目的在于使古老的城市中心保持其空间和建筑特征,同时使居民的生活"现代化"[3]。国家文化部的保护区委员会负责对保护区的管理。截至1999年,全法国有91个保护区,大约覆盖了6 000 hm²的历史地区,有80万居民生活在保护区。

图1-1为巴黎的两个保护区塞纳河左(南)岸的第七区保护区,右(北)岸的Marais保护区。

图 1-1 巴黎的两个保护区

在巴黎的保护区规划中,对建筑和空间要素有全国统一的分类,但根据不同类型的保护区有细小的差别,以巴黎的 Marais 保护区为例,保护区规划中将建筑分为以下七类(图 1-2):

图 1-2 巴黎的 Marais 保护区规划中按保留保护要求的七类建筑

5

（1）以历史建筑名义保护的建筑（建筑或者建筑立面）。

（2）保留和修缮的建筑（被保护区规划保护的建筑或建筑立面）。

（3）有特殊的建筑规定（如柱廊），关于建筑的某个特殊构件进行的规定。

（4）有特殊规定的建筑（M：改动，E：降低高度），关于不同建筑的不同要求。

（5）不受保护，可以被取代或改建的建筑。

（6）必须被拆除的建筑。

（7）当其中的工业、手工业或商业活动结束后必须被拆除的建筑[3]。

图1-3中的院落属于"必须保留或将被留作步行的通道"，将被开通为公共通道。

图1-3 Marais保护区的院落将被开通为公共通道

图1-4为1612年落成时的皇家广场和现在的富日广场（Place des Vosges），广场四周为"以历史建筑的名义保护的建筑"，广场本身则是"现有的公共绿化空间"，二者都受严格保护。

图1-4 皇家广场（左）和富日广场（右）

图 1-5 是位于 Marais 保护区中的一条街道,两侧多为"保留和维修的建筑",它们不在国家的历史建筑名录中,是被保护区规划所界定的保护建筑。建筑外观不允许改变,室内改建必须得到国家建筑与规划师的许可。图 1-6 的历史建筑位于巴黎的 Marais 保护区中,两幢住宅之间是"以历史建筑的名义保护的建筑",而两幢住宅则是"不受保护的,可以被取代或改建的建筑",具有广泛被改变的可能性。图 1-7 的历史建筑位于 Marais 保护区中,庭院左侧的搭建房屋为"必须被拆除的建筑",右侧为"保留和维修的建筑"。当房屋的业主需要对物业提出建设或维修许可时,国家建筑与规划师可要求业主将搭建房屋拆除[4]。

图 1-5 保护区一条街

图 1-6 历史建筑

图 1-7 搭建房和历史建筑共存

5. 建筑、城市和风景遗产保护区

1983 年,法国《地方分权法》提出了建筑、城市和风景遗产保护区(Zone de Protection du Patrimoine Architectural, Urbain et Paysager, ZPPAUP)的概念,强调地方在城市建设中的权力,是否研究和制定 ZPPAUP 的决定权在于市长和市议会,地方政府在管理遗产方面更主动;对 ZPPAUP 的审批不在国家,而是在大区,由大区区长在民意调查后宣布是否通过。至 1998 年,法国共有 250 个 ZPPAUP[3]。

对于上述五项被保护的历史风貌区和历史建筑,国家都对建筑的维修给予补贴或减税的政策,但在维修总费用中的百分比以及国家、大区、省和城市在补贴中所占的份额不同。从历史建筑到保护区再到 ZPPAUP,国家给予经济支持所占的份额递减,地方(城市)所占的份额递增。得到补贴最高的是列级历史建筑,可达 55%;其次是列入补充名单的历史建筑和保护区中受保护的建筑,可达 25%~45%[5]。

法国保护区以及 ZPPAUP 的规划理念与上海当前的城市更新发展以及"留改拆"新政策最为贴合。从中可以看出,从精品建筑扩大到城市文脉与机理的保护,是城市发展到一定阶段后的保护新理念与新趋势,城市越发达,遗产保护和城市发展结合得越紧密。

ZPPAUP 适用于遗产的价值与保护区相比较为薄弱和分散的地区,可以说是介于保护区与一般地区的过渡层次。适用对象范围的广泛性使 ZPPAUP 的面积一般都超过保护区的规模,例如巴黎的 Marais 保护区占地 126 hm²,而布雷斯特的 ZPPAUP 占地 689 hm²,几乎包括了整个中心城区。

从城市要素的分类特征来看,保护区的城市和建筑特征具有很强的统一性,而 ZPPAUP 范围内的城市空间与建筑特征则是不同历史时期城市建筑的总和,因而包含的建筑和城市空间类型更为多样。因此,在 ZPPAUP 规划中一般都会对不同的建筑类型特征进行归纳和分类,继而对每一类型空间和建筑的保留保护要求、新要素介入等建设活动进行分类管理[6-7]。

6. 建筑、城市和风景遗产保护区案例

以布雷斯特的 ZPPAUP(图 1-8)为例,对建筑共分为以下四大类,每一大类又细分若干小类:

(1)受法定保护的历史建筑(包括了列级和列入补充名单的历史建筑,以及被 ZPPAUP 保护的建筑或建筑立面),即有明确法定身份的保护建筑,按照《历史建筑保护法》的有关规定进行保护,要求较为严格。

(2)不同类型的代表建筑(新古典建筑、屋顶形式代表当地的建筑、第二次世界大战期间的私人住宅等 9 类),这 9 种类型的建筑都有可改变性,但必须在国家建筑与规划师的许可下进行(上海的里弄建筑从规划定位上更接近于此类)。

(3)需要重新定义的建筑,则明确需要被拆除并重新建造。某些建筑或空间阻碍了城市的连续性,如废弃地、不恰当的建筑或规划等,因此需要被重新规划。

(4)其他建筑。

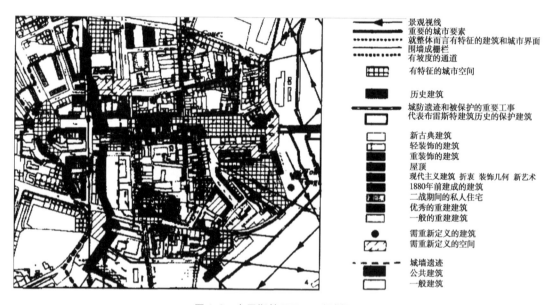

图 1-8 布雷斯特 ZPPAUP 规划图

最近 10 年来,法国的历史保护新趋势是适应欧盟规定的国家主导保护。

近年来,尽管法国逐步适应欧盟法律对历史文化遗产的保护规定,但始终没有改变由国家主导进行历史文化遗产保护的做法。目前,法国在历史文化遗产保护方面很大程度上依赖分散管理,尤其是对于区域文化事务的管理。通过这种方式,不仅能更准确地确定年度受保护历史文化古迹的数量,更能随时提出需要优先保护的文物古迹及区域。

在国际层面,法国积极参与到联合国教科文组织的"世界遗产名录"及"人类非物质文化遗产代表作名录"的竞争当中,提升历史文化和自然遗产以及非物质文化遗产的国际影响力,为传承和保护创造条件。对于那些未被列入历史文化遗产却不乏"杰出价值"的遗产或名人故居,法国文化部也给予充分的重视。法国文化部 2007 年年底公布的报告显示,保护和管理列级、登记在册的历史文化古迹需要约 100 亿欧元。这个数目虽然不小,但对于历史文化古迹的保护更像是一种投资,因为据统计,在法国,古迹的修复及开放每年带来的收益大约 200 亿欧元,创造直接或间接工作岗位达 50 万个[8]。

1.2　我国历史建筑保护概况

1.2.1　历史及遗留问题

在城市发展更新过程中,很多历史建筑都成为被牺牲的对象,如今城市发展更新趋于稳定,传统建筑却已所剩无几,历史上意大利罗马的古斗兽场也曾一度沦为周边新建筑的选料矿场。我国的历史建筑在特殊的历史时期也经历了近乎毁灭式的运动式破坏和建设式破坏。据第三次全国文物普查统计,包括鲁迅故居、徐志摩故居、梅兰芳故居、曹雪芹故居、沈从文故居、梁林故居、清国郡王府、扬州隋炀帝陵寝、旅顺五千年文化遗址等在内,我国损失了共 40 000 多处不可移动文物,其中超过半数的不可移动文物毁于各类建设活动[9]。

文物建筑的情况尚且如此,保护规格略低且数量更多的民居类风貌建筑的情况更不乐观。自 1950 年以来,老北京的四合院消失了 80%。① 据有关研究介绍,旧城胡同在 1949 年为 3 250 条,至 1990 年为 2 257 条,至 2003 年只剩下 1 571 条,现在仍以每年 300 条左右的数量在减少。具有上海特色的石库门里弄建筑,由于城市发展的需要,已经约有 70%旧石库门里弄被拆。大拆大建使得一大批有特色的历史建筑和历史街区被迫拆除,取而代之的是完全割裂历史文脉的速生建筑,造成了许多城市的集体失语。现代城市面貌标准化、平庸化带来了无法用金钱衡量的历史缺口,记忆中的老建筑、围墙、马路、环境等,只能通过当事人的诉说与发黄的影像被留存下来[10]。

那些幸免于拆除的历史建筑的处境也堪忧。一方面,由于大量历史建筑在新中国成立后被收归国有,这些被定性为公共物品和公共资源的建筑往往存在产权和责任界定不清晰、执法监管部门无从下手等问题,这使租赁方和使用者对历史建筑进行肆意乱搭乱建、乱拆乱改。与此同时,新中国成立初期,包括上海市在内的特大城市由于大量人口涌入和资源受限等问题存在普遍性的居住空间紧张,人均住房面积仅为 2～4 m²。这一时期对历史建筑的违章搭建、挖潜改造到达高峰。例如,在上海历史建筑室内搭阁楼一层变两层使用,坡屋面开窗住人,晒台搭建住人;原来一栋一户、一层一户的格局变成一室一户、一室数户;走廊设厨房,天井搭卫生间,一个卫生间分割成两三个卫生间,一个厨房装五六个脱排油烟机等情况屡见不鲜。这些"超用"行为给某些历史建筑恢复原貌的工作带来了极大阻力。②

---

① 张丽英:中意古建筑保护法律。
② 浅谈优秀建筑的使用(2018-04-18):中国历史建筑保护网的博客(http://blog.sina.com.cn/aibaohu)。

同样因为产权等历史遗留原因，除"超用"带来的远超设计范围的负荷外，历史建筑面临的其他使用性破坏还包括"滥用"和"不用"。上海市百乐门舞厅（图1-9）旁一排原是宾馆格局的大楼乱象频生，现大堂被分割成房间，电梯停用，两边客房中间走廊的格局被改变成中间大厨房、两边是卧室。消防安全隐患严重，空气流通差、光线暗，居住条件不符合现代要求，居民呼声强烈。地处南京西路的传统名店梅龙镇酒家（图1-10）在其光鲜的门面背后同样有着不为人知的乱象和无奈。这幢原是公共建筑的大楼，现底层和二层的小部分是梅龙镇酒家，二层的剩余部分和三、四层则居住着几十户居民。对于两个楼梯，其中的一个被梅龙镇酒家占用，导致居民到二层有两个楼梯，而到底层只有一个楼梯，居民生活不便，也不符合消防安全规范。另外，楼上几十户居民原缺少独立卫生间，后经房管部门挖潜改造，在居室内分割搭建卫生间，解决了大部分居民拎马桶的问题。然而，由于有的住房空间太小等原因，导致如今还有居民拎马桶上倒粪站。同时由于其原建筑设计用途和现实使用需求不相符，几十户居民后装的卫生间管道全部由外墙明管上下，致使整个建筑外立面杂乱无章，很不美观。甚至地处外滩建筑群的海关钟楼，尽管拥有高高的大钟和气派的立面，由于各种原因内部还混住着一部分居民。走廊厨房的油烟刺鼻，自行车、助动车等杂物随处可见，火险隐患与安保漏洞长期共存。

图 1-9　百乐门

图 1-10　梅龙镇酒家

也有一部分优秀历史建筑至今长期空置无人问津，风吹雨打，逐渐在损坏、变形，甚至面临倒塌的危险。例如，地处陕西北路新闸路的西摩会堂，由于产权人和建筑所处地理位置分别属于两个单位，产权拥有者与使用者权利分离导致长期空置。这座拥有着完整水刷石外墙的宏伟建筑，一直处于无人用、无人管、无人维修保养的"三无"状态。直至2010年上海世博会期间，犹太人回上海寻根问祖并在此举行活动，才进行了简单的维修。由于长期不使用，不通风换气，室内充斥着霉味；屋面年久失修漏水，致使木地板霉烂，木构件腐蚀，外墙开裂，落水管堵塞，现场情况杂乱破败（图1-11）。再如，地处黄浦区的市级文物建筑书隐楼，由于产权人无力修缮等问题，致使园内建筑正面临倒塌、损毁的困境。文物部门也只能在每年台风暴雨季节，遮盖防水油布，增加支撑，然而却收效甚微（图1-12）。

总体而言，新中国成立后很长一段时间，由于大部分历史建筑游离于国家文物保护法的保护之外，长期以来也并未受到足够的重视，同时受限于当时有限的社会资源和一定的历史原因，

图 1-11　西摩会堂　　　　　　　　　　　　　　　　图 1-12　书隐楼

它们仅被当作一个能够提供给人们适当活动空间的普通建筑物,并没有受到特殊的对待和保护。这些使用性破坏在特殊历史时期作为权宜之计解决了居住问题并遗留了下来,有其合理性和历史必然性的一面。但是,这种局面至今没有改变、没有恢复原状,显然是对保护优秀建筑不利,也对改善人民群众居住条件不利。所幸,当时有关部门曾经发文要求:历史建筑群中的同类建筑至少保存一栋,维持传统格局,不做改动,为将来恢复原样保留依据。而对于暂时没有能力完全拆除的不合理加建部分以及因产权等复杂原因历史遗留的滥用、不用等问题也待将来出台针对性的政策和办法来加以解决。

1.2.2　历史建筑保护体系及现状

我国的城市历史建筑保护领域,在国家层面现行的主要法律法规有:《中华人民共和国文物保护法》(1982 年,2002 年,2017 年)、《中华人民共和国文物保护法实施条例》(2003 年)、《历史文化名城保护规范》(2005 年)、《历史文化名城名镇名村保护条例》(2008 年)。其他涉及城市历史建筑保护的法规和规章还包括建设部在 2004 年 2 月 1 日颁布的《城市紫线管理办法》和《中华人民共和国城乡规划法》(2008 年),等等。这些法律、条例以及一些相关的规章、技术规范等,共同搭建了国家层面的一个比较完整的历史文化遗产保护框架。

我国幅员辽阔,历史建筑的地方特色、建成年代、风格风貌等不尽相同,因此出台地方保护政策并使其与国家法规进行合理衔接成为完善保护管理机制的重要基础。在全国各地,根据当地历史建筑保护的实际情况,以国家法规为依据,陆续颁布了相关地方性规定。主要包括:1999年,广州市实施了《广州历史文化名城保护条例》;2000 年,厦门市实施了《厦门市鼓浪屿历史风貌建筑保护条例》;2002 年,上海市颁布了《上海市历史文化风貌区和优秀历史建筑保护条例》;2003 年,武汉市颁布了《武汉市旧城风貌区和优秀历史建筑保护管理办法》;2004 年,杭州市颁布了《杭州市历史文化街区和历史建筑保护办法》;2004 年,青岛市颁布了《青岛市城市风貌保护管理办法》;2005 年 3 月,北京市颁布了《北京历史文化名城保护条例》;2006 年,南京市颁布了《南京市重要近现代建筑和近现代建筑风貌区保护条例》;2008 年,福州市颁布了《福州市历史文化名城保护条例》。这些地方条例使得本地历史建筑的申报、保护管理及日常维护有法可依、有法可循,形成了较为完善的管理体系。

历史建筑的保护修缮离不开专业技术标准,修缮标准在促进历史建筑的保护中起着非常重要的作用。然而,我国现行标准体系仅将历史建筑修缮相关标准纳入"既有建筑维护加固"的标准体系中,缺乏针对性的国家层面的技术标准对历史建筑的修缮提供指导和技术依据。举例来说,现行标准体系注重结构的安全性和耐久性,对于历史建筑修缮的风貌保护要求,以及历史建筑适应当代使用需求的保温、隔热、隔声、通风、日照、智能化、功能提升、设备更新等涉及舒适性问题关注不足,难以适应当今历史建筑修缮的具体要求。另外,在对历史建筑进行修缮前,应对其进行房屋质量综合检测,作为修缮设计的依据。关于历史建筑的房屋质量检测,目前尚无正式的规程或规范,已有的指南或试行版文件对历史建筑房屋质量综合检测的要求和措施尚比较概括,尚未体现出历史建筑的独特之处。所以,关于历史建筑,要对其综合检测的方式方法做出统一,制定统一的检测依据及规程,并对其修缮的技术标准体系进行不断完善。

所幸,一些省市根据当地历史建筑的特点和保护需求,制定了一系列的地方标准和规范,可暂时填补国家标准缺失的空白。

1. 北京市
(1)《北京旧城房屋修缮与保护技术导则》(京建科教〔2007〕1154 号)。
(2)《房屋修缮工程施工质量验收规程》(DB11 509—2007)。

2. 上海市
(1)《优秀历史建筑修缮技术规程》(DGJ 08—108—2004)。
(2)《房屋修缮工程技术规程》(DG/TJ 08—207—2008)。
(3)《上海市优秀历史建筑检测与评定指南(试行)》(2006 年 8 月)。
(4)《上海市优秀历史建筑保护修缮设计文件编制导则》(2012 年 7 月)。

3. 天津市
(1)《天津市历史风貌建筑保护修缮技术规程》(DB 29—138—2005)。
(2)《天津市房屋修缮工程施工质量验收标准》(DB/T 29—139—2005)。

1.2.3 历史建筑保护的新形势新思路

针对由建设性破坏造成的城市历史建筑流失风险,党的十九大报告特别提出了"进一步加强文物保护利用和文化遗产保护传承"精神,坚持"以保护保留为原则,拆除为例外"的总体工作要求,按照有机更新、整体保护的理念,创新机制、完善政策、活化利用,将历史风貌保护与城市功能完善和空间环境品质提升有机结合,逐步改善居民生活环境。在城市建设的优先次序中逐步转变旧改思路,从"拆改留"调整为"留改拆",坚持以保护保留为主,拆除为例外的基本思路。

由于历史建筑的价值依赖于原真性和完整性,当需要抢救性保护时,大量的历史元素已经流失,重置后的价值也已经大打折扣,因此《国家文物保护科学和技术发展"十二五"规划》提出了关于"推进文物的抢救性保护与预防性保护的有机结合,加强文物的日常保养,监测文物的保护状况,改善文物的保存环境"的指导精神,要求对城市历史建筑面临的风险进行准确识别、科学评估、及时响应、有效控制,通过建立相应的全面风险管控机制降低文物损毁事故概率和频次,并最终使城市历史建筑领域的风险管理观念完成从抢救性保护为主到抢救性保护与预防性保护并重的转变。

我国当前历史建筑保护利用领域仍广泛存在的责任主体不明确、部门联动不顺畅、利用方式不合理、修缮技术不完善、管理制度不配套、资金投入可持续性差等难点痛点。为了研究并提出破解问题的政策措施,2017年年底,住房和城乡建设部将北京、广州、苏州、扬州、烟台、杭州、宁波、福州、厦门和黄山共10个城市列为第一批历史建筑保护利用试点城市。试点计划旨在通过探索建立历史建筑保护利用的新路径、新模式和新机制,形成一批可在全国其他城市复制推广的经验,进一步完善我国的地方性历史建筑保护体系。[1]

1.3 上海市历史建筑保护基本情况

1.3.1 保护政策沿革

作为国内建立历史风貌保护制度较早也较为完善的城市,上海市针对历史风貌的保护政策大体经历了四个重要阶段的发展和完善。①

(1) 第一阶段:起步阶段——"单体点状保护"(20世纪80—90年代)

在20世纪80年代,大规模城市开发与建设使众多历史建筑和历史文化风貌遗产不被重视,由于缺少对其的保护工作而遭受到破坏。政府层面开始逐渐意识到问题所在,并从单体建筑保护着手探索对建筑文化遗产的保护与管理机制。

1989年,上海宣布将根据文物保护的有关规定对首次列出并正式公布的上海市第一批共59处优秀近代建筑名单进行挂牌,统一保护管理。上海市政府1991年颁布《上海市优秀近代建筑保护管理办法》,也是全国范围内首个关于建筑文化遗产保护与管理的文件,根据优秀近代建筑艺术、科学、历史价值高低,将其分等级保护,如全国重点文物保护单位、上海市文物保护单位、上海市建筑保护单位,等等,不同的保护级别有不同的保护方法和原则,并首次在全国范围内将除文物保护单位以外具有重大历史意义的历史建筑纳入保护对象。

(2) 第二阶段:初创阶段——构建法规体系(1999—2003年)

进入21世纪后,风貌保护制度在持续发展中进入初创阶段。在政府层面开始强调位于中心城区的建筑空间环境的整体保护,将规划范围内需要保留的历史建筑分为保护建筑和保留建筑。同时明确保护要求,做好开发范围限制和保护范围协调等工作。

2002年7月25日,上海市政府颁布《上海市历史文化风貌区和优秀历史建筑保护条例》,并

① 城市测量师行。

于 2003 年 1 月 1 日起施行。该条例提出了历史文化风貌区的概念,历史建筑的保护范围也由单体建筑扩大,确立了地方法规的保护工作依据。本条例的颁布作为立法保障为上海市优秀历史建筑的保护工作奠定了基础,并对保护工作做出了更加详细、准确的说明。

(3) 第三阶段:成熟阶段——形成"点线面"保护(2004—2016 年)

在这一阶段,上海历史文化风貌区保护规划的法律地位得到进一步确立。它与全市规划编制体系相结合,强调要求未来规划需具备整体性、系统性、法定性,并同时细化规划控制指标。

继 2004 年上海衡复历史文化风貌区保护规划编制试点项目完成,2007 年,上海市人民政府正式颁布《关于本市风貌保护道路(街巷)规划管理的若干意见》,对于风貌规划红线及控制线提出了相应的要求。政策在发展中逐步被完善,主要体现在保护范畴不断扩大,保护制度、法律法规不断更新,保护类型和数量持续增加,涵盖了石库门里弄、工人新村、工业遗迹、百年高校、综合风貌,等等。"点线面"相结合的保护对象体系孕育而生。

(4) 第四阶段:城市更新背景下的再创新阶段(2017 年至今)

随着城市化进程的不断发展,上海市域国土开发强度超过了 40%,接近生态承受极限,后续发展空间受到严重制约。为加快推动城市再创新及转型发展,促进存量建设用地盘活利用,提高土地利用效率和效益是关键。2014 年,上海市政府发布了《关于进一步提高本市土地节约集约利用水平的若干意见》,将城市更新设定为首要发展方向。

在新时代发展的大背景下,上海城市发展模式进入新阶段,历史风貌保护工作继续聚焦于对过去历史遗产的保留和保护。通过吸收和学习,2017 年印发的《关于深化城市有机更新促进历史风貌保护工作的若干意见》和 2018 年印发的《关于落实〈关于深化城市有机更新促进历史风貌保护工作的若干意见〉的规划土地管理实施细则》(沪规土资风〔2018〕380 号)文件,历史风貌保护工作将以"保护保留为原则、拆除为例外"为总体要求,以"规划引领、严格保护、区域统筹、分类施政、政府引导、多方参与"为行动准则,进一步完善历史风貌保护在城市更新背景下的政策体系,进入再创新阶段。

1.3.2 分类分级保护

分级分类保护,是将历史建筑按照其遗产价值、重要性、稀缺性、保存完好程度、建造年代、设计风格、结构类型、使用功能等要素确定保护级别,然后分级分类进行管理。不同的分类决定了历史建筑不同的法律身份、保护力度以及允许改变的范围。保护类别可指导历史建筑的所有者贯彻相应的保护要求,按照相应的保护强度来采取相应的保护措施。而执法部门也有相应的依据来展开方案评审、保护管理等工作。

根据上海现行的保护条例以及规划管理文件,登录也即登记进入名录的五个批次的"优秀历史建筑",包括全国重点文物保护单位和上海市文物保护单位在内,是具有法定保护地位的保护建筑。作为等级最高、保护次序最优先、保护力度最高的城市历史建筑,"优秀历史建筑"须建成 30 年以上,并有下列情形之一:

（1）建筑样式、施工工艺和工程技术具有建筑艺术特色和科学研究价值。

（2）反映上海地域建筑历史文化特点。

（3）著名建筑师的代表作品。

（4）与重要历史事件、革命运动或者著名人物有关的建筑。

（5）在我国产业发展史上具有代表性的作坊、商铺、厂房和仓库。

（6）其他具有历史文化意义的优秀历史建筑。[8]

截至目前，上海市人民政府已于1989年、1994年、1999年、2005年和2015年分别公布了五批共计1 058处优秀历史建筑。越早批次进入名录的建筑其价值越高，保护的优先级别越高。其中，1989年第一批次公布的61处优秀历史建筑同时确定为市级文物保护单位。所有被认定的上海市优秀历史建筑都经历了三个阶段：第一阶段为基础储备阶段，参与方包括区县政府、社会、专家以及相关课题组，通过平时的积累、调研、研究为优秀历史建筑的评选提供最基础的储备清单；第二阶段为调研排查阶段，参与方为规划国土资源局相关科处和具有相关资质的规划设计院，经过慎重的踏勘、落图，遴选并提出推荐名单；第三阶段，专家评审，评审之后由上海市人民政府批准决定。

已公布的1 058处优秀历史建筑分布于黄浦、静安、徐汇、虹口、杨浦、长宁、普陀、浦东、松江、闵行、宝山、崇明等16个区，比较集中在黄浦、徐汇、长宁、静安、虹口、杨浦等市中心城区，如表1-2所示。

表1-2　　　　　　　　　　　上海各区优秀历史建筑的分布情况表

行政区	第一批	第二批	第三批	第四批	第五批	小计
黄浦区	27	59	24	39	83	232
原卢湾区	7	13	17	23	0	60
静安区	5	25	26	25	62	143
原闸北区	0	1	1	7	5	14
徐汇区	7	48	35	48	115	253
长宁区	7	11	31	47	25	121
虹口区	4	12	11	31	40	98
杨浦区	3	4	7	12	19	45
松江区	1	0	0	0	3	4
普陀区	0	2	5	2	3	12
浦东新区	0	0	2	0	47	49
闵行区	0	0	1	0	0	1
宝山区	0	0	1	0	1	2

行政区	第一批	第二批	第三批	第四批	第五批	小计
崇明区	0	0	1	0	1	2
奉贤区	0	0	0	0	2	2
嘉定区	0	0	0	0	4	4
青浦区	0	0	0	0	13	13
金山区	0	0	0	0	3	3
合计	61	175	162	234	426	1 058

除去因故拆除的4处,剩余的1 054处优秀历史建筑中同时被评为文物建筑,具有双重身份的优秀历史建筑共635处(对应1.1.1节中的第一种建筑)。其中全国重点文物保护单位23处、上海市文物保护单位60处、区县文物保护单位96处、登记不可移动文物240处。另外,419处为非文物建筑的优秀历史建筑(对应1.1.1节中的第二种建筑)。从使用功能划分,这些建筑可分为居住建筑(有花园住宅、公寓建筑、旧式里弄、新式里弄等)和公共建筑(商业贸易、金融办公、文化娱乐、教育科研、医疗宗教、产业建筑、其他建筑);从结构体系上划分,可分为混凝土结构、钢结构、砌体结构、木结构、混合结构;从建筑风格式样上划分,可分为哥特式、文艺复兴、巴洛克、新古典主义等西方古典建筑风格,也有西班牙、伊斯兰、俄罗斯等地域建筑式样,还有早期现代、中西合璧式、传统中式等[8];从建造时代上划分,有19世纪的浦江饭店、有20世纪初期的大量石库门里弄,也有1949年之后建造的曹杨一村、上海展览中心等。

在优秀历史建筑名录内,根据每栋建筑的历史、科学、艺术价值以及完好程度,对保护要求以及允许改变的范围进一步分类,并要求修缮设计方案先经过专家评审方可动工。其中,一类优秀历史建筑的建筑立面、结构体系、平面布局和内部装饰不得改变,如图1-13、图1-14所示。二类优秀历史建筑的建筑立面、结构体系、基本平面布局和有特色的内部装饰不得改变,其他部分允许改变,如图1-15、图1-16所示。三类优秀历史建筑的主要立面、主要结构体系和有特色的内部装饰不得改变,其他部分允许改变,如图1-17、图1-18所示。四类历史建筑的建筑主要立面、有特色的内部装饰不得改变,其他部分允许改变,如图1-19、图1-20所示。

图1-13　上海特别市政府(一类)

图1-14　徐家汇天主教堂(一类)

图 1-15　马勒别墅(二类)

图 1-16　上海总会大楼(二类)

图 1-17　新新公司(三类)

图 1-18　广学大楼(三类)

图 1-19　建业里(四类)

图 1-20　四行仓库(四类)

　　另外,在涉及功能变更设计时,一类保护建筑可适当布置可移动的家具;二类保护建筑可采用可逆方式适当调整次要空间格局,以最小干预方式增添必要的辅助用房和设施设备;三类保护建筑可根据新功能需求,适当拆除或增添非承重隔墙,也可增添楼梯、电梯设备,优化交通流线;四类保护建筑如需局部拆除次要立面或进行结构体系置换,须在避免对保留部分带来不可逆的破坏的前提下,落实施工方案和工序,采用可逆方式来进行拆除和置换。根据分类保护原则,只有四类保护建筑可以对原有主体承载结构做加大的变动,甚至采用仅保留外立面,内部基本拆除重做的"热水瓶换胆"法。①

_____

① 2014 技术规程白皮书,72 页。

　　除了五批四类的历史建筑外,上海市 12 个历史文化风貌区(风貌保护街坊)中有相当一部分尚未列入国家和地方各类优秀历史建筑名单,但是是人文历史价值突出的优秀历史建筑。

　　上海 12 个历史文化中心城区如图 1-21—图 1-32 所示。

　　(1) 外滩历史文化风貌区:涉及黄浦区、虹口区,以外滩历史建筑群、建筑轮廓线以及街道空间为风貌特色。

　　(2) 人民广场历史文化风貌区:涉及黄浦区,以近代商业文化娱乐建筑、南京路—人民广场城市空间和里弄建筑为风貌特色。

　　(3) 老城厢历史文化风貌区:位于黄浦区,以传统寺庙、居住、商业、街巷格局为风貌特色。

　　(4) 衡山路—复兴路历史文化风貌区:涉及徐汇区、黄浦区、静安区、长宁区,以花园住宅、里弄、公寓为主要风貌特色。

　　(5) 虹桥路历史文化风貌区:位于长宁区,以乡村别墅为风貌特色。

图 1-21　外滩历史文化风貌区

图 1-22　人民广场历史文化风貌区

图 1-23　老城厢历史文化风貌区

图 1-24　衡山路—复兴路历史文化风貌区

图 1-25　虹桥路历史文化风貌区

图 1-26　山阴路历史文化风貌区

图 1-27　江湾历史文化风貌区

图 1-28　龙华历史文化风貌区

图 1-29　提篮桥历史文化风貌区

图 1-30　南京西路历史文化风貌区

（6）山阴路历史文化风貌区：位于虹口区，以革命史迹、花园、里弄住宅为风貌特色。

（7）江湾历史文化风貌区：位于杨浦区，以原市政中心历史建筑群和环形放射状的路网格局为风貌特色。

（8）龙华历史文化风貌区：位于徐汇区，以烈士陵园和寺庙为风貌特色。

（9）提篮桥历史文化风貌区：位于虹口区，以特殊建筑和里弄住宅、宗教场所为风貌特色。

图 1-31　愚园路历史文化风貌区

图 1-32　新华路历史文化风貌区

（10）南京西路历史文化风貌区：位于静安区，以各类住宅和公共建筑为风貌特色。

（11）愚园路历史文化风貌区：涉及长宁区、静安区，以花园、里弄住宅和教育建筑为特色。

（12）新华路历史文化风貌区：位于长宁区，以花园住宅为风貌特色。

这些建筑虽然大量存在，在重要性、稀缺性和价值上略逊于优秀历史建筑，但却是风貌区风貌特征的重要载体且可作为备选的保护建筑。因此，上海市规划国土资源局颁布了《上海市历史风貌成片保护分级分类管理办法》，在各级保护范围内综合考虑建筑质量、地块边界、空间机理、风貌特征等因素，通过分类对不同级别的建筑，如优秀历史建筑、保留历史建筑（风貌建筑）、一般历史建筑等，分别采取原址保护、机理保护及要素保护等不同保护模式，如表 1-3 所示。

表 1-3　　　　　　　　　　　上海各类历史建筑定义与保护要求

类别		定义	保护要求	对建筑的态度
优秀历史建筑		由上海市人民政府批准确定并公布，建成30年以上，其建筑样式、施工工艺和工程建设具有建筑艺术特色和科学技术研究价值，或反映上海地域建筑历史文化特点，或为著名建筑师的代表作品，或在我国产业发展史上具有代表性的作坊、商铺、厂房和仓库，以及具有其他历史文化意义的历史建筑	不能拆除，受到《上海市历史文化风貌区和优秀历史建筑保护条例》（以下简称《保护条例》）的保护。因特殊情况需要拆除或迁移的，必须按照《保护条例》三十九条规定，由市规划管理部门和市房屋土地管理部门共同提出，经专家委员会评审后报上海市人民政府审批	保护
保留历史建筑		除保护建筑外，其他风貌有明显特色或人文历史价值突出的建成30年及以上的历史建筑	参照《保护条例》对优秀历史建筑管理的相关条款规定进行保护。具体保护要求在修建性详细规划或规划方案层面的保护规划中予以确认	保留
一般历史建筑	甲等	有较高的风貌价值，并对体现本风貌区历史文化风貌具有积极作用的历史建筑，是风貌区历史风貌的有机组成部分	对其宜以维修再利用，确需拆除时，必须进行详细的建筑测绘，并应在原址原样复建，复建中应当利用原有的有特色的建筑构件	原拆原建
	乙等	为风貌价值一般的历史建筑，对历史风貌也具有一定的作用，是风貌区历史风貌的有机组成部分	可以扩建、改建或拆除新建，但应当与历史文化风貌区的风貌特色相和谐	根据情况决定拆或留

保留历史建筑(风貌建筑)和甲等一般历史建筑大致对应 1.1.1 节中的第三种建筑。根据现行保护条例,风貌建筑有一定的保护身份,必须保留且不得整体拆除。甲等一般历史建筑没有严格法定身份,由于本风貌区历史文化风貌具有积极作用,一般做保留引导,鼓励进行妥善修缮。若因房屋质量太差不得不拆除重建,则拆除后可按原有建筑规模和原有样式重建。乙等一般历史建筑为价值较低的可拆除的建筑,拆除后仅须按原有的建筑规模与尺度新建而不要求保留历史机理和要素。

1.4　历史保护建筑相关的立法及制度保障

1.4.1　地方条例

在上海地方层面,历史保护建筑相关的法规和规章包括《上海市优秀近代建筑保护管理办法》(1991 年 12 月 5 日发布,1992 年 1 月 1 日起实施,1997 年 12 月 14 日修正并重新发布)、《上海市优秀近代建筑房屋质量检测管理暂行规定》(1995 年 2 月 10 日,已废止)、《上海市历史文化风貌区和优秀历史建筑保护条例》(2002 年 7 月 25 日发布,2003 年 1 月 1 日起实施,2010 年修订)。市政府颁布的相关通知包括《上海市人民政府关于进一步加强本市历史文化风貌区和优秀历史建筑保护的通知》(2004 年 9 月 11 日发布)、《关于本市公有优秀历史建筑解除租赁关系补偿安置指导性标准的通知》(2003 年 2 月 14 日)、《上海市人民政府办公厅关于同意本市历史文化风貌区内街区和建筑保护整治试行意见的通知》(2003 年 12 月 18 日)、《上海市人民政府办公厅关于同意将尚贤坊等五个地区列入本市历史文化风貌区内街区和建筑保护整治试点范围》(2004 年 9 月 14 日)等;工程规范有《优秀历史建筑修缮技术规程》(DGJ 08-108-2004)。

1. 房管部门文件

在上海实际操作层面,房管部门主要依靠地方性法规、政府规章及规范性文件进行日常管理工作,地方性法规、部门规章主要包括:

(1)《上海市历史文化风貌区和优秀历史建筑保护条例》(以下简称《保护条例》)。

(2)《上海市优秀近代建筑保护管理办法》(已被《保护条例》替代)。

(3)《关于本市公有优秀历史建筑解除租赁关系补偿安置指导性标准》。

(4)《关于本市历史文化风貌区内街区和建筑保护整治试行意见》。

2. 房管部门规范性文件

(1)《关于加强本市历史文化风貌区内保留建筑和优秀历史建筑保护管理的通知》(2003 年 5 月 26 日发布)。

(2)《关于加强优秀历史建筑和授权经营房产保护管理的通知》(2004 年 1 月 14 日颁布)。

(3)《关于对优秀历史建筑实施市区分级管理的通知》(2004 年 1 月 14 日颁布)。

(4)《上海市优秀近代建筑房屋质量检测管理暂行规定》(已废止)。

(5)《优秀历史建筑修缮技术规程》及条文说明。

(6)《房屋质量检测规程》及条文说明。

3. 文物部门

文物部门主要依靠国家法律法规作为开展文物保护与管理的工作基础,主要包括:

(1)《中华人民共和国文物保护法》。

(2)《中华人民共和国文物保护法实施条例》。

(3)《历史文化名城名镇名村保护条例》。

(4)《文物保护工程管理办法》。

(5)《全国重点文物保护单位保护规划编制要求》。

(6)《全国重点文物保护单位保护规划编制审批办法》。

(7)《文物保护工程监理资质管理办法》。

(8)《文物保护工程勘察设计资质管理办法》。

(9)《文物认定管理暂行办法》。

4. 规划部门

规划部门在日常规划管理工作中以国家法律、法规作为参考,主要依据地方法规、部门规章和已批准的法定规划,主要包括:

(1)《中华人民共和国城乡规划法》。

(2)《历史文化名城名镇名村保护条例》。

(3)《城市紫线管理办法》。

(4)《上海市城乡规划条例》(2011 年)。

(5)《上海市历史文化风貌区和优秀历史建筑保护条例》。

(6)各历史文化风貌区保护规划。

依法管理是历史保护体系管理机制体系得以有效运行的重要基础,上述法律、法规和部门规章既对文物、优秀历史建筑、历史文化风貌区等概念给出了明确的定义,同时也为文物部门、房地部门、规划部门及相关机构的工作开展提供了重要的法律依据和基础。

1.4.2 管理网络

为加强对上海市历史建筑保护工作的统一领导和统筹协调,2004 年,上海市政府成立了上海市历史文化风貌区和历史建筑保护委员会,作为全市优秀历史建筑保护工作的统一领导和统筹协调平台。目前,本市已经形成了市房管局、市规土局和市文物局的"三驾马车"的历史建筑日常管理体系:市房管局负责优秀历史建筑的保护管理,指导协调区开展优秀历史保护建筑的日常保护管理;市文物局负责市内文物建筑的管理工作,主要包括第一批优秀历史建筑(均为上海市市级以上文物保护单位)和部分历史建筑物、构筑物;市规土局负责历史文化风貌区和优秀历史建筑保护的规划管理和保留历史建筑改造。

2010年7月,房管系统成立了上海市历史建筑保护事务中心,依据《上海市历史文化风貌区和优秀历史建筑保护条例》(2010修订版),更好地承担保护管理的基础性、事务性工作,以及研究制定优秀历史建筑的修缮标准等技术工作。

目前,上海市的历史建筑的保护管理网络主要从市、区、街镇三个层面展开,其具体职责分工如下:

1. 市局承担宏观的、政策性的行政管理职责

(1) 负责推进和统筹协调保护管理各项工作。

(2) 履行优秀历史建筑相关的行政审核管理职责。

(3) 协同开展历史文化风貌保护区等保护管理工作。

(4) 负责市保护委员会办公室的日常工作。

2. 市历史建筑保护中心承担事务性、技术性的管理职责

(1) 承担优秀历史建筑的修缮改造项目技术性管理工作。

(2) 承担优秀历史建筑保护的日常监管和服务工作。

(3) 承担保护管理的基础性工作。

(4) 研究制定优秀历史建筑的修缮技术规定、标准。

(5) 市历史建筑保护中心下设执法监督处,承担执法监督职责:指导市区房管局对危害优秀历史建筑的行为进行监督检查,指导、协调市区房管局对优秀历史建筑违法行为进行处罚。

(6) 市历史建筑保护中心下设物业管理中心履行公房产权人的职责,配合做好保护工作,主要是做好历史建筑保护配合工作:监理最严格的产权处置审批制度,督促落实公房优秀历史建筑修缮工作,协调相关房地集团、物业公司、承租人等配合做好保护工作。

3. 区局、房地集团作为责任主体落实历史建筑日常具体保护管理

1) 区局

(1) 负责辖区内历史建筑修缮保护实施过程及结果,保证施工符合原设计方案及保护管理要求。

(2) 建立、实施房管办事处优秀历史建筑月巡查制度。

(3) 发现、劝阻、纠正辖区内历史建筑及其周边建设控制范围内不符合要求的新建、扩建、改建建筑等。

(4) 建立辖区内优秀历史建筑管理档案。

(5) 落实辖区内优秀历史建筑的使用和保护状况普查工作。

(6) 书面告知建筑的所有人和有关的物业管理单位优秀历史建筑的具体保护要求。

(7) 指导街镇开展历史建筑日常监管及信息上报工作。

2) 房地集团

(1) 建立集团管辖范围内优秀历史建筑管理档案。

（2）落实集团管辖范围内优秀历史建筑的使用和保护状况普查工作。

（3）指导物业公司开展历史建筑日常监管及信息上报工作。

4. 街镇房办、物业公司具体实施优秀历史建筑保护的相关细则

街镇房办、物业公司收集历史建筑保护的第一手资料，与优秀历史建筑的物业管理单位、所有人和使用人共同做好历史建筑的保护工作。

1）街镇房办

（1）具体落实告知历史建筑所有人和使用人相关的权利和义务。

（2）监督、巡视优秀历史建筑周边建设控制范围内有无违章新建、扩建、改建建筑。

（3）监督、巡视优秀历史建筑上有无违章设置户外广告、招牌、空调、霓虹灯、泛光照明等外部设施。

（4）监督、巡视优秀历史建筑有无违章修缮工程。

（5）监督、巡视优秀历史建筑的所有人和使用人有无在建筑内堆放易燃、易爆和腐蚀性的物品，有无从事损坏建筑主体承重结构或者其他危害建筑安全的活动。

（6）收集、汇总优秀历史建筑所有人和使用人的意见。

（7）及时上报优秀历史建筑监督、巡视过程中发现的问题。

2）物业公司

物业公司配合房办完成优秀历史建筑保护管理的相关具体工作内容。

1.4.3 所有人的责任和义务

根据上海市地方条例规定，历史建筑的使用人或产权人负有如下责任及义务。

（1）违章举报。任何单位和个人都有保护优秀历史建筑的义务，对危害优秀历史建筑的行为，可以向房屋管理部门举报（《保护条例》第五条）。

（2）告知承诺。优秀历史建筑若转让、出租的，转让人、出租人应当将有关的保护要求书面告知受让人、承租人。受让人、承租人应当承担相应的保护义务（《保护条例》第二十六条）。

（3）修缮审批。优秀历史建筑的所有人根据建筑的具体保护要求，确需改变建筑的使用性质和内部设计使用功能的，应当将方案报市房屋管理部门审核批准；涉及建筑主体承重结构变动的，应当向市规划管理部门申请领取建设工程规划许可证（《保护条例》第三十条）。

（4）资料备案。优秀历史建筑的修缮应当由具有相应资质的专业设计、施工、监理单位实施（《保护条例》第三十五条），建筑修缮工程形成的文字、图纸、图片等档案资料，应当由优秀历史建筑的所有人及时报送主管部门备案。

（5）配合普查。优秀历史建筑的所有人和使用人应当配合对建筑的普查，应按照建筑的具体保护要求或者普查提出的要求，及时对建筑进行修缮，并承担相应的修缮费用；建筑的所有人承担修缮费用确有困难的，可以向区、县人民政府申请从保护专项资金中给予适当补助（《保护条例》第二十七、三十三条）。

（6）安全使用。优秀历史建筑的所有人和使用人不得在建筑内堆放易燃、易爆和腐蚀性的物品，不得从事损坏建筑主体承重结构或者其他危害建筑安全的活动（《保护条例》第二十九条）。

（7）抢险报告。优秀历史建筑因不可抗力或者受到其他影响发生损毁危险的，建筑的所有人应当立即组织抢险保护，采取加固措施，并向区、县房屋管理部门报告（《保护条例》第三十八条）。

1.4.4　处罚及工作问责制度

1. 针对使用人和产权人的处罚办法

（1）擅自或者未按批准的要求，在历史文化风貌区或者优秀历史建筑的保护范围、周边建设控制范围内进行建设活动的，由市规划管理部门或者区、县规划管理部门按照《上海市城市规划条例》和《上海市拆除违法建筑若干规定》的有关规定处理（《保护条例》第四十条）。

（2）未按建筑的具体保护要求设置、改建相关设施，擅自改变优秀历史建筑的使用性质、内部设计使用功能，或者从事危害建筑安全活动的，由市房屋土地管理部门或者区、县房屋土地管理部门责令其限期改正，并可以处该优秀历史建筑重置价百分之二以上百分之二十以下的罚款（《保护条例》第四十一条）。

（3）擅自迁移优秀历史建筑的，由市规划管理部门责令其限期改正或者恢复原状，并可以处该优秀历史建筑重置价1～3倍的罚款。

（4）擅自拆除优秀历史建筑的，由市房屋土地管理部门或者区、县房屋土地管理部门责令其限期改正或者恢复原状，并可以处该优秀历史建筑重置价3～5倍的罚款（《保护条例》第四十二条）。

（5）对优秀历史建筑的修缮不符合建筑的具体保护要求或者相关技术规范的，由市房屋土地管理部门或者区、县房屋土地管理部门责令其限期改正、恢复原状，并可以处该优秀历史建筑重置价百分之三以上百分之三十以下的罚款（《保护条例》第四十三条）。

（6）未及时报送优秀历史建筑修缮、迁移、拆除或者复建工程档案资料的，由市规划管理部门责令其限期报送；逾期仍不报送的，依照档案管理法律、法规的有关规定处理（《保护条例》第四十四条）。

2. 管理部门工作人员的相关法律责任

规划管理部门、房屋土地管理部门和其他有关管理部门及其工作人员违反本条例规定行使职权，有下列情形之一的，由所在单位或者上级主管机关依法给予行政处分；给管理相对人造成经济损失的，按照国家有关规定赔偿；构成犯罪的，依法追究刑事责任：

（1）违反法定程序，确定、调整或者撤销历史文化风貌区和优秀历史建筑的，或者违法批准迁移、拆除优秀历史建筑的。

（2）擅自批准在历史文化风貌区、优秀历史建筑的保护范围内从事违法建设活动,或者违法批准改变优秀历史建筑的使用性质、内部设计使用功能的。

（3）对有损历史文化风貌区和优秀历史建筑的违法行为不及时处理的。

（4）其他属于玩忽职守、滥用职权、徇私舞弊的(《保护条例》第四十五条)。

3. 街镇房办、物业公司的相关法律责任

根据《上海市住宅物业管理规定》第五十三条规定,街镇房办和物业公司对历史建筑业主、使用人的违法行为未予以劝阻、制止或者未在规定时间内报告有关行政管理部门的,由区、县房屋行政管理部门责令改正,可处一千元以上一万元以下的罚款。

4. 区局、房地集团的相关问责

对于未认真履行历史建筑保护管理职能的区局、房地集团从以下几方面进行工作问责。

（1）责成说明、责成整改、责成处理。

（2）约谈。

（3）通报、通报批评。

（4）其他处理。

参考文献

［1］中华人民共和国住房和城乡建设部.历史文化名城名镇名村街区保护规划编制审批办法:中华人民共和国住房和城乡建设部令第 20 号［A/OL］.(2014-10-15)［2014-12-29］http://www.mohurd.gov.cn/fgjs/jsbgz/201411/t20141113_219513.html.

［2］徐进亮.历史性建筑估价［M］.南京:东南大学出版社,2015.

［3］陈洋.上海推进城市有机更新的新思路和新举措［J］.科学发展,2019(12):90-100.

［4］陈清.自然聚落到都市聚落:基于自组织理论的城市空间形态的探索［D］.合肥:合肥工业大学,2010:51-52.

［5］李琰.巴黎历史风貌保护对北京城市建设的借鉴［D］.北京:对外经济贸易大学,2005:20-21.

［6］张恺,周俭.法国城市规划编制体系对我国的启示:以巴黎为例［J］.城市规划,2002,25(8):37-41.

［7］马莱诺斯 阿兰,Marinos A. 法国重现城市文化遗产价值的实践［J］.时代建筑,2000(3):14-16.

［8］邵甬,阮仪三.关于历史文化遗产保护的法制建设:法国历史文化遗产保护制度发展的启示［J］.城市规划汇刊,2002(3):57-80.

［9］李晓武,杨恒山,向南.不可移动文物风险管理体系构建探讨［J］.自然与文化遗产研究,2019,4(7):74-85.

［10］李巍.历史风貌建筑整修项目三控管理研究［D］.天津:天津大学,2013:2-3.

［11］陈基伟,徐小峰,代兵,等.上海历史风貌环境保护相关土地政策研究［J］.科学发展,2018(3):85-91.

［12］上海市住房保障和房屋管理局,上海市房地产科学研究院,上海市历史建筑保护事务中心.优秀历史建筑保护修缮技术规程:DG/TJ 08—108—2014［S］.上海:同济大学出版社,2014.

2 城市历史建筑安全风险管理方向和路径

2.1 世界遗产风险管理概述

风险管理是工程项目管理理论、技术和风险分析相结合的一门学科,通过风险识别、风险评估、风险规避以及风险自留等方法把风险事件造成的不利后果降到最低,使损害降至最低的管理工作。风险防控管理体系主要是通过采用可靠的风险评估手段和管控手段,加强风险的预警和应对工作,规范工作人员的日常管理行为,以减小或消除风险。城市历史建筑风险防控管理体系的建立,可以增强风险识别的准确性和风险识别内容的全面性,使风险评估的方法增加且准确性变高,实现风险快速预警的同时为风险控制策略和措施的制定提供可靠的依据,使风险控制阶段的决策和措施更具科学性和合理性。风险防控管理体系的建立不但可以将历史建筑面临的风险具体化,也可实现历史建筑的各方面监测信息的集成和共享,也使得各相关监测部门职责明确并增强合作关系,依靠该体系的建立可以确定历史建筑保护利用中所遇事件的轻重缓急关系,并据事件的重要性,制定相应的预警方式和保护措施,进而提高历史建筑的维护水平,最终实现历史建筑的保护利用由被动保护到预防性保护的顺利过渡。

2.1.1 战争时期的风险管理

现代风险管理在文化遗产和历史建筑领域的运用起源于 19 世纪战争期间,考虑到历史建筑容易在战时成为敌方的目标,或蓄意破坏,或牵连受损,因而通过颁布相关的法律条文和国际公约约束部分军事行动,从而间接保护各类文化遗产和历史遗迹的安全。

其中最有指标性及前瞻性的就是林肯总统在 1863 年美国南北战争期间颁布的美国战地军事指挥命令(Instructions for the Government of Armies of the United States in the Field),也即《莱柏规范》(Lieber Code)。该规范强调了教堂、医院以及传播知识的场所(学校、大学、学术机构、博物馆)都应该受到保护,并且规定若发现属于敌方的艺术品、图书资料、科学文献等属于国家或政府的资产,在不损害其状态的条件下可以搬至他处。而后国际上对战时建筑及文化遗产保护的意识逐渐苏醒,相关工作得以发展。与《莱柏规范》相类似的,在 1899 年和 1907 年召开的两次国际和平大会上提出了针对海军战争轰炸时需注意保护历史性纪念物及艺术品的公约,分别为《关于战时海军轰击公约》①与《陆战法规和惯例公约》。[1-2]

---

① 1907 年 10 月 18 日签订于海牙的海牙第九公约,主要涉及海战中海军能否轰击不设防城市、港口等问题。

进入 20 世纪后,相关组织与法律的发展进程加快。1945 年,联合国教育科学文化组织(United Nations Educational, Scientific and Cultural Organization, UNESCO)的成立促成了 1954 年《海牙公约》的颁布。作为世界上第一个在武装冲突情况下全面保护文化遗产和历史建筑的专门性法律和国际性公约,这部里程碑式的文件系统规定了武装冲突情况下文化遗产和历史建筑保护的原则、范围、缔约国的义务、特别保护制度、执行措施等内容[3]。

其后,《海牙公约》的精神被蓝盾计划以及国际蓝盾委员会(International Committee of the Blue Shield, ICBS)所继承和延续。正如 20 世纪初国际红十字会在战地的红十字标识被视为中立场所那样,ICBS 保护下的历史建筑和文化遗产会在屋顶上涂上受到国际间承认的蓝白色盾牌图案以供轰炸机飞行员识别[4]。

2.1.2 灾害准备

进入 21 世纪以来,针对文化遗产和历史建筑的风险管理逐渐从战时特殊背景转入对各种人为或自然灾害的风险防范和灾害准备。跨区域的国际组织是这一领域最早也是最主要的推手。20 世纪 90 年代,转型后的国际蓝盾委员会就和国际文物保存与修复研究中心(International Centre for the Study of the Preservation and Restoration of Cultural Property, ICCROM)编制了最早的文化遗产风险防范指南,对文化遗产的风险管理提供了前瞻性的理论指导和支持。作为一个成立于 1956 年的国际性跨政府组织,ICCROM 在文化遗产风险准备的历史发展过程中在国际间一直扮演着重要角色。从 20 世纪 60 年代开始就已经主导相关的国际紧急救助,在 1966 年开始重视灾害管理与风险准备,并在后期大力发展人才的培养与管理以及灾后组织相关专家参与国际救援行动,为国际文化遗产管理作出巨大贡献。其中最知名的包括:1946 年,抢救因为兴建水坝而可能遭淹没的埃及阿布辛贝勒神庙这一国际援助事件;1966 年,意大利佛罗伦萨的阿诺河水患破坏历史城镇,联合意大利政府从国外寻求适当的专家进入灾区协助抢救各类文化遗产和历史建筑。

2006 年,世界遗产委员会第三十届会议进一步提出了加强对世界文化遗产减灾的支持并逐步建立防灾体系。随后,世界人类遗产公约组织(World Heritage Convention)与联合国教科文组织共同联合编撰了一些小册子,如《世界文化遗产的灾害风险管理》《气候变化与世界遗产的案例研究》《减轻世界遗产灾害风险》等帮助文化和自然遗产的管理者或机构从防灾的原理、方法和步骤上来降低灾害风险,所针对的主要灾害类型是如地震、飓风等自然灾害,或如纵火、人为破坏、武装冲突、疾病流行等人为灾害所导致的突如其来的灾难性事件。自 1993 年以来,在世界遗产领域的理论成果汇总形成了若干份风险管理国际维护文件,对这些文件的梳理如表 2-1 所示。

表 2-1　　　　　　　　目前国际间有关文化资产风险准备与灾害管理的国际维护文献[4]

年代	国际维护文献名称	文件产生地点与性质	内容部分简述
1993	建筑遗产防范自然灾害的保护建议文（Recommendation on the Protection of the Architectural Heritage against Natural Disasters）	1993 欧洲理事会（Council of Europe）第 503 次的部长级会议	(1) 针对灾害保护建立行政与立法的架构； (2) 建立财务分配与保险制度； (3) 教育与训练的重要； (4) 建立风险评估作业； (5) 灾害预防与减灾策略
1996	魁北克宣言（Declaration of Quebec）	加拿大魁北克市，第一届文化遗产与风险准备国际高峰会	(1) 体会到文化遗产的价值有多重要，面对灾害风险准备的必要性就要有多高； (2) 建立广义文化资产（档案、博物馆、图书馆……）体系的紧急网络联结； (3) 建立地方性分工清楚且训练有素的灾害应变能力； (4) 建设全国性从地方到中央的整体文化遗产保护架构
1997	神户/东京宣言：文化遗产的风险准备（The Kobe/Tokyo Declaration on Risk Preparedness for Cultural Heritage）	日本神户与京都市，阪神大地震两周年纪念国际研讨会	(1) 加强文化遗产风险准备的国际、区域、国家与地方层级的串联合作； (2) 建立文化遗产遭遇紧急灾害事件时的优先处理流程与作业内容； (3) 建立专款专用的风险准备基金； (4) 建立完整的教育与训练网络（含大学教育的资源整合）； (5) 提高一般社会大众对于文化遗产风险意识的认知
1998	拉登齐宣言：文化遗产在特殊紧急状况的保护（The Radenci Declaration）	斯洛文尼亚共和国拉登齐市，ICBS 邀集 10 个国家（Belgium，Bosnia Herzegovina，Croatia，France，Hungary，The Netherlands，Poland，Slovenia and Sweden）代表出席共同讨论文化遗产在特殊紧急情况的保护措施	(1) 拟定文化遗产受自然或人为灾害的风险准备计划时，必须要考量到国际、区域、国家与地方层级的联结； (2) 所有的防灾机制只能应用在当大部分的脆弱区域与风险层级确立清楚后才能执行； (3) 文化遗产的管理负责单位必须要将所有的活动整合在风险准备与管理计划中
2000	亚西西宣言（Declaration of Assisi）	意大利亚西西市，ICOMOS 的"建筑遗产的结构修复与记录科学委员会"所举办的工作营结论	(1) 风险准备政策与预防措施非常重要； (2) 当自然灾害威胁到博物馆、古迹、遗址场所、遗址景观时，只有最好的预防政策能够保护文化遗产； (3) 风险评估与预防措施须考量灾害发生前、发生时与发生后的三个时间点； (4) 建立一般大众的训练与教育管理路径
2005	2005 京都宣言（Kyoto Declaration 2005）	日本京都市，由日本的 ICOMOS 所举办，以"从灾害迈向文化遗产与历史城镇的保护"为题的国际专家研讨会	(1) 灾害本身对文化遗产的价值减损与无法恢复的伤害，我们有刻不容缓的维护责任； (2) 当建立了应对灾害发生所制定的减灾计划或机制时，每一个环节需要负责的单位与任务层级都要非常清楚与熟练； (3) 针对亚太地区国家常见的地震灾害，需要建立更完备的国际、区域、国家与地方之间的联结关系

年代	国际维护文献名称	文件产生地点与性质	内容部分简述
2005	神户建议文:文化遗产的风险管理	日本神户市,由 UNESCO、ICCROM 以及日本文化所共同主办,立命馆大学承办的文化遗产风险管理国际会议	(1) 在永续发展为前提下的文化遗产保存与维护工作,应该包含减灾的议题; (2) 整合不同层级的灾害应变系统(从国际、国家到地方)的专家与遗产组织; (3) 应该鼓励政府部门制定相关的法令、政策、程序借以整合文化遗产在减灾计划上的成效; (4) 文化遗产灾害管理的科学和传统知识,应该要广泛地宣传,特别是文化资产所有者与建筑从业者
2007	文化遗产受气候变化影响决议文(Resolution on the Impact of Climate Change on Cultural Heritage)	印度新德里市,由印度的内政部所主办的"文化遗产受气候变化影响国际工作营"	(1) 建议要迅速完成文化遗产风险地图的上位计划以及针对待定遗产场所的影响分析与迫切的执行方案; (2) 要求全国各单位、机构、地方社团与遗产组织开始正视文化遗产受气候变化影响的事实,且应尽早制定气候变迁应对策略与减灾计划
2008	东京宣言:地震灾害下的世界文化遗产保护(Tokyo Declaration for the Protection of World Cultural Heritage from Seismic Disaster)	日本东京市,UNESCO 在 2008 年举办以"如何促进地震区内世界遗产场所的风险管理"为题的国际会议	(1) 全世界有一半以上的世界遗产处于地震区附近,因此潜在的风险不能掉以轻心; (2) 建立 UNESCO 与全球各大学之间的合作关系; (3)《世界遗产公约》第五条针对缔约国所强调的文化遗产保护责任与义务应该要确实实行; (4) 鼓励学校或相关研究机构针对地震区附近的遗产保护工作进行研究,并且在国际活动场合上分享经验
2009	都柏林气候变迁宣言(The Dublin Declaration on Climate Change)	爱尔兰都柏林市,国际国民信托组织(INTO)在 2009 年举办以"信托制度下世界的遗产:变迁气候的维护"为题国际会议	(1) 强调气候变迁的影响层面是包括有形与无形的文化遗产以及自然遗产; (2) 强烈要求全世界的领导人正视气候变迁对自然与文化遗产的影响,并且要尽快提出减灾与应变的策略; (3) 从地方做起,教育民众与访客气候变迁对自然与文化遗产的影响

2.1.3 预防性保护

预防性保护的概念是第一届国际文物保护会议上提出的。早期实践主要集中于博物馆文物保护系统,自 20 世纪 90 年代开始出现在历史建筑保护领域。文物古迹监护组织(Monument Watch,MOWA)是最早的建筑预防性保护实践的主要引领者之一。它强调日常维护和定期、系统检查的重要性,为预防性保护的发展提供了重要的理论和实践基础,影响了欧洲多个国家,至今仍活跃于国际舞台。2007—2008 年,比利时鲁汶大学雷蒙德勒麦尔国际保护中心(Raymond Lemaire International Center for Conservation,RLICC)作为该领域的先驱机构连续举办了两届"建筑遗产的预防性保护与监测"论坛,并于 2009 年成功申请了"关于建筑遗产预防性保护、监测、日常维护的联合国教科文组织教席"（UNESCO Chair on Preventive Conservation，Monitoring and Maintenance），建立了第一个关于建筑遗产预防性保护的科研平台和网络体系。[5]

作为国际建筑遗产保护界最新研究且影响力与日俱增的课题之一，预防性保护强调通过日常最小干预的维护保养，"治小病防大病"，降低历史建筑自身的脆弱性并提高应对灾害的韧性，从而避免在遗产损毁后进行大动干戈的抢救性保护修缮工程。除了建筑遗产的灾害预防外，作为一种思维方式和综合性框架，预防性保护领域的研究和实践还统筹了以下几项工作：①建筑遗产材料和结构的早期破损检测和损毁分析，②建筑遗产的定期状态评估和系统监测、日常维护、风险预防，③帮助建筑遗产应对全球化、旅游业发展、环境恶化等因素带来的负面影响等多项工作的理论和技术成果[6]。以比利时鲁汶大学 RLICC 国际保护中心的 Neza Cebron Lipovec 为代表的国际专家指出，一个完整全面的建筑遗产预防性保护计划需从技术层面、经济法律层面和公众参与层面共同着手[7]。

当前在这一领域较为活跃的研究机构和组织还包括比利时的 Monumentwatch 组织、日本立命馆大学、意大利卢卡 IMT 进修研究所，等等。预防性保护的概念自 2009 年才出现在我国的文化遗产保护界并作为专题被深入研究和探讨。多年来，预防性保护在我国建筑遗产界已走过了最开始的概念认知与理念倡导阶段，并逐步发展，在理论探索、体系建构、保护技术、保护规划、工程实践、保护设施建设、本体和环境监测、响应预警值设置机制等层面取得了一定的成绩。

2.2　我国城市历史建筑风险管理体系

城市化进程发展至今，我国已经从增量建设迈进了存量治理，城市历史建筑的发展也进入了更新修缮的过程，相对而言，城市历史建筑风险的管理也进入了新的阶段。除了不可预期但破坏巨大的"黑天鹅"事件外，另一些显而易见却未曾发生的危险点，也像一只只逐步迈向我们的"灰犀牛"，给安全生产作业埋下隐患。党的十九大开启了中国特色社会主义新时代，新时代对我国城市风险管理工作提出了新要求。现代化的城市管理要把握新时代城市风险防控的方向，牢固树立风险意识，以"防"为主，化风险于未然；要转变管理观念，克服围绕具体事件制定管理措施的局限，以系统化的风险分析作为管理的依据；从习惯"亡羊补牢"转向自觉"未雨绸缪"，从单纯的"事后应急"转向"事前、事中防控"；从政府主导转向发挥市场作用、鼓励社会参与。

2.2.1　现有普遍误区

当前社会处在一个东西方文化大融合的时代，我国城市历史建筑保护利用风险防控形势严峻，人民保护意识不足，危险事件频发、监管维护不当的问题明显，不利于传承中华历史文化和树立文化自信，损害城市文化底蕴，也不利于社会主义精神文明建设。当前包括历史建筑保护在内的我国城市公共安全管理的重点，还停留在发生事故如何应急处置上，管理思路还存在着"没有事故就是安全"的片面认识，在风险评估、风险防控方面还有不少误区[8]。

一是风险意识不足。长期惯性思维、风险意识不足导致的"温水煮青蛙"效应,是我国城市公共安全的一大误区。"人无远虑,必有近忧",首先要从习惯"亡羊补牢"转向自觉"未雨绸缪",在当前的复杂环境下,不能存有任何侥幸心理,凡事都需重视潜在的问题,预估可能的隐患,做好最坏的打算,争取最好的结果。政府财政投入应更多考虑"未雨绸缪"的工作,并作出制度性安排。

二是风险管理碎片化。城市风险具有系统性、复杂性、突发性、连锁性等特点,风险防控需要跨系统、跨行业、跨部门地专业合作与统筹协调。各个部门负责管理的是城市发展中的一部分工作,从行政管理上看,分段管理没有问题,但城市是整体运转的,部门与部门之间职责的重叠部分或者空白地带最容易成为隐患点,尤其是那些政府主导、风险管理的社会参与薄弱的环节。长期以来,我们习惯于从政府管理角度去部署安排有关工作,在资源配置上也更注重加强政府内部条块力量,而对提升社区、社会组织以及市民个人的风险防范能力重视不足,市民的风险辨识、防范和应对能力相比国际知名城市有巨大差距;社会力量参与安全风险管理的意愿和能力也逊于其他领域。

三是风险管控主体分散。在我国,不同类型的建筑遗产分属于不同的行政部门管理,也由不同的法律法规进行规范,即采用分散立法的方式,如此易造成历史建筑管理的分散与不协调,忽视了历史建筑的保护需要一个统一、全面的历史建筑保护思想统领,不利于形成良好的历史建筑风险防控管理体系。

2.2.2 风险管理体系建设

为了实现对历史建筑的充分保护利用,有效避免或减轻各种风险给历史建筑带来的破坏,使历史建筑能创造出更多的社会效益和文化效益,就必须加强对城市历史建筑保护利用风险防控管理。历史建筑安全风险防范不能头痛医头、脚痛治脚,而要形成"一个理念、两个平台、三个机制",构筑"事前科学防、事中有效控、事后及时救"的城市安全风险防范体系。[8]

"一个理念"即树立"居安思危"的核心理念,首先要加强相关领导和部门的风险意识和风险治理理论的教育和普及,使其工作思路从应急处理专项风险管理,工作重心从"以事件为中心"转向"以风险为中心,从根本上解决认识问题、筑牢底线思维";其次,要加强社会风险治理责任的宣传和公众安全风险知识的科普,形成全社会的风险共识。通过事前科学防、事中有效控、事后及时救的一套风控机制构建,为历史建筑保护从规划、设计、修缮、改造、运营全过程,全生命周期提供保障。

"两个平台"是指建设综合预警和管理两个平台。一是要创造全开放的监测保护平台。要借鉴区块链理念,构建一个去中心、完全开放的数据共享利用平台,努力实现风险信息全社会生成、风险防控全社会行动的新格局。从政府信息资源的开放入手,与社会化的市民信息、专业化的视频监控信息有效共享融合,形成可感知的历史建筑风险预警和防控机制,让社会力量充分参与到历史建筑保护工作中去。二是要搭建综合预警平台,加强各行业与政府间的安全数据库建设,形成城市运行风险预警指数实时发布机制。在风险综合预警平台基础上,建立跨行业、跨部门、跨职能的"互联网＋"风险管理大平台,并以平台为核心引导相关职能部门和运营企业进行常态化风险管理工作。

"三个机制",一是三位一体的多元共治机制。充分发挥政府、市场、社会在历史建筑风险管理中的各自优势,构建政府主导、市场主体、社会主动的长效推进机制。二是精细管理的风险防控机制。首先是完善风险源的发现,通过社会参与途径的多元,结合移动互联等时代背景,应对历史建筑风险动态化带来的管制难点,如补齐风险源登记制度短板,对责任主体、风险指数、应对措施做到底数清、情况明;其次是促进低影响开发,形成系统的、适用的"互联网＋"风险防控成套技术体系;最后是提升安全标准,建立统一规范的标准体系,为历史建筑综合风险管控奠定基础。三是多管齐下的健全风险保障机制。一方面是要完善法律法规保障机制,根据历史建筑的情况、特点,加强顶层设计和整体布局,提高政策法规的时效性和系统性,建立高效的反馈机制,简化流程,提高效率。另一方面是引入第三方保险机制,创新保险联动举措,促进保险公司主动介入到投保方等管理当中去,防灾止损,控制风险,并通过保险费率浮动机制等市场化手段,达到政府管理、保险公司、投保方三赢的效果[8]。

2.2.3　多元共治的风险管理路径

传统的政府一元主体主导的行政化风险管控体系,需要转型升级为开放性、系统化的多元共治的城市历史建筑风险防控管理体系,以下简称风险防控管理体系。

(1)政府主导。政府主导城市风险管理,做好历史建筑安全统筹规划,搭建风险综合管理平台,主动引导教育历史建筑所有人、建设风险防控专业人员队伍、运营企业规范行业生产行为,提供专业技术和信息资源,从习惯行政推动转变为更多发挥市场作用的机制创设,形成均衡的风险分散、分担机制。

(2)市场参与。政府采购第三方专业技术服务,加强城市历史建筑保护修缮工程现场监管等工作。探索产学研联动,依托市场力量创建保护修缮实验室,挖掘传统工艺,研究前沿技术。根据保护实践,开展量化和精准化实验分析,提供科学的修复和保护依据,并把研究成果提交相关政府部门,为建筑保护、风险管理的顶层设计和标准制定提供建议。

(3)社会协助。鼓励社会组织、基层社区和市民群众充分参与,在已有的社区风险评估和社区风险地图绘制试点基础上,进一步推广和完善社区风险管理模式,真正实现风险管理社会化。

2.2.4　现代化的风险管理发展方向

我国现代化的城市风险管理有法治化、社会化、标准化和智慧化四大发展方向。

(1)法治化。以法律法规为依据,加大立法和执法力度,为历史建筑保护保驾护航。

(2)社会化。充分调动社会市民的积极性,有效及时地发现问题,妥善解决问题。

（3）标准化。一是管理标准化,把相关主体责任明确化,把保护流程公开化,把监督检查社会化,把工作目标数量化;二是技术体系化,形成科学、完善、操作性强的风险防控技术体系,明确风险点,提高防控精准度。

（4）智慧化。大力推动技术创新,充分利用物联网、大数据等现代化技术手段,运用可视化计算技术,提高风险防控的深度、广度、敏感度和效率。

现分别详述如下。

1. 法制化

我国建筑保护的法律体系日趋完备,但在保护理念与实际操作中,常会不自觉地将保护与利用的关系对立起来,造成一种较为机械的保护观念,而未能考虑到历史建筑本身的多样性。一方面,法律强调使有关部门对历史建筑的保护采取封存等手段,对于周围环境则熟视无睹,甚至当作保护时的干扰而清除,让历史建筑慢慢淡出人们的视野;另一方面,法律存在漏洞,使某些地方政府片面追求经济利益和眼前利益,把开发利用历史建筑作为带动本地经济的途径,致使对历史建筑过度开发和掠夺性索取,甚至牺牲历史建筑文化内涵和地理特色,以实现地方经济的短暂发展,最终导致优秀的历史建筑消失在市场经济冲击中,而不具有经济价值的历史建筑不受重视。

1）存在的问题

（1）法律法规保障体系不健全。历史建筑保护和利用手段单一,指导原则不精细,对历史建筑的保护多为被动保护,缺乏具体可操作的法规,又因为政府相关领导和有关部门的意识不足和认识欠缺,太注重眼前短期的经济效益以及自身的功绩,加之对历史建筑破坏行为处罚力度不足,致使违规和旧城改造大拆大建现象时有发生。对历史建筑的保护利用内容没有明确的要求,导致某些地区盲目追求现代化,大规模的旧城改造和基建使得"千城一面"现象突出,在历史建筑的修缮上片面追求完整,盲目地对其修饰、美化,仿造现象也时有发生。部分未被列入法定保护但具有潜在保护价值的建筑,在缺少相应法规给予保障和约束的前提下,保护管理缺乏依据,最终被拆除的风险非常大。历史建筑评估认定需要历经多个部门的审核调研环节,评估程序复杂且周期长,评估期间缺乏制度保护,因身份未定而无法及时办理保护管理的相关手续,容易造成历史建筑的错拆、误拆,导致无法挽回的损失。管理程序复杂、刻板、严格,且对修缮与利用方式的规定模糊,造成相关责任主体保护、利用历史建筑的积极性下降,削弱了其自发保护历史建筑的积极性,使具有保护价值的文化遗产得不到妥善修缮和合理利用,造成具有保护价值的历史建筑因常年无人使用而快速衰败。

（2）法律条款界限不清。某些法律法规由于是在不同时期由不同部门出台制定,制定的背景不同,认识不同,法律法规之间存在判断界限不清、前后自相矛盾的状况,缺乏统一标准和综合指导功能。管理机构职责不明确,在实际工作中单独依靠某一级别的政府或相关管理部门则会无法全面推进保护工作,而多个部门协同工作又会产生各级政府责任边界不清晰、部门之间条块分离的现象,导致日常管理中出现相互推诿,甚至矛盾的现象。同时,政府缺乏与社会、媒体等必要的沟通协调,引发政府在遗产保护方面的舆论压力。

(3) 补偿机制不完善。保护政策大多重责任分担,轻权益保障,潜在历史建筑的产权人在历史建筑认定成功后,对建筑的使用权和收益权会受到很大限制,使其反对将自己所有的建筑物认定为历史建筑。同样,对于开发主体而言,历史建筑、历史风貌区所在地块开发收益"就地平衡"已无从实现。缺乏可实施性的开发权补偿政策,也会导致开发主体对此类项目抵触,甚至强拆、偷拆历史建筑、历史风貌区,因此完善补偿机制也是当务之急。

2) 可以采取的措施

(1) 抓紧立法工作。各地要结合本地实际情况,制定与本地区的历史建筑相匹配的相关政策措施,使历史建筑的保护工作有法可依。要明确保护的基本原则,明确主要保护内容,重视保护规划编制,严格制定审批的基本程序,建设管理规定,通过完善规划、制定相应的保护规定,采取妥善的保护措施使具有历史、艺术和科学价值的历史建筑实现合理的保护利用并将历史文化传承下去。在法律法规中要强制要求做好历史建筑的存档登记,方便有关部门对历史建筑的整体管理。对历史建筑的再利用要求提前申报,以便国家或地方政府可以采取相应的保护措施。

(2) 加强宣传教育培训。在依法行政的原则下,加强对历史建筑保护意义的认识和有关风险应对措施的培训,保证相关人员在进行历史建筑的保护工作和再利用的审查评判工作时,可以依据法律法规实现对历史建筑的风险管理,在全面保护历史建筑的同时,增强保护深度,通过与多个部门的合作和与社会公众的交流实现历史建筑的风险管控。

(3) 建立分类分级保护制度。对不同的建筑类型和保护性质进行区分,同时建立保护管理机制,将历史文化保护融入城市发展战略中,正确处理好城市更新、开发与保护的关系,充分发挥规划的先导和调控作用,合理确定保护范围,在保护优先的前提下,制定更积极的保护政策和制度,保障物权人、改造主体责任与权利的统一,实现有效保护与合理利用的统一,促进遗产保护与人居环境改善、邻里和谐等多目标的实现。

(4) 充分发挥国家监督职能。通过监督制度的建立,依靠地区历史建筑保护有关的方针政策,结合本地的实际情况监督地区历史建筑保护工作进展,敦促地方政府和相应部门加强对历史建筑的保护和合理利用。促进地方政府与社会之间的沟通,积极发挥社会公众、专业人士的作用,提高保护管理的科学性和技术水平,加强对保护的监督,促进全社会共同参与历史建筑的保护工作。

(5) 明确各方具体职责与任务。政府及各部门需要明确主要职能并写入相关规定,对于历史建筑保护方面的问题需特定部门负责,避免职责重叠导致决策时出现争议,丧失风险的规避或降低风险的机会,最终实现对历史建筑的能保即保、应保尽保,整体保护,全面保护,同时保证历史建筑的创新开发和合理利用,发挥其经济价值、社会价值和文化价值。

历史建筑在一系列规章制度的保障下可以更好地被保护利用,通过条例规范的制定,可以明确被保护对象的保护范围,分清政府、社会和保护机构的职责,规范保护机构及其职工的保护、管理与利用行为,使历史建筑的风险防控管理体系实现法制化。针对历史建筑内各位对象的保护制定相关的规范和管理方法,做到依法决策,依法保护。依靠相关保护条例和规章制度的制定,解决风险管理法律不健全、权责不分明、责任主体不明确、重应急轻预防、处罚手段软弱无力、专业技术力量薄弱、公民社会监督防范意识不强的问题。

标本兼治,从根本上提高城市历史建筑风险防控管理水平。对于城市历史建筑来说,静态风险和动态风险无处不在并具有随机性,历史建筑的保护利用受自然因素和社会因素影响巨大,气候、环境、政策等的改变都可能会对历史建筑产生不利影响,甚至造成难以挽回的损害。而建立城市历史建筑保护利用风险防控管理体系,则需要监管部门从风险防控管理与实施策略、风险防控管理相关部门职责细化、风险防控管理信息共享等角度对历史建筑面临的风险进行全方位评估、监管与防范,进而从根本上避免风险的发生或减小风险发生的概率,从而避免或减轻历史建筑保护和利用过程中产生的损失。

达到与历史建筑保护利用相结合的风险最优化。建立全面风险防控管理体系,要求历史建筑管理部门制定各项措施,确保将历史建筑的静态风险和动态风险控制在可承受范围之内,并通过制定各项重大管理及执行措施来实现城市历史建筑的保护利用目标,发挥保障历史建筑风险防控管理的有效性。同时,管理部门在进行风险防控管理工作时,会把可以避免的风险和成本低的管理方法记录留存,这将视为历史建筑保护利用的特殊资源,通过对可避免风险的防控和管理成本的控制,促进历史建筑风险防控管理的最优化。

增强公众对历史建筑的保护意识。城市历史建筑风险防控管理体系将风险防控管理文化融入社会各阶层中,在公众心中树立风险管理理念,增强公众风险管理意识及法律意识,促进历史建筑风险管理长效机制的建立。

2. 社会化

风险防控联合管理机制不健全,现阶段主要依靠历史建筑管理部门进行历史建筑的保护利用监管,其他相关部门缺乏主动性且执行力较差,没有实现多部门互相监督,导致风险管理存在纰漏。社会单位主体意识不明确,习惯于历史建筑监管部门的监管调查,对历史建筑保护利用的风险防控管理处于应付上级状态,阻碍了风险防控管理社会化的发展。公众在参与历史建筑风险防控管理工作时积极性明显不足,历史建筑保护利用意识淡薄,参与历史建筑的保护利用工作的主动性差,导致公众在历史建筑保护利用工作中作用不明显。历史建筑相关风险防控管理信息的传达不及时和不通畅,限制了公众参与历史建筑保护利用的有效性和及时性。基层自组织能力较差,使公众不能参与到风险防控管理工作中来。可以采取的措施有:

(1)健全相关责任机制。建立以政府为责任主体,社区为日常巡查、现场保护主体的历史建筑保护联动机制,加强与各职能部门的沟通协调,落实责任人对于历史建筑保护的日常监管工作,强制要求责任人承担历史建筑的保养维护和修缮的义务,提升政府各部门和社会的整体联动性和快速反应能力,严格执行相关法律和奖惩措施,提倡公众参与。通过现有网络、电视等媒体,加强对历史建筑保护利用的宣传教育,提高公众对历史建筑风险状况的判断,逐步形成全民意识。提高社区、公众对于历史建筑风险突发时的基础应对和拯救,降低突发事件对历史建筑造成的损失,及时保证对历史建筑的保护也实现对历史建筑利用状况的监督。公众的参与结果是反馈更多的信息和有益建议,有助于历史建筑的合理保护和利用,是历史建筑利用方、设计方同公众之间的一种双向交流,使得对于历史建筑的保护利用能得到公众的认可,并在保护利用中协调各方利益,确保保护能够兼顾经济社会下的环境效益,使历史建筑的保护更具合理性、实用性和可操作性。

(2)加强风险信息公开。依靠历史建筑管理部门、团体和个人对风险信息的主动公开,既保证公众知情权,又为充分发挥公众对风险的识别与社会监督作用提供基础,充分发挥公众的智慧和传统风险管理知识的利用,依靠传统监管与现代信息监管的结合,更好地实现风险管理。

(3)提供专项保护资金。为解决历史建筑保护中的资金缺乏问题,保护资金应都列项,作为政府专项资金计划,并结合民间多渠道资金,建立起历史建筑保护的专项使用资金。加大对历史建筑保护与利用资金投入,鼓励私人资金参与保护与利用项目,在安排历史建筑修缮保护责任主体的同时,为历史建筑再利用提供资金来源。

历史建筑作为城市文明的载体,具有与人息息相关的实用功能。然而,随着时代的变化,历史建筑必会受到自然和人为因素的影响,发生功能上的改变。对此,历史建筑保护利用的风险防控管理不应是静态的,而应是实时更新的;对于历史建筑的保护利用不应该是单纯禁止使用或简单复原,而应该在不损伤其本质的前提下获取新的社会功能;风险防控管理体系的社会化可以使历史建筑的保护利用更加充分全面且与时俱进,也实现了人们对于历史建筑的优秀文化的认知和了解。

在风险识别阶段,相关团体或者负责人的参与可以增加风险的辨别和分析能力,免去设备监测布点不均和环境变化内容监测不全面的问题,依靠社会各界的共同的合作,实现风险防控管理的全面性和实时性。而风险控制阶段,社会各界的加入则为历史建筑保护的灾前预防、灾中补救、灾后重建提供强大的资金和人力支持,既可以振奋公众的精神,使其不会沉浸在灾害的悲伤中,也可以加强公众对于文化遗产的了解和归属感。

社会化的风险防控管理体系的建立有利于提高公众对于加强历史建筑保护、管理和利用重要性的认识,能正确处理好保护和改造的关系,强化日常保护管理工作的同时依托于本地区特色和历史建筑的文化底蕴实现综合开发利用,在丰富城市生活,美化城市环境的同时,增强了城市的可持续发展能力。

社会的进步、文化需求的提升使城市历史建筑保护利用风险防控管理体系必须紧跟时代步伐,对现有风险防控管理体系进行改进完善,既要充实完善体系中法律法规的内容,也要更新完善管理标准,在依托于先进技术的基础上,做到社会各阶层对历史建立保护利用的共同管理维护。现有城市历史建筑风险防控管理体系,要实现体系应用时的便捷性、有效性、合理性,要向智慧化、法制化、标准化、社会化方向发展。

3. 智慧化

国务院 2016 年下发的《关于进一步加强文物工作的指导意见》中提出,要加强科技支撑,发挥科技创新的引领作用,充分运用云计算、大数据、"互联网＋"等现代信息技术,推动文物保护与现代科技融合创新。文物保护与现代科技融合的例子众多,典型实例如敦煌莫高窟应用物联网技术建立了综合监测系统,实现了洞窟环境的精准实时监测,为洞窟保护和管理提供可靠的技术支持。但是,城市历史建筑作为反映历史风貌和地方特色的建筑,近年来才开始受到国家和地区的重视,因此对历史建筑的风险防控管理可以借鉴已有文物保护方面的方法措施,依托于现有技术在文物保护中的应用,实现历史建筑风险防控管理体系的智慧化。

风险防控管理体系的智慧化主要体现在现代信息技术与风险防控管理各阶段的融合互补。当前技术的应用现状和应用优势,让我们看到历史建筑风险防控管理的多个方面可以与之结合,进而完成险前预防、险中补救、险后应急和修复的风险全方位管理,将风险对历史建筑造成的损失降到最低。

风险防控管理体系中,风险识别阶段首先要对需要进行保护利用的历史建筑进行存档。存档内容复杂多样,主要包括历史建筑所处的地质地貌、气候环境、建筑状态等信息,传统的专业人员普查调研既费时费力又缺乏全面性,因此可以利用先进的遥感技术、无人机技术、建筑信息模型(Building Information Modeling,BIM)技术和地理信息系统(Geographic Information System,GIS)技术等与有关部门提供的资料为历史建筑建立完备的档案,方便对历史建筑的价值进行评估、分级、保护,以便于系统了解城市历史建筑所受到的动态因素和静态因素的威胁以及在灾害发生后优先需要解决抵御的风险。应用物联网技术将传统的人员定时定点的风险因素监测分析判断,转变为无人值守监控和智能传感设备实时监测,具备针对历史建筑的环境监测、状态检测、风险预警等功能,在实时连续监测风险因素并及时预警的同时,为后期评估模型的建立和修复措施的研究和实施提供了可靠数据支撑。应用大数据、云计算、人工智能等技术,可以使风险评估相关指标模型对风险的评估更加全面具体,精确性得到提高,适应性得到增强。在风险防控管理中为风险处理提供合理建议和风险应对的优先级,各种管理平台信息的共享可以实现风险处理措施的共享借鉴,为各地区的历史建筑保护利用方法和风险防控管理措施提供沟通交流的平台,向初见风险的应对措施制定提供借鉴。可以说,现代信息技术可以在历史建筑保护中贡献了很大一分力量。

物联网、大数据、云计算、人工智能等现代信息技术的发展,给城市历史建筑保护利用的风险防控管理注入了新的活力。依靠当前先进技术,可以使风险管理变得更加可靠、高效、智能,打破了传统的风险管理模式和工作机制,构建创新型管理体系,既降低了管理成本,也提高了风险防控管理的可靠性。风险识别、风险评估、风险控制各环节的监测、分析、决策等内容不只是依靠相关人员的经验分析判断,也通过大量实测数据分析挖掘来丰富城市历史建筑的保护方式,提高管理决策的可信度。先进技术的应用使得风险识别、风险评估中常见的专家组织进行概率及数理统计方法估计,转变为通过多种数据分析模型来风险评估,风险控制由传统的管理人员分析讨论制定应对措施转变为社会各界参与、专业人员指导的制定措施并实施。先进技术的应用可以保证风险识别的全面性、风险评估的科学性和风险处理的准确合理性,实现对风险防控管理体系的优化完善,同时,实现对历史建筑等相关历史优秀文化内容的宣传作用,增强社会各阶层对于历史建筑保护利用意识,也为社会历史建筑保护人士提供献策献力的平台。

将人工风险监测管理变为设备监测与人机协作管理。现代信息技术在风险防控管理中的应用降低了人员监测成本,依托于物联网、建筑信息模型(BIM)、地理信息系统(GIS)等技术对历史建筑信息进行环境信息的实时获取和汇总存档。在将风险量化的同时,依靠数据库技术对风险进行综合归类,保证风险分析的全面系统性和准确性。通过数据分析挖掘和知识管理,将大量的风险因素监测信息、风险处理知识转化为风险评估模型和风险应对模型,形成不断完善的风险管理规则库、模型库和知识库,从而实现对常见的问题自动分析处理,为相关管理部门提供决策依据。与此同时,弥补了管理者在风险意识、风险分析和风险洞察力的缺乏和风险识别全面性的缺失,避免了风险管理者主观决策造成的风险。通过远程监测、分析、调度、管理,在保证风险防控管理效率的情况下实现了风险的高效应对,将管理流程精简化,最大限度地免去风险管理各环节中耗时耗力的内容。

实现了由被动应急管理转化为主动防护预警管理。传统的风险防控管理因人员疏忽或监测不便而出现"信息孤岛"、"信息缺失"、信息不一致或矛盾等现象,导致历史建筑风险管理部门难以做出周密的决策来应对风险,这种风险防控管理存在滞后性、信息混杂性,使得风险防控管理效率低下且成本难以控制。通过现有的大数据和云计算等技术,可对获取的大量风险因素信息进行数据挖掘,及时主动向各管理部门、参与机构和参与人员智能推送相应风险信息,形成主动的、人机良好协作的风险管理流程,促进风险管理由被动向主动转变。

化单一风险管理为全面风险管理。依靠相关分析模型对不同风险进行关联性分析,在防控风险时对关联度高的风险进行监测分析,避免多种风险出现导致风险防控管理的混乱,便于明确风险应对的优先级,根据风险的级别进行合理有序防控。在保证数据的可靠性和连续性的同时,为风险应对的措施提供科学建议,让风险防控管理有的放矢,更全面地分析评估历史建筑状态和面临的威胁,并实现风险提前预警。

实现信息共享。依靠数据在云端的实时监测和风险管理过程的记录存档搭建监测交流平台,可以实现监测数据的共享和风险应对措施的推广交流。不仅为其他地区的风险管理提供借鉴,也为社会各界了解历史建筑的文化内容和现状提供方便的学习环境,同时也会加强群众对历史建筑的保护意识,为历史建筑的风险防控管理出一份力。

4. 标准化

国家文物局副局长宋新潮在 2011 年第二届全国文物保护标准化技术委员会成立大会上曾提道:"标准是对长期以来文物保护利用实践经验的科学总结,是对科学研究和技术成果的高度提炼,是科技成果得以迅速推广和应用的重要手段。"《国家标准化体系建设发展规划(2016—2020)》明确指出,要加强文化建设标准化,促进文化繁荣,针对文物保护则要求:"开展文化遗产保护与利用标准研究,制定与实施文物保护专用设施以及可移动文物、不可移动文物、文物调查与考古发掘等文物保护标准,重点制定文物保存环境质量检测、文物分类、文物病害评估等标准,加强文物风险管理标准的制定,提高文物保护水平,开展中国文化传承标准研究。"[9]

现阶段,历史建筑保护利用的防控管理规范及标准由国家或地方相关部门在不同时期针对不同种类的文物保护领域进行制定,各标准之间缺乏相关性、协调性和统一性,导致对历史建筑保护行为与利用方法正确与否的衡量与判断出现差错,而且标准在实际应用中普及程度低,使得优秀的历史建筑保护措施和利用方式难以推广。在风险管理的内容上,则体现在部分地区对历史建筑的风险防控管理缺乏理论指导和顶层设计,对于风险识别能力不足,导致监测出现盲目性,而监测风险因素所获取的数据内容和格式不同,为后续风险评估的数据分析造成困扰,而风险评估方法的不同则导致对风险预测能力存在差异,可能致使风险处理时的处理措施不足以抵御或降低风险造成的损失。

明确完善风险防控管理体系内容。方法论及世界观的不同和利益主体及文化的差异,使人们具有不同的价值取向,标准化的缺失会导致风险识别人员风险判定的不一致,也会使管理者制定差异性巨大的风险控制策略,必将对历史建筑的保护利用产生不当行为。历史建筑风险防控管理作为一项科学的管理活动,需要有明确的内容和组织结构,将历史建筑保护标准根据实际保护情况进行合理分类,使体系结构合理、层次清晰,避免交叉重复,通过标准之间的衔接和互补,提高风险防控管理的系统性和全面性,明确风险管理的工作重点、发展方向。

制定明确的标准。参考国家现有历史建筑保护利用方面的标准制定具体与地区情况相符合的历史建筑保护利用的标准内容,标准内容主要涵盖技术标准、管理标准、工作标准,标准内容的确定必须与我国社会特色、建筑风格、建筑所处环境和地区需求紧密结合。技术标准要紧跟先进科技成果的步伐,在现有风险识别、评估、管理的技术标准基础上逐步建立起实验方法、新技术、新产品、保护工艺和工程质量等方面的技术标准。加强对名称、术语、分类等与历史建筑相关的基础标准,为当前标准内容的更新和后续新标准内容的制定奠定基础,消除不同地区标准内容的歧义,减免标准制定时的复杂性和混乱性,优化标准制定工作。由于历史建筑不可复制和不可再生的特点,城市历史建筑防控管理体系必须保证管理内容的严格标准化。

提高工作中的标准意识。标准的制定是为了在工作中的贯彻与落实,作为历史建筑的保护人员,必须提高自己的标准意识,树立标准理念,加强对已有标准内容的宣传贯彻。依靠标准的执行,发现标准中存在的突出问题和薄弱环节,促进标准体系的完善。随着标准的修订、完善以及与时俱进,最终实现风险管理的时效性、实用性,为历史建筑的保护利用提供切实可行的行为规范。

加强人才培养和国际交流合作。通过培养标准化人才队伍,可依据各地区特色实现历史建筑保护利用相关标准的快速合理制定,利于标准的与时俱进,时刻保持实用性,并在标准实际应用的调查、审核和认证中,对完善标准内容提供改进完善的建议。而加强国际交流合作,可借鉴国外在历史建筑保护利用中的有效理念和措施,根据"有效采纳、重点竞争"的工作原则,积极推动我国历史建筑保护利用方面标准向国际化演进,同时将我国历史建筑保护利用的优秀理念和措施推广出去,提升我国在历史建筑保护利用领域风险防控管理标准化工作的国际认同感。

城市历史建筑作为宝贵的文化遗产,其风险防控管理体系的标准化建设既有利于明确保护利用的工作重心和工作目标,也有利于发现工作中的不足和管理中的弊端,在提高风险防控管理工作系统性的同时,形成一套内容全面、层次恰当、划分明确的体系,从而正确规范和引导相关部门对历史建筑的保护利用。此外,风险防控管理体系标准化的建立可以优化城市历史建筑的保护机制、利用机制、监管机制,增加风险防控管理体系的权威性和质量水平,推动历史建筑保护以及保护利用相关措施的改进和技术推广,使历史建筑保护利用各部门职责明确且避免工作重叠,从而满足国家对历史建筑保护利用的要求,满足人们对历史文化的需求,为历史建筑保护利用以外的文物保护利用标准化工作提供借鉴意义,实现我国文物保护利用工作由被动保护与过度利用向主动保护与合理利用的转变。

实现高效风险防控管理。标准化可以使得优秀管理经验更好地被管理人员所使用,实现管理经验的传承,让管理人员对已有问题的发生和处理有所了解,在减少管理决策时间的同时起到很好的风险规避或者风险应对效果,也可以实现管理技术的推广,为其他类型的历史建筑或其他地区的历史建筑保护提供借鉴。而对于同一个问题的处理,标准的存在可以减少风险管理人员因立场、经验、观点等产生的争议。标准化风险防控管理体系会为风险管理工作的每个环境制定详细的规定,让各项程序更加规范、高效,让历史建筑的风险防控管理工作效率和质量得到提高。

实现环节的融合。标准化风险防控管理体系可以将历史建筑风险防控管理的各个环节较好地衔接融合,把现有的风险管理制度、监测工具和风险应对方法有机地融合起来,从技术、工作和管理层面入手,寻找各环节的改善点,精简程序,提高效率,消除环节内容的重叠,实现全面的风险管理,不断提高历史建筑保护的风险管理水平,实现风险规避或降低风险所造成的损失。

参考文献

[1] 熊武一,周家法.军事大辞海·上[M].北京:长城出版社,2000.

[2] 李鹰,程晓霞.中国军事百科全书 军事历史卷[M].北京:中国大百科全书出版社,2012.

[3] 唐海清.论1954年《海牙公约》对于文化遗产的国际保护[J].湖南行政学院学报,2010(1):92-94.

[4] 荣芳杰.从蓝盾计划到灾害管理:国际间文化资产的风险准备意识与行动[J].文化资产保存学刊,2010(12),43-56.

[5] 吴美萍,朱光亚.建筑遗产的预防性保护研究初探[J].建筑学报,2010(6):37-39.

[6] 戎卿文,张剑葳.从防救蚀溃到规划远续:论国际建筑遗产预防性保护之意涵[J].建筑学报,2019(2):88-93.

[7] 吴美萍.文化遗产的价值评估研究[D].南京:东南大学,2007.

[8] 孙建平.城市风险管理概论[M].上海:同济大学出版社,2019.

[9] 马萧林.我国古代人骨采集、管理工作的问题和对策[N].中国文物报,2020-09-04.

3　城市历史建筑风险识别与评估

城市历史建筑风险防控管理体系的主要内容包括风险识别、风险评估和风险控制。风险识别是风险评估的前提,风险评估是风险控制的依据,风险控制减低历史建筑可能遭受的损失。风险识别主要是对历史建筑面临的以及潜在的风险进行判断、归类和鉴定,主要包括风险感知和风险分析。风险评估依靠收集到的数据对识别后的风险进行分析和度量,确定风险的特性、发生概率以及可能造成的损失大小。风险控制则是依据评估结果,选择制定降低风险的措施并实施,实现对风险的控制。风险管理的机制即是通过有针对性地分析酝酿风险生成的条件和成因,找出风险因子的内在机理和动力系统,构建风险与损失的发展模型并对风险进行研判和预测。[①]

总结来说,风险管理的具体实施路径主要由以下四步构成[②]:

(1) 识别并明确历史建筑所面临的全部实际及潜在风险。

(2) 评估每项风险发生的概率及可能造成的破坏和损失,按照严重和紧急程度排序。

(3) 找出并制定缓解风险的策略。

(4) 评估每项策略的成本和效益并按预期规划执行。

风险防控管理的终极目标是,通过较小的成本和较快的速度实现对历史建筑最大程度的保护,降低风险的发生概率,减少风险发生后造成的损失。

3.1　风险及损失的识别

历史建筑面临的风险及损失大致包含四个层面,即与物质载体相关的"存续与否""结构安全",以及与遗产价值相关的"观感质量"和"价值留存"。四个层面往往休戚相关,因为历史建筑物质载体的流失或更改,尤其是经过价值认定的重点保护部位的物质载体的流失和更改,必然导致历史建筑的原真性和完整性受损,并进一步影响价值的损失和留存。所以,在对历史建筑面临的风险进行识别和分析前,必须贯彻以价值为中心的审慎原则。在识别可能造成巨大影响的偶然性灾害和事故的同时,也不遗忘那些在日常管理和决策当中日积月累导致的风险。特别是要警惕一部分出于好的意愿但由于曲解了历史建筑保护的核心理念而人为制造的风险。

---

① 蓝盾

② 加拿大

3.1.1 风险识别体系

历史建筑的风险通常由自然因素、人为因素或这两种因素相结合造成。从预防手段的可控性和有效性来说,这些风险又可分为:

(1) 主要与岁月侵蚀和突发性的灾难灾害相关的固有或偶然风险,无法避免和防止,只能通过各种应急和防控手段将损失和冲击降到最低。

(2) 主要与人为干预、破坏或维护失当相关的非固有性风险,可以通过行政和管理手段的进一步完善来尽量避免。

本书将划归为第一种分类的风险因子统称为风险源,将划归为第二种分类的风险因子统称为致灾因子。历史建筑面临的风险可能同时来自内部和外部,因此在进行风险分析时必须通盘考虑,除了单体建筑内部的房间、构件,相邻的花园、街道外,更要将这个地块、所在区域的情况也包括在内,从历史建筑保存的大环境和小环境同时入手进行梳理。另外需要注意的是,历史建筑所面临的风险事件具有复杂性,很多时候是多种静态和动态因素综合的结果,各方面的微小而渐进的因素都可能增加致灾因子对历史建筑的影响。从错综复杂的环境中找出历史建筑安全所面临的主要风险,全面识别影响文物安全的现实及潜在的风险因子需要多学科交叉的丰富专业知识和经验。

3.1.2 风险识别最常用的方法

风险识别最常用的方法主要有专家调查法和非专家调查法。

1. 专家调查法

利用各相关领域专家深厚的专业理论知识和丰富的实践经验,找出城市历史建筑在保护利用过程中的各种潜在风险并分析其成因、预测其后果的风险识别方法。该方法的优点是在缺乏足够统计数据和原始资料的情况下,可以作出较为准确的估计。目前,专家调查法有几十种之多,下面两种是能够较好地在历史建筑风险识别中发挥作用的方法。

1) 头脑风暴法

头脑风暴法是通过专家之间的信息交流,产生智力碰撞,引起思维共振,产生新的智力火花,形成宏观的智能结构,从而找出全局性风险因素。

头脑风暴法的优点是专家们能够集思广益,思维发散,易于将隐藏较深的、不易察觉的风险源和致灾因子识别出来;缺点是集体意见易受权威人士左右,形成"羊群效应"。该方法适用于目标明确、对象具体的风险识别。如果某一过程涉及的面太广、包含的可变因素太多,则应先对其进行分解,简化后再进行识别,例如将历史建筑相关的修缮改造项目管理风险分解为改造前、改造中、改造后三个阶段来进行识别[1]。

2) 德尔菲法

德尔菲法起源于 20 世纪 40 年代末期,最初由美国兰德公司首次提出并使用。如今这种方法的应用已遍布经济、社会、工程技术等各个领域。德尔菲法具有广泛的代表性,较为可靠,并且具有匿名性、统计性和收敛性的特点。

在应用德尔菲法时,风险管理人员应首先将城市历史建筑的风险调查方法、风险调查内容、风险调查项目等做成风险调查表,然后采用匿名或"背靠背"方式将调查表函寄或电邮给有关专家,专家人数一般为 20～50 人,将他们的意见予以综合、整理、归纳,形成新的风险调查表,然后将新的风险调查表再一次反馈给有关专家。经过 4～5 轮反复讨论,最后得到一个比较一致且可靠度较高的集体意见[1]。

德尔菲法具有匿名性和反馈性。匿名性是指各参与专家之间相互匿名,不发生横向联系,各专家并不清楚参与此次风险调查的专家人数和具体对象。这样,专家们在回答风险调查表时不必考虑其他人的意见,不受权威的诱导,能够比较真实地表达自己的看法,从而能将自己的专业优势真正发挥出来,达到风险调查的目的。德尔菲法的反馈性是指风险调查的组织者将新一轮的风险调查表送交有关专家时,其实已经将其他专家的看法、观点、思考的角度等内容反馈给该专家。这样该专家就可以充分利用他人的智慧来弥补自己的不足,激发自己的创造性,最终找到一个更高水平的平台并进行新一轮的风险分析。通过多次调查专家们对问卷所提问题的看法,经过反复征询、归纳、修改,最后汇总成专家基本一致的看法,作为预测的结果。

使用德尔菲法时应注意,由于历史建筑保护利用涉及相当多的专业领域,既有社会、政治、经济领域,也有工程、管理、质量监管领域,一个专家不可能在所有的领域都具有良好的风险识别和判断能力。不同专业领域的专家,对同一种风险的认识水平并不相同,风险调查组织者在对各专家的观点进行汇总、统计时应给予不同领域的专家不同的权重系数,从而解决专业领域差异所带来的问题。

2. 非专家调查法

通过对有关的风险因素、由风险引发的事件等信息分析和处理识别出潜在破损因素的方法称为风险识别,该工作内容包括发现或调查风险源、认知风险源、预见危害、明确风险事故与引发因素的关联性等方面。非专家介入的风险识别的方法主要有以下几种。

1)清单列举法

清单列举法是指将直接风险、间接风险和责任风险三大项编制成表,在识别风险时以此表作为参照的方法。清单表涵盖了大部分常见的风险源,但特殊风险不包含在内。

2)现场调查法

现场调查法是较为常用的方法,通过现场直接观察法和访问调查法等方式调查可能存在的风险隐患。其步骤由准备工作、现场调查和访问、撰写调查报告组成。

在准备阶段,调查人员需确定调查时间、地点、对象以及问题内容,并制作事实检查表、回答问题检查表和责任检查表等。

在现场调查阶段,调查人员需对现场的每一个角落进行调查,并与现场管理人员进行实时沟通,密切注意风险易发处,并提出粗略的整改方案。在撰写的调查报告中需指出各个建筑的用途、现场是否存在极易引发风险事故的活动、照明等风险易发处的供电供热系统情况、消防器材维护保养和管理的具体情况,并对总体管理水平进行评价,对减少风险隐患提出针对性建议等。

3) 流程图分析法

流程图分析法是指将遗产保护与管理过程流程化,并针对流程中的关键环节和薄弱环节进行风险调查和识别。对保护管理工作进行先后排序后,将主要活动与次要活动划分为主体部分与分支部分,加入流程图解释表与之匹配,使得事故发生的原因和可能产生的结果明朗化,如此便能全面准确地通过此张流程表识别风险。

4) 因果图法

因果图法将引发风险事故的因素进行分析与归纳,从而得出每一风险因素与风险事故之间的联系,由于其形状类似鱼刺,故因果图又被称为鱼刺图。将风险事故绘制在最右侧,从左至右画一个箭头作为风险因素分析的主骨。将主要影响因素作为大骨列于最上侧或最下侧,然后列出影响主要原因的次要原因,即中骨,以此类推,小骨是影响次要原因的第三层次原因,最后标注出对风险事故影响最大的因素并做记录。

5) 事故树分析法

事故树分析法采用逻辑推理从某一事故为出发点进行分析,从已知结果向前推导出引发事故的原因。其理论依据是任何一个风险事故的发生必然,是由一系列事件相继发展的结果,前一个事件导致下一个事件的发生,并伴随着成功或失败两种情况。该分析法对预防事故发生有明显的帮助,从中可以得出许多方法和预防手段,因此此法一般适用于复杂情况的分析。

以上介绍的集中风险识别的方法各有长处,应结合建筑遗产的特点及保护工作的开展有针对性地利用。清单列举法可作为基础协助现场调查法的开展;流程图法侧重于保护管理的各个阶段面临的风险因素;因果图法和事故树分析法通过演绎分析导致风险事故的主次原因,确定不同保护措施的先后次序以及相关保护工程的优先顺序[2]。

3.1.3 风险源

风险源相关的偶然性和固然性风险可细分为巨灾风险和本体风险两类。前者通常是无法预期且骤然发生的,主要包括一些自然灾害和社会冲突,且通常无差别地作用于区域内大部分历史建筑,因此也可被视作历史建筑的"区域危险性";后者通常是可以预期且日积月累形成的,主要包括一些在岁月和自然侵蚀下不可避免的建筑老化与劣化,通常与单体建筑的原始设计、原始材料、地址及保存环境直接相关,个体间差异大,因此也可视作历史建筑的"本体脆弱性"。

1. 巨灾风险(区域危险性)

我国是自然灾害多发国,历史建筑面临的来自自然的巨灾风险包括地震、火山爆发、内涝洪灾、暴风雨、飓风、雪崩、泥石流、雷电、冰雹、气候变化引起的海岸线变迁,等等。自然灾害通常伴随同样毁灭性的次生灾害。社会型的区域性风险则包括军事行动下的武装冲突,政治因素或宗教因素引起的运动式破坏。

2. 本体风险（本体脆弱性）

除了气象和地质性灾害外，历史建筑在日复一日的存续状态中也遭受着酷暑严寒、风霜雨雪、大气污染、光照、水力、重力及冻融的侵蚀，其中酸雨引起的材料腐蚀和物理作用下因不均匀沉降导致的结构开裂最为突出。蛇虫鼠蚁、植物根系、爬墙虎、真菌等生物类风险也很常见，其中白蚁对大量采用木构件的历史建筑威胁尤甚。历史建筑经过数十年乃至成百上千年的自然老化，其中一些已大大超出预期使用寿命，建筑的可靠性大大降低。历史建筑建造年代久、类型广泛，其传力体系、设计时采用的结构计算分析方法、施工时采用的建造材料、施工工艺方法等都与当今标准有很大差异，导致用现行规范评价历史建筑的安全性有很多局限性。除此之外，一个常被忽视的风险在于，与工艺和法式纯熟且有例可循的传统建筑不同，有一部分近现代历史建筑是因为在设计建造的历史节点较早地且创新性地采用了当时的某项"新"材料、"新"技术、"新"的建造工艺或者探索了寻常构件的不寻常尺度，从而拥有了更高的科学和艺术价值。但是新材料和新技术在早期运用中往往因为技艺不够成熟、材料知识不完备、结构设计存在缺陷、失败案例教训及经验数据的累积不充分等因素而给这些建筑的恶化与劣化埋下隐患。这种与原始设计缺陷和材料相关的"试验性风险"也需额外关注。

3.1.4 致灾因子

致灾因子主要指与人为干预、破坏或维护失当相关的非固有性风险，可以通过行政和管理手段的完善来尽量避免。致灾因子本身不是灾害，但长期忽视和纵容可能引发灾害。一些致灾因子是由于没有根据历史建筑的价值来引导日常管理和行政执法所造成的。根据影响范围和管理主体，主要分为社会型管理风险和项目型管理风险。

1. 社会型管理风险（普遍性）

1）行政及执法管理

（1）执法及监管力度欠缺。2013 年 7 月 17 日，清代宛南书院东讲堂遭遇强拆，九间清代建筑未经文物部门与政府批准就被夷为平地。有法不依、执法不严、惩治不力是法律成为一纸空文的重要原因。在上海市辖区内实施优秀历史建筑拆除、迁移、调整保护主体范围需由市房屋土地管理部门、市规划管理部门联合初审登记，报市政府批准，按照《上海历史文化风貌区和优秀历史建筑保护条例》的规定，联合颁发行政许可[3]。但是在实际操作过程中，存在产权方将历史建筑租赁后，租户以不清楚不了解相关保护条例规定的责任、义务为借口，对历史建筑进行不适当的改造；或者产权方自己"掩耳盗铃""明知故犯"，通过采取"先斩后奏"等手段，规避相应的评审和限制性指令，将建筑任意改造，破坏整体风貌，引起舆论哗然的巨鹿路 888 号违拆事件就是一例。保护建筑尚且如此，不具备严格法律身份的保留建筑更容易遭到破坏。究其原因，执法力度的欠缺往往伴随着执法部门资源受限，缺人缺钱，对历史建筑的业主实施单位缺少价值引导和保护意识的教育，无法调动当地社群一起参与监管。

（2）保护条例不完善、要求不明确。对保护对象的范围划定太粗放、重点保护部位不明确，造成历史风貌重要组成要素的流失。

随着城市化推进，不少具备历史、艺术、科学、社会和文化价值的老建筑，由于尚未正式公布挂牌为保护建筑而面临着损毁甚至消亡的危险。

2）规划及市政基建管理

部分城市地区的自然资源和规划局由于对历史建筑和风貌片区的价值理解不到位、定位不准，仍然坚持走大拆大建的建设路径，致使部分保护建筑遭受拆毁等灭顶之灾。还有一种，虽然保护建筑本身质量良好，修缮到位，但由于位置处于市中心区，周边大规模高强度的旧城改造中新的建设项目一再突破保护范围和建设控制地带的相关规定，使得历史建筑成为城市环境中的孤立单体，除破坏了亲切宜人的整体空间环境和风貌协调性外，更使得"低密度的历史建筑在周边的超高密度建设中窒息"。[①]

由于城市建设密度较大，一小部分历史建筑必须让位给必要的道路拓宽以及城市和轨道交通建设。当冲突产生时，很多建设单位甚至规划部门往往不假思索采取一拆了之的方法，完全忽略或遗忘了在特殊情况下可采取的包括移位或保护性拆解复建的特殊手段来保持历史建筑的传承。

在市政设施方面，一些城市的新建地区在建设过程中地基基础逐渐升高，很多历史建筑所在的风貌保护区往往成了城市中的洼地。另外，还有一些市政环评部门出于城市美化的目的填埋了历史建筑勒脚边的排水明沟。这些由市政基建引起的周边环境的改变严重影响了历史建筑的排水情况，导致历史建筑泅水，损害了历史建筑的留存。

3）经济和旅游开发

与欧美等国家不同，我国有相当一部分历史建筑属于国有资产，修缮和日常维护过分倚重政府财政。一些地方政府苦于修缮预算有限往往不得不对修缮的范围和质量作出妥协。在招投标遴选准则上忽略历史建筑修缮工艺工法的特殊性，一味按照普通工程招投标的原则寻求最低报价而无法选择修缮经验更多、水平更高的施工队伍，致使修缮效果欠佳。另外，对于长期没有大修过、严重损坏但是无收入、无管理资金投入、无法自给自足、无巨额资金进行全面修缮的、优先度略低的国有历史建筑选择"放置不管"，任其进一步地劣化损坏。

在市场层面，历史建筑和风貌保护由于成本投入更高、运营周期更长、管控要求更严，在经济上更难实现自我平衡。若涉及历史建筑的土地政策不适当倾斜创新或给予部分税收优惠和财政补贴，难以激励开发商主动参与修缮保护。另外，由于缺乏质量监管，更有部分修缮施工单位为了增加盈利、压缩成本，材料劣质、工艺粗糙、粗放施工，历史建筑越修材料越差，越修观感质量越糟，甚至施工单位蓄意破坏局部原始装饰等情况屡有发生。

与之相对的，哪怕是财政预算充裕的地方，当地的历史建筑也可能面临着另一种由于对修缮原则和保护理念的无知、对旅游业的经济效益过分追求而导致的保护性破坏。即不顾建筑在各个历史时期的变化事实，将建筑肌体采用现有材料、技术完全修复至原建时风格形式的状态，

---

① John Costoni。

以崭新的面容重生再现,将历史的层理全部抹杀,造成历史记忆的彻底缺失和永久伤害。这类以大同市鼓楼西街为代表的、拆真古迹造假古董的"风格性修复"完全站在了历史建筑保护的对立面,严重伤害了历史建筑的原真性解读。①

4)保护专业相关问题

历史建筑修缮的先决条件是考证原状,并通过勘察分析推断历史建筑的设计尺寸和特征,这都依赖于设计人员对城建档案、历史图纸和历史照片的挖掘和学习。某些历史原因和现今政策忽视造成的档案资料不完整和历史影像资料的匮乏与缺失,会使历史建筑的修缮修复无据可依,极大地增加了修缮的难度。

1963年颁布的《纪念建筑、古建筑、石窟寺等修缮工程管理办法》中对建筑遗产保护工程档案记录的相关内容就有所涉及,但由于观念陈旧、疏于管理以及技术讨论不足等原因,新中国成立以来只出版了少数良莠不齐的保护工程报告书。大量的干预过程中建筑原真信息的流失以及修复方针的失误,给建筑遗产保护工作造成了不可弥补的损失。

另外,由于熟悉传统工艺的匠人普遍高龄化且后继无人,我国历史建筑的部分施工工艺和修缮技术面临失传。虽然我国首部优秀历史建筑修缮的技术规程《优秀历史建筑修缮技术规程》(DGJ 08—108—2004)自2004年3月1日实施以来,针对屋面、墙(柱)饰面、墙面清洗、楼地面、雕饰、细木装饰、油(涂)饰及设备等八个方面的修缮设计提出了具体的设计和施工要求,但对具体的修缮技术或施工方法尚未涉及,作为地方规程或指南性质的修缮工艺技术规则或修缮施工工艺规程尚未编制。对于特殊工艺经验和知识的缺乏,使得现有施工作业人员施工工艺和操作水平不过关,无法达到历史建筑保护的要求和标准。

除工艺断档外,历史保护和文化保护建筑修缮的材料也存在不可持续的风险。由于历史建筑所用材料的规格、用料、配比和品质标准与市面上普通的新建材不同,修缮时往往循环利用别处的旧砖、旧料、旧瓦。如今旧料供应逐年递减,包括陶瓦和旧地板在内的材料价格逐年上涨。同时,由于缺乏统筹管理,市场上出现了拆房队乱拆的事件,小包工头搞一些改造利用赚其中的差价,导致修缮施工单位出现没有材料可用的现象发生,这严重威胁了历史建筑保护修缮的长远发展。

2. 项目型管理风险(个案)

项目型管理风险侧重于单体历史建筑(群)、单个项目层面的独特风险,包括使用中、修缮中、周边开发建设、征收留置等阶段和场景出现的风险,需要所有者和实施单位重视风险防范加强管理。

1)使用中

人为性忽略/无为性破坏(Demolition by neglect):在保护力量有限的情况下无力应对,无奈地任由历史建筑自行损毁,或者历史建筑所有人故意忽视建筑老化与劣化的情况,不修不用,等到历史建筑彻底无法修复时,"名正言顺"地要求拆除。

---

① 中华人民共和国住房和城乡建设部,关于部分保护不力国家历史文化名城的通报,2019年3月14日 http://www.mohurd.gov.cn/wjfb/201903/t20190321_239850.html.

整体置换不当:给历史建筑强加了与原设计、原结构不相适应的新功能,导致将原有平面布局、结构体系和室内传统的、有特色的建筑风格、建筑装饰随意更改,而失去其建筑象征的艺术和历史价值,形成无法挽回的损失。

局部改建维护不当:乱搭乱建或铺设瓷砖改变排水坡度等使得原有排水系统失效,或不及时清理天沟任由落叶堆积堵塞下水管等导致历史建筑洇水。违章搭建、拆除承重墙、破坏房屋结构(阳台改建为洗手间淋浴间),增加不合理负荷造成结构风险,损坏承重结构。

设备使用不当:随着现代社会的发展,城市不断向外扩张,历史建筑与历史街区往往成了城市经济的"洼地"。受经济制约,很多历史街区的基础设施存在安全问题,如电气防雷及照明等设施大量的老化失效,大部分历史建筑与历史街区的电气、防雷、照明等设施设备均存在老化、缺失等情况,不但不能满足现代生活的需求,还存在大量的安全隐患,由于缺少资金投入,许多历史建筑内的电气、电线设施严重老化,绝缘表皮破损、风化等情况严重,导致用电极不安全。由于缺少规范和有利的管理,各种管线私搭乱接现象十分严重,各种线路常常在空中纵横交错,普遍还存在与晾衣绳交织在一起等现象,同时,在夏季与冬季中历史建筑内部用电会达到高峰值,或者大功率的电气如空调、取暖设备的应用,均会增加用电量超过原有的电线横截面负荷,增大火灾、爆炸发生的可能性[3]。

2)修缮中

清洗性破坏:对建筑立面陈年污垢、灰尘、锈迹、油渍等污染不进行科学的劣化分析,盲目使用不恰当技术方法清洗对建筑造成伤害。特别是外立面石材清洗盲目采用的药物漂白清洗达到一药医百病的效果,由于药物与石材化学的反应,在清除污垢的同时腐蚀了石材的肌体;石材墙面黏性污垢以打磨抛光的方式清除而严重损伤历史建筑的自然古锈;在气温较低的季节使用压力水清洗,造成石材内部吸收储存大量水分,在较低气温下形成冰凌冻融膨胀,破坏石材的内部结构。

修复性破坏:在历史建筑保留保护改造工作中,由于缺乏经验和系统性的管理机制,操作不规范,对质量把控不严谨,再加上项目实施者的文化背景和审美水平的差别,修缮保护的干预施工适得其反,在错误保护理念下使用了错误的技术或者盲目使用不可逆的新材料。例如在修缮时将花岗岩等石材外立面涂上真石漆等涂料,将建筑原有的钢窗换成铝合金窗,将清水砖花饰做成满批并用涂料勾缝。另外,保护修复采用的技术方法没有任何"可逆性"而言,大量使用"不可撤销性"的水泥、涂料制品的材料、工艺,使得修复后的效果是不可逆转的破坏。石材、砖砌体墙面涂刷涂料或防水层,使砌体内墙面粉刷受潮脱落,砖砌体表面漆皮酥散起泡。因为传统的建筑材料具有呼吸的作用,涂刷的涂料将砌体内部的水分封闭砖与涂膜之间,长此以往,水分和砖砌体表面产生物理和化学反应,表面变质霉烂。

改变风貌:修缮设计不依据考证得出的历史原状、专家评审和标准规程,任意修改历史细节和有特色的内外部装饰。尤其是在成片的由单一建筑师和单一开发商设计承建的历史建筑群中较大地改变其中一栋或数栋历史建筑的外貌,影响了整体风貌的统一性。

3）周边建设开发

周边建设造成扰动：因为历史建筑特别是砌体结构和浅基础结构的历史建筑的结构形式抗变形能力较差，且因为长时间使用材料性能达到临界状态，承重结构不满足承压要求，紧邻历史保护建筑的高层建筑和城市地铁在地基基坑开挖时若相关设计和施工不当，极易造成历史建筑破损、渗漏、开裂，严重的会在不均匀沉降情况下产生变形和整体倾斜[4]。

周边建设造成局部拆除：新的建设与历史建筑的楼间距过近，因此肆意拆除历史建筑立面上凸出的阳台或其他装饰物，除影响历史建筑立面设计外，或可造成室内部分楼梯通向无法开启的阳台门的怪象，严重影响历史建筑室内格局的解读。

4）征收留置等特殊场景时期

历史建筑征收留置期间因原住户离开无人居住无人看管，针对历史建筑及构件的纵火、盗窃和蓄意损坏等社会治安风险会大幅上升。

3.1.5 其他相关城市公共安全风险

历史建筑保护中的风险管理不仅针对历史建筑本体所面临的各种风险，也包含了历史建筑与其赋存环境可能对外界造成的财产安全、人身安全或公共安全的威胁[5]。如建筑物发生变形、倾斜、沉降或建筑构件损坏，导致结构承载能力不足，影响使用安全。另外，还有历史建筑本身风化造成的部件高空坠落（如屋面或阳台檐口因钢筋自然铁胀造成水泥脱落下坠）等对使用者和其他人员的生命财产安全造成的潜在威胁。部分历史建筑曾长期用于重工业和制造业，其周边的土壤水体大气存在生态污染的风险。部分历史建筑位于景区内，当客流量超过承载时，需要考虑可能因交通拥堵或游客拥挤引起的包括踩踏事件在内的城市安全风险。部分历史建筑同时具有博物馆等文化功能，其室内装饰及典藏的安全需要和整栋建筑的风险管理应一并考虑。另外，历史建筑在各种特殊情景下，可能触发额外风险，如紧急事件、灾害情况下的人身安全及财产安全风险。

3.1.6 地震带的城市历史建筑——尼泊尔教训

在所有的自然灾害中，由于地震具有如下几个特征被称为群灾之首：防御难度大、破坏性大、突发性强、社会影响深远。震灾造成的影响包括社会经济损失、建筑物破坏程度、人员伤亡和生产生活受到影响，等等。2002年，R. Jigyasu教授针对坐落在地震高发区中密集的城市结构中的世界遗产所面临的各项风险发出警告。2007年，秘鲁首都利马发生了地震，正如R. Jigyasu所担心的那样，由于利马住房结构单一，城市人口稠密，缺乏应对突发性灾害的应急管理能力，导致包括印卡文化古遗址在内的许多秘鲁世界遗产和历史建筑在大地震中被摧毁了。8年后，尼泊尔发生了里氏8.1级的地震，致使1 805人遇难，4 781人受伤，整个加德满都谷地的古建筑约八成被毁。地震同时伴随着次生灾害，在对受损的文化遗产进行调查后，日本东京大学的地震专家认为，地震造成了许多遗产地的地面出现了很深的裂缝，雨季来临后，雨水流入缝隙将会严重损害位于高地的斯瓦扬布纳特佛塔并可能引发滑坡[2]。

在对尼泊尔地震这一特大灾情的灾后复盘中,相关专家总结了损失如此巨大的主要原因:其一,加德满都谷地属于文化遗产地,这一地区不但是灾害脆弱性地区,也是居民、游客的聚居区,脆弱性人群较多,抗灾性显弱。其二,在过去的几十年里,随城镇化飞速发展,加德满都山谷的城市压力不断增加,导致周围居民区快速转变,建筑楼层增加,不但人口密集,住宅楼房开始垂直细分,形成一幢幢密集相连的建筑物。当地震发生时,极易成为地震脆弱性地区,而尼泊尔的古建筑物又多建于城市当中,对古建筑本身的损毁就会特别严重。同时发生地震时,这样密集的建筑物将阻塞通向那些遗产建筑的道路,最后导致消防系统找不到通道,居民和游客疏散也变得非常困难。[6]其三,尼泊尔的世界文化遗产区域点多面广,均受到地震波及,再加上尼泊尔地形地况条件复杂,救援难度无形中也增大了。其四,多种灾害类型的影响会相互叠加,防范次生灾害的任务也较为艰巨。雪上加霜的是,地震对尼泊尔的经济造成了巨大的损失,在资金匮乏的情况下,不管是恢复性重建还是发展性重建都是异常艰巨的任务,而且重建时间也会较为漫长[7]。

针对利马和加德满都的情况,Maria 等学者认为,决定世界文化遗产灾害受损程度的主要因素是城市环境,稠密的城市环境增加了世界文化遗产的灾害风险。城市历史建筑的抗风险能力与当地居民和社会经济发展状况、建筑物的抗震性能与密集度、人口密度、社会防灾意识的强弱等都紧密相关。风险防控不应局限于对建筑本体的考量,也应对毗邻区域提出布局等要求。这两场特大灾害同时反映出这些世界文化遗产地所在的城市其实都缺乏一个将历史建筑的安全和保护涵盖在内的全面的风险管理应对措施。[7]

3.2 风险评估

我国历史遗产存在种类多、总量大、建成时间差异大、保存状况差异大、区域环境差异大等特点。因此历史建筑所面临的风险除去共性和普遍性外,又带有明显的地域特征。我国幅员辽阔,部分地区位于地震、台风多发带。建筑遗产面临的灾害深受其所在地区地理环境的影响。因此,深入理解所在区域大环境包括气候带、地质地理等对历史建筑安全的影响才能有助于保护风险管理和实践的展开。

风险评估的对象包括每项风险的严重、紧急程度,发生的概率以及可能造成的破坏和损失程度。大多数的风险评估方法是结合某个特定的危险发生的概率及发生时后果的严重性来进行评估。通常来说,在进行风险评估时可从以下几个方面着手:发生频率和高发期的具体时长;可预测的难易度情况分为可预测、有一定预测性、很难预测和不可预测;次生灾害种类及引发率分为很高、较高、低和极低多个级别;需具体化可能带来的损害情况分为很严重、严重、中等、较低、很低、轻微,并按照实际情况将其程度进行阶级性级别分类。[2]需要注意的是,由于建筑遗产本身的结构材料和保护管理现状关系到其灾害的发生频率和损害程度,灾害种类又会影响到可预防的难易度、次生灾害的种类及引发率,因此,在进行风险评估时需要谨慎地通盘考虑各种交织的影响因子并尽可能地将其具体化和量化。

3.2.1 风险评估体系

风险的评估除了定性分析外,还可以以指数的形式进行量化。通过科学公正理性地计算与评估在册保护建筑的风险程度,协助政府职能部门和历史建筑所有者管理方根据预警报告考虑如何改善现状提高风险应变能力。下面介绍三个大类的评估方法。

1. 定性评估方法

1) 安全检查表法

(1) 安全检查表法的基本概念。系统地对一个生产系统或设备进行科学分析,从中找出各种不安全因素,确定检查项目,预先以表格的形式拟定好用于查明其安全状况的"问题清单",作为实施时的蓝本,这样的表格称为安全检查表。

(2) 安全检查表的形式主要有提问式和对照式两种形式。提问式的检查项目内容采用提问方式进行;对照式的检查项目内容后面附上合格标准,检查时对比进行作答。

(3) 安全检查表的内容和要求。应按专门的作业活动过程或某一特定的范畴进行编制;应全部列出可能造成事故的危险因素,通常从人、机、环境、管理四方面考虑;内容文字要简单、明了、确切。

2) 预先危险分析法

预先危险分析(Preliminary Hazard Analysis,PHA)又称初步危险分析,是在设计开始阶段所做的最初的危险分析工作,可以将它作为运行系统的最初安全状态检查,是系统进行的第一次危险分析。通过这种分析找出系统中的主要危险,对其进行等级划分和估算,从而尽可能地评价出潜在的危险性。该法将危险性的划分分为4个等级(表3-1)。

表3-1　　　　　　　　　　　　　危险性分级

级别	特征
Ⅰ 安全的	轻度的腐烂、损伤、裂缝、装饰剥皮,不会造成人员伤亡及系统损坏
Ⅱ 临界的	中度的倾斜、沉降、开裂、风化等,处于事故的边缘状态,暂时还不至于造成人员伤亡
Ⅲ 危险的	重度的位移、变形、劣化等,会造成人员伤亡和系统损坏,要立即采取防范措施
Ⅳ 灾难性的	极重度的倒塌、损毁,或可造成人员重大伤亡及系统严重破坏的,必须予以果断排除并进行重点防范

3) 矩阵图分析法

矩阵图分析法采用数学中矩阵的形式,通过成对要素的关系及其程度从多维角度明确影响风险的关键因素所在。要想执行矩阵图分析法,第一,需列出影响风险事故发生的各类风险因素;第二,确定每一风险因素之间的对应关系,并且找出具有对应关系的风险因素 $A_1 A_2 A_3 \cdots$ 和

$B_1B_2B_3\cdots$；第三，建立矩形图，行与列上分别放置具有对应关系的风险因素，并将共同风险因素居中放置；第四，在成对风险因素的交点处用不同符号表示其关系的重要程度；第五，最后根据结果采取对应的措施并制作对策表（表3-2）。

表3-2　　　　　　　　　　　　　　　　对策表

A B	B_1	B_2	...	B_i	B_n
A_1					◎
A_2	○	◎			○
...					
A_i			○		△
A_n	△		◎		○

注：◎表示主要风险因素；○表示次要风险因素；△表示可疑因素。

2. 定性描述定量化评估法

专家评审法是一种定性描述定量化的方法，它首先根据评价对象的具体要求选定若干个评价项目，再根据评价项目制定出评价标准，聘请若干代表性专家凭借自己的经验按此评价标准给出各项目的评价分值，然后对其进行结集。专家评审法的特点如下：渐变，根据具体评价对象，确定恰当的评价项目，并制定评价等级和标准；直观性强，每个等级标准用打分的形式体现，计算方法简单且选择余地比较大；将能够进行定量计算单额评价项目和无法进行计算的评价项目都加以考虑。[8]专家可以是具有相当资质的文物专家、考古学专家、地方艺术史专家、建筑与规划保护专业学者、实务建筑师、工程师等。

3. 定量化评估法

分析受损现状和劣化趋势，计算易损性指数。从"生物侵蚀""湿度含量""结构损坏""材料松散""表面病变""缺失残损"六种退化形态的扩展百分比来量化标识相关构件退化的严重程度、紧迫性以及易损程度。

比较现状和临界值。通过建筑结构图纸复核与测绘、使用荷载调查、材料力学性能检测、房屋沉降倾斜变形检测、房屋损伤状况检测和原因分析、建筑结构计算分析、白蚁危害状况检测、结构安全性评定等房屋质量专项或综合检测等内容检测得出安全余量，与临界值做比较，据此得出安全余量以及风险的大小和紧迫度。举例来说，根据上海经验，建筑总倾斜量大于10‰或沉降速率大于0.01 mm/d的时候，风险属于重度，应对建筑物的安全进行验算，对结构构件可能产生的附加弯矩进行复核，对使用功能产生的不良影响进行评价。变形小于上述临界值，房屋处在变形稳定状态，风险属于轻度，可不做纠偏处理，但必要时宜采取适当措施，改善对使用功能的不良影响。如不稳定，风险属于中度，应采取止倾处理。[9]另外，屋架倾斜度超过屋架高度的4%，木构件折减系数大于0.9；上下弦杆因腐朽，有效截面减少达1/5以上或出现过大的变形或裂缝;节点连接失效、松动,局部腐朽使有效截面减少达 1/5 以上时,可初步认为木屋架的支撑系统有失稳变形的可能,风险属于中度或重度,应尽快进行承载力验算并根据验算结果及时采取措施。

3.2.2 风险评级标准

明确指出体现建筑遗产价值的不同元素面临的潜在风险因素及其影响程度是建筑遗产的风险评估工作的核心。在进行具体的风险评估工作时,可以借助表格的形式进行。使用直观明确的描述性语言使评估结果一目了然。

1. 结合本体余量和影响的风险评级

借鉴在金融行业广泛运用的标准普尔评级方法,和 2014 年发布实施的中华人民共和国文物保护行业标准《近现代历史建筑结构安全性评估导则》,以及 2015 年发布实施的北京市地方标准《古建筑结构安全性鉴定技术规范》中对于结构安全性的详细评述,得到一份可以用于评估保护建筑的安全级别和保存状况的风险等级对照表(表 3-3)。

表 3-3 不可移动文物标准普尔评级法对照表[10]

文物风险等级	评分值	风险级别评述
AAA	0~1	本体安全余量很大,其他风险很小,保护措施完善
AA(+ -)	1~2	本体安全余量大,其他风险小,保护措施完善
A(+ -)	2~3	本体安全余量较大,但是有受到其他风险影响发生破坏的可能
BBB(+ -)	3~4	有一定的本体安全度,对于外部风险会有一定反应,存在一定的外部风险
BB(+ -)	4~5	本体安全余量较低,本体破坏风险随时间相对越来越大,对外部风险会有一定反应,存在具有较大的外部风险,保护措施不完善
B(+ -)	5~6	本体安全度低,本体破坏风险随时间相对越来越大,对于外部使用较为敏感,外部风险较大,保护措施较缺乏
CCC(+ -)	6~7	本体安全度低,发生破坏的风险越来越大,外部风险较大,缺乏保护措施
CC	7~8	本体安全度很低,有很大风险发生破坏,外部风险大,缺乏保护措施
C	8~9	本体安全度不足,有很大风险发生破坏,外部风险很大,缺乏保护措施
D	9~10	本体安全严重不足,有很大风险发生破坏,外部风险极大,严重缺乏保护措施

2. 结合发生概率和影响的风险评级

国际上通用的 ABC 法,是通过定性转量化 A, B, C 三个数值,再将它们求和得出一个总分,称之为风险的程度(Magnitude of Risk, MR, $MR = A + B + C$)。其中 A 数值对应大风险单次发生的频率或者小风险叠加成大风险的速率;B 数值对应每个受损部分流失的价值;C 数值对应流失的价值占所有价值的比例。通过三个小风险组成部分的数值叠加,用单个数字概括每种风险的发生概率和损失程度,从而简化各风险间的横向比较,并使决策者的优先度排序变得非常直观。

　　另有一种把危险发生的可能性和伤害的严重程度相结合进行综合评估的方法,即风险矩阵图,又称风险矩阵法(Risk Matrix)。作为一种风险可视化工具,通过对引入矩阵图的每一个风险进行分析,评估风险影响程度和可能性等级最终确定每一个风险指标所处的风险等级,继而为下一步的详细评估,包括评估模型及风险权重提供依据。

表 3-4　　　　　　　　　　　　　风险评估矩阵图

项　目		对应数				
发生可能性等级	E　极高	Ⅱ	Ⅲ	Ⅲ	Ⅳ	Ⅳ
	D　高	Ⅱ	Ⅱ	Ⅲ	Ⅲ	Ⅳ
	C　中等	Ⅰ	Ⅱ	Ⅱ	Ⅲ	Ⅳ
	B　低	Ⅰ	Ⅱ	Ⅱ	Ⅲ	Ⅲ
	A　极低	Ⅰ	Ⅰ	Ⅱ	Ⅱ	Ⅲ
风险影响程度		1 无关紧要	2 较小	3 中等	4 重要	5 灾难性
风险等级划分		Ⅰ—可接受　Ⅱ—轻微　Ⅲ—中等　Ⅳ—重大				

　　3. 结合保护设施及日常管理工作情况的风险评级

　　通过对保护设施和日常管理工作进行评估,找到存在的问题并根据问题可能造成的影响进行风险评级[2]。

　　1)检查表法

　　检查表法指的是将检查对象根据其重要程度按照一定标准进行打分来确定其风险度和风险等级的方法,分数组成还包括每一检查项目的实际情况。评定总分为 100 分,当检查对象满足相应条件后得满分,不满足条件时将根据实际情况进行分数评定。最终结果的准确程度取决于风险因子的列举是否足够全面。

　　2)优良可劣分析法

　　优良可劣分析法是指将检查项目分为优良可劣多个等级进行风险分析。因检查项目皆为根据以往经验总结得出,此法直观且易于操作。

3.2.3　RM 风险地图——意大利经验启示

　　地震、台风、火灾与环境侵蚀是历史建筑面对的主要威胁,而灾害在发生时间、发生地点与发生强度上均具有随机性。随着该领域技术研究的深入,基于物理的灾害危险性分析理论正在逐步替代基于统计的灾害危险性分析方法,并得到了广泛应用。其中一个工具是风险地图,作为科学制定防灾政策和措施的基础,通过将风险分布与保护对象叠加,来识别文化遗产的易损性,通过收集水文、地质、地震、气候、生物等环境数据,参考城市空气、道路类型等领域模型,评估历史建筑所在地区域环境的风险性。

目前,世界上最成功的文化遗产风险地图实践应用是由意大利的中央保护研究所(Instituto Central Peril Restauro, ICR)在 1990 年发起的遗产风险地图(the Risk Map of Cultural Heritage, RM)项目,首先在罗马、那不勒斯、拉文那和都灵进行,之后推广到意大利全国范围[2]。

作为一种基于区域信息系统的文化遗产风险评估系统,通过采集、优化和降低文物退化风险的各技术单元及其指标数据,RM 可以管理文化遗产保护过程中有关遗产降解退化因素的相关技术数据,监测和记录意大利历史纪念性遗址、建筑易损状况和考古区域风险因素,对环境灾害如洪水灾害、地震灾害等进行区划分析;能识别和量化文化遗产所遭受的风险,可根据历史建筑保护现状和所处环境的恶劣情况确定文物保护优先级。从而协助相关管理单位建立一套合理而经济适用的日常维护、保护和修复的系统方法,减少和避免意外风险的发生,并为相关科学研究以及政府层面的规划管理和政策的顶层设计提供信息支持[11]。

RM 同时还被用来指导文化遗产相关的灾害预防和保护规划的制定,使得各部门有计划地采取针对性的实施策略。通过对灾后环境数据的采集协助对未来气候、地质、生态环境动态变化的预测,甚至可以对文化遗产未来可能面临的各类风险进行前瞻性和预防性的分析研究[12]。

3.2.4 我国长三角地区风险图

考虑到我国长三角地区沿海城市易受台风、热带气旋等威胁,太湖平原城市易受暴雨、洪涝灾害威胁,南京林业大学的唐晓岚教授借鉴了意大利 RM 遗产风险地图,以我国长三角地区共计 2 167 处国家级和省级文物保护单位为研究对象,以自然灾害、酸雨侵蚀和人为影响为风险考虑和数据库对象,绘制了长三角地区 RM 遗产风险地图。[12]

首先利用 ArcGIS 中的反距离加权插值分析,得到长三角地区文物保护单位分布数字地图。通过叠加长三角地区文物保护单位分布数字地图和自然灾害分布地图并导入灾害发生频次和灾害危害程度的相关数据,得到了长三角地区文物保护单位-自然灾害风险地图和文物保护单位-自然灾害风险分级图。

从风险图可知,长三角地区的文物文保单位密度最高的是中东部太湖平原的苏锡常地区,其次是长江沿江发展带上的南京市、扬州市和上海市,东部沿海及西部安徽境内分布密度较低。然而由于南京市鼓楼区、玄武区,苏州市姑苏区、吴中区,扬州市广陵区和杭州市西湖多处于平原地区,地质灾害较少,雨洪灾害相比东部沿海城市较少,因此风险图上显示的风险程度较低。与之相反,文保单位密集分布的上海市黄浦区和静安区易受台风暴雨影响,雨水侵蚀对历史建筑威胁严重,长期可导致建筑结构损坏、材料松散和表面恶化。

通过将 2017 年长三角地区各地级市《环境质量公报》中的酸雨频率数据进行空间分布插值分析得到酸雨频率分布地图。叠加长三角地区文物保护单位数字地图后,得到长三角地区文物保护单位—酸雨频率风险地图和文物保护单位—酸雨频率风险分级图。从图中可以发现苏南地区和浙北地区的湖州、绍兴、杭州南部、台州以及无锡由于二氧化硫的过量排放而成为文保单位酸雨侵蚀的高风险城市。酸雨能溶解历史建筑的立面,使建筑材料变黑、结构强度降低。

对于评估结果为高风险的城市,有关部门应引起重视并采取相应的防范措施来调整历史建筑遗产的保护管理模式。长三角地区以及我国其他地区的城市相关管理部门可在该研究基础上通过数据收集进一步绘制精度更高,以街道或单体保护建筑为风险计算最小单位的,适用于所在城市地区的地质地理气候环境的历史建筑风险图,来协助进行本市相关风险防范管理内容的决策和执行。涉及风险的种类可根据情况扩展至地震、水灾、飓风、地质滑坡等,另外还可以考虑未来5~10年气候变化和海平面上升带来的影响和变化趋势,进一步扩增风险图的种类。此举可充分利用风险图这一可视化的管理体系来为本市范围内位处不同地域环境中的历史建筑赋予不同的管理等级,找出各个等级的工作侧重点,针对本市实际情况进行合理的资源配置,从而最大化历史建筑风险管理的效果[13]。

参考文献

[1] 黄旭光.南宁市城市园林绿化数字化系统项目风险管理研究[D].南宁:广西大学,2017.
[2] 吴美萍,朱光亚. 建筑遗产的预防性保护研究初探[J].建筑学报,2010(6):37-39.
[3] 张又天. 历史建筑密集区常见灾害影响及防灾策略研究[D]. 天津: 天津大学, 2013.
[4] 李伟强. 紧邻历史保护建筑及既有建筑的深基坑设计与施工技术研究[J].建筑施工,2018,40(2):149-152.
[5] 吴玥,龚德才. 文化遗产保护中的风险管理原则[N]. 中国文物报,2016-07-22.
[6] 吉格亚苏 R.利用当地知识和能力减少灾害脆弱性——印度和尼泊尔地震易发地区农村社区的案例[D].特隆赫姆:挪威科技大学,2002.
[7] 刘婷. 从尼泊尔地震中的多方应急反应看风险社会下的文化遗产保护[N]. 西南民族大学学报,2018-10-10.
[8] 刘钧,徐晓华,刘文敬.风险管理概论[M]. 3 版.北京:清华大学出版社,2013.
[9] 上海市住房保障和房屋管理局,上海市房地产科学研究院,上海市历史建筑保护事务中心. 优秀历史建筑保护修缮技术规程:DG/TJ 08—108—2014[S].上海:同济大学出版社,2014.
[10] 李晓武,杨恒山,向南.不可移动文物风险管理体系构建探讨[J].自然与文化遗产研究,2019,4(7):74-85.
[11] 詹长法.意大利文化遗产风险评估系统概览[J].东南文化,2009(2):109-114.
[12] 唐晓岚,郭乃静,意大利 RM 遗产风险地图管理方法及对我国长三角地区的启示[J].中国名城,2019(5):42-48.
[13] 陈基伟,徐小峰,代兵,等.上海历史风貌环境保护相关土地政策研究[J].科学发展,2018(3):85-91.

4 城市历史建筑风险防控实践

近年来,我国文物事业取得很大发展,文物保护、管理和利用水平不断提高。作为世界文物大国,又处在城镇化快速发展的历史进程中,遗产保护专业人士的思想逐渐转为承认采取预防措施的新型保护模式的重要性和强调风险管理的必要性。想要有效保护面临风险的文化遗产,需要进行提前规划和防范,提前规划应考虑全部遗产,并对其建筑及其相关内容和景观进行综合关注。随着现代测量技术的不断进步,原有的经验型检测渐渐移交给基于现代测量设备的科学监测,使对遗产面临环境灾害以及结构材料损毁的分析评估工作变得可行。当前遗产保护的监控预警工作主要从两个方面入手:一是通过国家为主导的网络技术平台进行实时监测;二是加强日常巡查监测管理。

可借助国内对世界遗产检测问题的重视的契机加以拓展:从世界遗产、全国重点文物保护单位开始实施,选择有条件的建筑遗产进行试点,逐步推广和纳入到建筑遗产保护的大系统[1]。

目前,我国的历史建筑数量众多,但是对历史建筑的状况却缺乏统一的监控,为保证风险防控管理的有效进行,主要以监管平台视角研究城市历史建筑风险防控管理的实现路径。通过监管平台的应用,实现对城市历史建筑风险的科学识别、分析、评估、预警、管控,并进行分级分类管理,辅助历史建筑保护利用监管部门实现监管模式从被动监管向主动监管,从粗放式监管向精准监管,从部门监管向社会共治的转变,着力营造以政府主导、社会各界共同参与的城市历史建筑保护环境。

监管平台数据主要来源于历史建筑环境中布置的传感器和管理人员采集,通过后台服务器对数据进行存储、处理,最终搭建智能化、网络化监管平台。监管平台可以提供数据实时监测、历史数据回溯、视频图像实时观看及记录调取、设备管理、辅助决策等多种服务。通过此平台,可以不受时间、地点限制,对历史建筑进行实时监控、管理。

4.1 风险预警与监控

比利时鲁汶大学雷蒙德-勒麦尔国际保护中心主任巴伦教授指出,历史建筑的预防性保护的实施需要结合系统、综合的方法,包括信息收集、精确测绘、风险评估以及基于风险评估基础上的监测和维护等预防性措施[2]。使用一种能够长期在线监测结构健康程度并做出安全预警的建筑结构健康监测系统,可以保证对建筑结构在施工和使用阶段的健康程度有一个实时的了解。对建筑结构进行监测,目的在于及时了解结构的状态,通过对监测数据的分析,对其健康状况(适用性)和安全性(可靠性)做出评估,使结构更好地发挥其功能。本监测系统主要包括传感器系统、数据无线传输系统(包括综合指标、发射指标、接收指标、调制解调器指标)、数据处理分析系统等几个重要方面,通过历史建筑结构健康监测系统,可以实时采集结构的监测数据,并进行计算分析,防范历史建筑结构健康风险。

历史建筑管理部门、企事业单位、历史建筑所有人和科研院所等机构运用可靠的监测管理方式,对可能存在的或即将出现的风险进行全方位的识别和评估,制定有效风险管控措施以降低历史建筑面临的风险。监测可以及时发现和处理建筑遗产保护中出现的问题,实现最早和最低限度的干预,从而最大限度地保护历史建筑的真实性和完整性。[3]

4.1.1 世界遗产监测的国际要求

世界遗产是指被联合国教科文组织和世界遗产委员会确认的具有突出意义和普遍价值的文物古迹及自然景观。作为各缔约国必须共同遵守的《保护世界文化和自然遗产公约》及其操作指南文件中,就世界遗产的监测工作提出了相关要求,其中有 4 项工作机制与监测紧密相关:

(1) 保护管理状况报告(State of Conservation,SOC)是早期形成并一直沿用至今的制度,由遗产地所在缔约国就世界遗产整体及个别遗产地的保护管理状况进行报告。

(2) 定期报告(Periodic Reporting)是每 6 年一轮回的制度,相当于对所有遗产地进行定期"体检"。

(3) 反应性监测(Reactive Monitoring)是由世界遗产中心、联合国教科文组织相关咨询机构和专家,向世界遗产委员会递交有关受到威胁的世界遗产保护状况报告的行为。自 1994 年起被正式纳入,具体包括向缔约国询问情况、收集信息、派遣专家实地检查及汇总评估分析等工作,近年来,我国武当山、布达拉宫、三孔等遗产地接受了国际反应性监测。

(4) 强化监测机制(Reinforced Monitoring),国际组织对于世界遗产监测的要求越来越严格、规范,在反应性监测的基础上,提出了强化监测机制,并频繁启动世界遗产除名程序。德国德累斯顿易北河谷(Dresdner Elbtal)就因新建桥梁影响文化景观而不幸被除名。

世界遗产的监测是通过对衡量遗产保护状况的指标进行测量,评估遗产突出普遍价值以完整性和真实性的保护状况及其变化趋势,是缔约国必须遵守的一项国际规则,具有强制性和程序上的基本要求,在目前的申遗工作中,监测系统建设已被视为不可或缺的一项内容。[4]根据世界遗产保护的特点与要求,监测报告和记录主要包含如下内容。

1. 遗产基础地理信息获取

用于监测基准的遗产总图,对于世界遗产其图纸范围包括遗产区和缓冲区,对于文物保护单位则包括保护范围和建设控制地带;用于监测基准的文物点(遗产要素),以遗产总图为地图,叠加各类遗产要素(文物点);遗产使用功能基准图,即最近用于监测基准的功能分区图、文物单体使用功能图(遗产要素);文物单体或局部测绘基准图和标志性图像(遗产要素)。

2. 遗产总体格局变化监测

监测遗产要素迁移、外边界改变、主要道路广场格局改变、山形水系规模形态改变、植被覆盖变化等。

3. 本体与载体病害监测

文物单体或局部现状测绘图,本体与载体病害分布图,病害变化图,病害控制状态评估图。

4. 建设控制

保护区划内新建项目及现场环境监测。

5. 自然环境变化监测

自然环境变化监测包括大气环境、环境污染、地下水变化、自然灾害监测等。

6. 旅游与游客管理

对游客分布及游客数量相关内容的监测。

7. 安防与消防管理

安防消防设施位置管理与应急救援等。

8. 考古发掘

发掘现场测绘及考古信息留存。

9. 保护展示与环境整治工程

保护展示与环境整治工程项目范围及进度的监测。

10. 日常巡查

日常巡查和保养维修记录与异常变化监测。

4.1.2 国家监控预警平台

为响应国家号召,国家文物局在《国家文物保护科学和技术发展十二五规划》中支持推动文物风险识别、评估预警和处置的理论、方法和模型前沿研究。通过推进文物的抢救性保护与预防性保护的有机结合,加强文物的日常保养、监测文物的保护状况,改善文物的保存环境。

2012 年,国家文物局在中国文化遗产研究院设立中国世界文化遗产监测中心着手开展世界遗产地的监测工作,创建了中国世界文化遗产监测预警总平台(General Platform of National Monitoring & Early-warning Information System)。

通过监测数据分析,对文化遗产面临风险的识别、评估以及对风险预防与控制,从而实现低成本、高效率的保护与可持续利用文化遗产,体现的是风险管理的思想和理念。平台的监测管理机制主要体现在年度报告制度、定期评估制度(每半年)、中国世界文化遗产基础数据库、中国世界文化遗产监测预警系统和国内反应性监测机制。①

1. 工作平台的主要功能

总平台分为数据库和工作平台两部分。数据库的内容涵盖了大会决议、数据档案、相关规定和整治方案等内容,全面体现了平台信息交互的重要功能。工作平台的主要功能体现在建筑遗产定位系统、宏观监测功能、专项监测功能以及新开发的监测云APP和年报板块。

(1) 宏观监测功能通过59项监测指标全方位监管、监测数据灵活查看、数值类数据趋势分析、与影响因子叠加分析、图片类数据不同时期双屏对比来实现宏观角度的整体监测。

(2) 专项监测功能由舆情监测和遥感监测组成。

(3) 舆情监测的工作机制为从新闻、网页中截取遗产地相关舆情、达成遗产地监测的全民参与、定量数据统计,为主管部门和遗产地提供数据支撑。

(4) 遥感监测通过开启高清遥感"天眼"技术来掌握遗产地动态,并且通过定期比对、提取变化图斑形成监测报告,在遗产地区可同时叠加地形图、遥感影像图使监测信息更加清晰准确。

(5) 最新开发的监测云APP是一款辅助调研的手机APP,是一个功能强大的文物巡查管理工具。

① 监测云APP具有强大的GIS分析功能,涵盖了常见的文物遗产监测类型,支持日常巡查、裂缝、变形、脱落等常见监测类型,基本满足了各遗产地的巡查保护需求。它共有三个版本,分别是调研版、专业版和公众参与版,针对不同层级实现管理端下发任务和移动端提交监测数据的协同使用,形成完整的文物监测业务闭环。

② 该平台年报板块开启后,具有编制、发布全国世界文化遗产年度总报告的功能,提供了全国世界文化遗产的总体保护状况。总报告主要涉及申遗承诺履行情况、机构与能力建设、遗产本体保护、遗产影响因素、保护项目及相关研究、舆情监测等内容,旨在从宏观层面分析、研究我国世界文化遗产保护管理的总体状况及发展趋势,并提出下一阶段工作的展望和策略。通过监测年度报告历年来监测数据的积累,为我国世界文化遗产保护管理工作提供可靠的数据支撑[4](图4-1、图4-2)。

2. 日常巡查监测管理

日常监测工作须做到专业人员与相关管理工作者共同合作。日常巡查的监测可以通过拟定日常经营管理标准作业程序及经常性检测报表来实现,根据上文提到的影响因子拟研究出一套简单可行的第一线自我检验标准作业程序(Standard Operation Procedure, SOP)。将来古迹管理人员即可依照此例行性检测报表(check list)逐一检查,完成初步把关工作,倘若在例行性检测过程中,管理人员发现部分数据超出标准值或出现异常现象,则必须向上级反映并请专业人员协助处理。

监测云APP通过专业版和公众参与版的协同合作也可以实现社区参与功能,达到让

---

① 中国文化遗产研究院(http://www.wochmoc.org.cn/)。

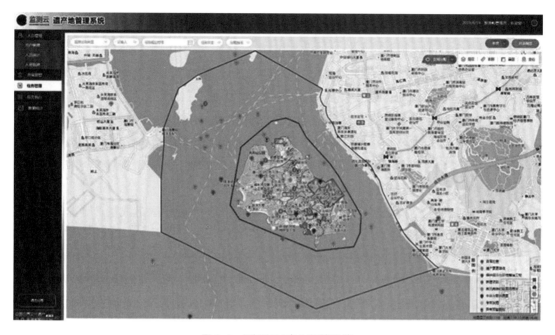

图 4-1 "监测云"专业版管理端

图 4-2 "监测云"专业版

监测融入日常管理的目的。根据遗产的日常监测工作,及时发现隐患,并采取相应的处理措施,例如,通过监测游客流量的数据分析可以优化游客管理,以此降低游客密集造成的风险。

4.1.3 地方监控预警平台

地方层面的、精度更高、针对性更强的监测平台的使用有利于风险的智能感知、智能处理和智能管理，实现历史建筑的全方位监测，可以有效地将历史建筑的被动管理改为主动管理，提高历史建筑的管理效率，促进历史建筑与城市的融合发展。下面将简要介绍监测预警平台的基本功能和管理模式。

1. 历史建筑监管平台功能

历史建筑监管平台可为相关管理部门提供历史建筑保护修缮过程中的实时数据，对风险发生地点精确定位，增强管理部门对历史建筑的风险防控管理能力，提高风险控制的执行力，为管理者针对问题作出决策提供数据支持，实现对历史建筑的合理保护利用，有效规避风险或降低风险发生时造成的损失。历史建筑保护利用监管平台主要应用于 PC 端和手机移动端，监管平台功能可分为监测功能和管理功能，具体如图 4-3 所示。

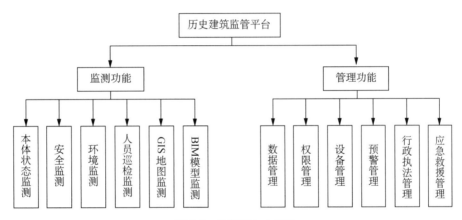

图 4-3　监管平台功能图

监测功能用于监测历史建筑面临的各种风险因素，通过将风险因素量化，依靠数据对历史建筑状态进行科学评估，实现对历史建筑的现状及发展趋势的总体了解。监测内容主要包含本体状态监测、安全监测、环境监测、人员巡检监测、GIS 地图监测和 BIM 建筑监测：

（1）本体状态监测：主要包含位移、地面振动、沉降、倾斜、应力-应变、裂缝、木构应变、木构倾斜、楼面荷载、墙体振动、表面风化、霉变、渗漏等指标，可通过具体应用场景对指标进行增删。监测平台状态监测中的指标数据部分由传感器测得后上传，部分数据则由专业人员检测后录入，依靠人机协作，实现历史建筑本体状态的全面监测。

（2）安全监测：对历史建筑安防、消防监测，包括历史建筑的防盗、防火内容。安防的实现依靠摄像头进行视频监控和人体红外感应传感器检测人员侵入。依靠平台视频实时监控、历史视频调查和红外感应器触发情况可以及时发现历史建筑被盗现象，并对盗窃人员精准识别。消防的实现则主要依靠烟雾传感器、温度传感器和摄像头等实现火灾的预防和位置判定，为消防人员和工作人员及时消除火灾危险提供帮助。

（3）环境监测：对历史建筑所在大环境及区域环境进行监测，包括气象环境指标、大气、酸雨值、噪声、水文、土壤等指标，依靠环境监测分析实现历史建筑最优环境保护，将自然因素对环境的影响降到最低，为有关部门对历史建筑环境因素的调控提供依据。

（4）人员巡检监测：历史建筑的某些风险因素，单纯依靠传感设备监测会存在监测区域小、风险情况判定不足的情况，为此，人员巡检是十分必要的。巡检人员按照制定的建筑巡视路线，实现移动化巡视，完成巡视记录的实时传输、储存、统计分析。通过巡检人员的监测可以更好地实现风险规避，丰富监测内容，利用数据分析，提升平台的风险判定能力。

（5）GIS地图监测：将历史建筑的位置信息和分布情况呈现在GIS地图上，通过GIS地图可查看历史建筑所属保护级别、建筑风格、负责人、详细地址等信息，也可以查看区域内的总体温湿度、天气等信息；还可通过GIS地图上对历史建筑的选择能够进入历史建筑的BIM地图中，实现历史建筑的详细监测。

（6）BIM模型监测：可以在模型中清楚地了解到传感器、采集器、摄像头等设备在历史建筑内的具体位置，也可以依靠各种传感器实现建筑内每层或更小范围的状态精细监测。各种设备的控制也可在BIM模型中实现，比如查看摄像头点位视频，控制摄像头云台，控制聚焦，控制照明设施、温控设施等。

2. 历史建筑监管平台管理功能

历史建筑监管平台管理功能则包含数据管理、权限管理、设备管理、预警管理、行政执法管理、应急救援管理。

（1）数据管理：包含监测数据管理和档案管理。监测数据管理主要提供数据查询、统计和分析功能，可以通过建筑名称、设备ID、时间等查询相关历史监测信息，查询结果可按要求进行分类统计，并可进行数据融合、挖掘和分析，生成各类图文报表并提供下载打印功能，在为监测内容作出综合评价的同时，为管理部门的日常监管提供决策支持；系统预警内容的记录分析则可以为历史建筑的现状分析、事故原因分析等提供数据参考，方便预警管理的合理进行。档案管理则提供档案采集、审批、浏览、搜索、公布功能，按照档案规范和标准体系对历史建筑历史演变信息、现状、结构等信息进行全方位记录存档，并对档案信息进行电子化管理，保证历史建筑存档内容的全面性，为后期历史建筑的修缮提供依据，保证风险管理内容的合理性；在提高历史建筑登记入档效率的同时，对纳入历史建筑和正在审核中的历史建筑设置信息公开，从而保证城市开发或改造时，不因无法辨别建筑是否是历史建筑而对历史建筑造成破坏行为。

（2）权限管理：为不同类型使用者开发不同的平台内容。作为历史建筑风险防控管理体系的一部分，监管平台因其社会性，使用者不只是单纯的政府管理部门，这就涉及到平台权限问题。普通用户可以通过建筑名称或地址查看建筑是否为历史建筑，也可通过GIS地图查看历史建筑的分布地点、保护级别、管理单位电话等信息；历史建筑负责人则可以查看所负责的历史建筑的BIM模型，传感器、控制设备、各类监测信息以及摄像头的调控和历史信息查询等内容；而平台管理员可以进入所有监测界面和管理界面，实现管理部门人员信息的录入、修改和管理工作,可查看管理人员所负责的任务以及关联的预警信息,实现各部门人员职责明确,为用户分配权限,并可对历史数据进行删减。

(3)设备管理:主要包括各类传感器、摄像头、控制器的管理。可将传感器、摄像头、控制器的编号、名称、功能、厂商、地点等信息录入 GIS 地图和 BIM 模型中,将设备与 BIM 模型和 GIS 地图的关联绑定,实现设备的精确定位,设备损坏或传输网络异常导致数据无法传至平台时,平台会显示设备离线、传输异常,依靠短信通知、平台报警等方式可以保证管理人员迅速到位并进行维修。而照明、通风、温控等设备的开关也可以依靠设备管理来实现,保证管理人员的便捷监管。

(4)预警管理:主要包含预警内容及预警参数的设置。参照历史建筑材质和环境要求并依据相关标准规范,选取历史建筑面临风险关联性较大的风险因素进行预警设置,并通过数据统计分析选取风险因素报警阈值,通过平台实现对预警内容和报警阈值的集中控制调整;警报发生时,平台端可以设置弹出预警时间、地点、内容,并通过短信等手段发送预警信息至相关管理人员,保证管理人员快速到达预警地点进行检查,而管理人员报警内容检查上报后可取消报警状态,本部分包含预警信息与管理人员的关联挂钩,将管理任务分配到具体部门和人员,提高责任人的快速反应能力。

(5)行政执法管理。根据监测内容和社会公众的监督上报及时发现对历史建筑的盗窃、污损、破坏等违法行为,实现举报投诉、执法检查、违法案件管理、移交专办、文书流程控制等功能,保证历史建筑监管部门对历史建筑所遭受的违法行为处理信息的动态跟踪管理,并依靠平台信息公布等途径对违法行为进行报道,增强公民的自律意识和历史建筑保护意识。

4.1.4 项目监控预警平台

在我国,历史建筑单体的监测工作在 20 世纪 70 年代即已开始,第一个监测项目为虎丘塔,特别对塔的倾斜、沉降以及位移裂缝等参数进行了监测。21 世纪之初,通过现代计算机数字化信息技术的应用,有关部门展开了对浙江宁波保国寺大殿殿内微环境(温湿度等)以及木构材质变化的持续性监测,并建立了数据采集、信息管理和数据展示三者融为一体的监测系统。类似的监测工作随后相继在甘肃敦煌莫高窟、江苏苏州古典园林、辽宁沈阳故宫、山西应县木塔、山西云冈石窟等多处开展。因为不同建筑遗产面临的风险和损坏原因有所不同,不同的出发点、侧重点决定了监测内容设计的不同,但总体来说,这些监测项目要达到的最终目的都是通过分析建筑遗产的损毁变化趋势,理解成因,掌握规律,以此为依据慎重选择合适的保护方法,避免盲目地修缮对建筑本体造成的破坏,相关技术的介绍详见 4.4.5 节。

在具体操作中,需要特别注意的是:监测作为文物保护的一种技术和管理措施,其最终目的是真实、完整地保存其历史信息及其价值,因此价值评估应置于首位。评估的内容既包括对文物古迹历史、艺术、科学以及社会和文化等价值的综合分析评估,也包括对保存状态、管理条件和不利因素的评估,还包括对文物研究和展示、利用状况和所在环境的评估。文物价值的风险评估应贯穿整个监测过程,需要进行定期的回顾与更新,一方面可以加深对文物价值的深度挖掘和认知,另一方面也可以更合理地调整监测目标、对象、指标、频率及相关技术方案[3]。

4.1.5 风险监控大数据统计——欧盟经验启示

大数据技术,是历史建筑保护风险防控中受到重视的一个研究方向。在结构安全与防灾的工作中,利用大数据技术,对人流、环境作用、结构性态进行监测,可以实时了解历史建筑在使用中的荷载历史,从而实现对历史建筑的预防保护。另外,还可以通过风险评估和科学检测等方法分析损毁变化规律,并以此来确定科学的保护方法和相关技术。这些重要的基础性数据使得历史建筑保护技术更为科学可靠。Manjip Shakya 等研究者提出,需要建立更多的本地模型来理解当地的木材组件的性能和结构性弱点,通过这些数值分析可以更好地理解极具历史文化价值的文化遗产主要结构的脆弱性和各种潜在灾害风险对其的影响、损坏。[5]

目前在国际上,大数据在历史建筑保护风险防控领域最佳的应用实例是 1994 年欧盟环境研发部门开始研发的"砖结构损毁诊断评估专家系统"(Monument Damage Diagnostic System,MDDS)。通过收集来自比利时、德国、意大利和荷兰各地不同建筑遗产的损毁情况,通过调查问卷和现场检测确定了建筑遗产不同的损毁类型,并通过现场的持续监测和实验室的精准测试,对损毁原因和损毁过程进行分析,最后将所有信息转化为计算机语言,从而形成一个关于文物古迹损毁情况的数据库,通过计算机软件操作实现非专家用户对建筑遗产损毁情况的专业分析。[1]

对于做好风险管理工作,大数据具有基础性的作用。大量准确的数据,各个相关交叉行业的数据库建设,将从技术层面给予风险管理工作有力支撑。有了数据不进行分析处理,等于没有数据。相关部门还需大尺度、深层次地对数据进行挖掘分析,直至找出规律。与社会各界合作,在现有数据的基础上,进行数据集成、分析、建模、推演,出具各类报告,实施预警,并提出解决和防控方案,提升历史建筑韧性。鼓励成果向产品转化,研究对应风险化解防范、转移的解决方案和适应本地情况的保险产品。

为了使检测数据能为风险控制提供更科学可靠的决策支持,当前仍需克服包括基础性工作薄弱、数据积累有限、信息有效性差、风险识别和评估存在障碍、信息组织挖掘薄弱等在内的问题。[6]当收集大范围、长时间尺度的数据统计结果成为可能,我国城市历史建筑保护和风险防控工作无疑会如虎添翼。

4.2 城市风险防控体系

历史建筑的风险管理计划,不仅要考虑保护历史建筑免受周围环境重大致灾因子的影响,还要管制减少自身的潜在脆弱性。比如,由于维护不足、管理不善、逐步恶化或缓冲缺失使致灾因子最终演变成灾害。

本章结合国内外具体实践经验,从行政、经济、技术及其他方面提出切实可行的历史建筑风险防控措施,并注意多风险因素的系统性防控手段。

4.2.1 灾害准备和防灾规划

地震、洪灾、冲突等灾害无法完全避免，但是可以采取缓和措施有效减轻其风险，或者通过加强那些需要维护的历史建筑的恢复力，大幅削弱灾害的影响。[1]现代应急管理是基于重大新兴风险的风险管理，主要针对自然界中的巨灾源和重特大事故灾难。以美国为代表的发达国家通常将城市建筑与历史建筑一并纳入到城市综合风险管控系统中，其主要城市风险防控规划主要由"应急行动规划"和"综合减灾规划"组成，而且管理系统分为五级，高一级别的管理系统编制用以指导下一级别的管理系统的规划和导则，逐层细化指导风险防控与防灾抗灾。总体来讲，美国特别强调城市保护风险防控和灾后的快速恢复，此外还不断细化各种法规来指导城市的风险防控，在近百年内颁布了上百部法律。日本因其地理等原因，在城市建筑，特别是历史建筑风险防控方面具有丰富的经验，与我国相类似的历史建筑与历史街区较多，在 2003 年 8 月，日本立命馆大学创立了历史都市防灾研究中心，主要对历史建筑发生的各种灾害实例研究和提出相应的保护风险防控措施，并把历史建筑的风险防控与防灾提升到城市功能层面[7]。

一般来说，灾害发生时涉及的空间范围往往是整个大区域，因此对于建筑遗产的灾害预防应该分三个层面开展：

宏观层面——编制整个区域的建筑遗产的防灾规划，作为地方防灾规划的一个专项工作；

中观层面——制定建筑遗产的保护规划时纳入防灾规划的战略思想，提出配合防灾规划实行的具体措施；

微观层面——根据区域防灾规划的要求，采取针对性的预防措施，如结构加固以抗震、加强安防管理等。[2]

4.2.1.1 我国防灾减灾体系框架

1. 我国文化遗产防灾减灾体系框架

该框架由文化遗产的灾害特征、各行业的防灾减灾体系、具体措施保障体系组成。首先确立文化遗产特征，即文化遗产减灾、文化遗产所面临的各种灾害；然后通过建立文化遗产防灾减灾体系灾害数据库明确各行业的防灾减灾体系，即基础理论体系、法律法规体系、技术标准体系、防灾技术体系、应急保障体系和防灾管理体系五大体系；最后通过四大措施即资金投入、宣传管理、学科人才培养、试点项目确保整个文化遗产防灾减灾体系的建设[7]。

文化遗产防灾减灾体系的各分体系如下：

1）法律法规体系

文化遗产防灾减灾方面的法律法规尚有许多不足之处：①文物概念的界定模糊；②区域性文化遗产的保护不足；③缺少有关文化遗产修复的法律；④灾后鉴定和加固缺少法律约束。建议先从国家层面制定基本法，而后根据具体内容补充制定针对性法律。

---

① UNESCO 世界遗产灾害风险管理.

2）技术标准体系

目前缺少直接针对文化遗产的技术标准体系,需建立以现有工程或城市防灾减灾体系为基础的文化遗产防灾减灾标准体系框架(图4-4),并且做到层次清楚,标准之间分工明确。

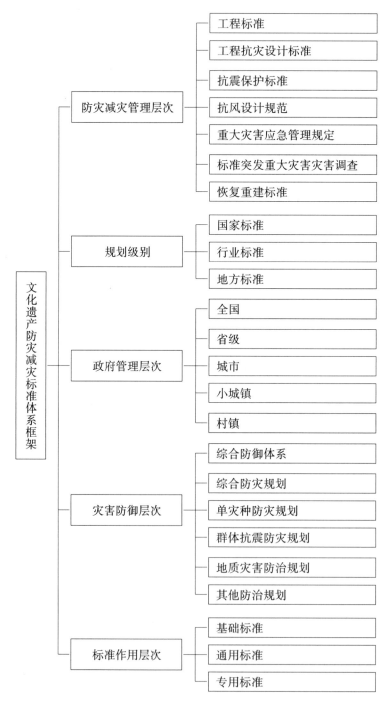

图4-4 文化遗产防灾减灾标准体系框架

3）防灾技术体系

防灾技术体系是制定标准体系和应急管理体系的关键,文化遗产防灾减灾体系主要包括评估体系、灾害防御与规划体系和监测预警技术体系。

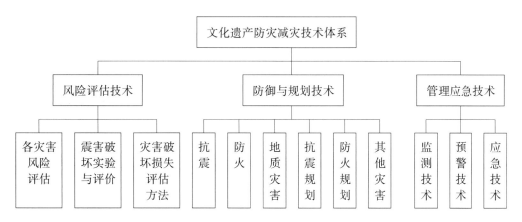

图 4-5　文化遗产防灾减灾技术体系

4）应急保障体系

一般而言,文化遗产防灾减灾的应急保障体系主要包括资金保障、物资保障、队伍保障和信息保障四个方面。

（1）资金保障方面,应把财政资金、遗产所有者自筹物款渠道、实验性的保险赔付渠道和设立防灾救灾基金作为资金保障的主要渠道。

（2）物资保障方面,文化遗产管理者根据各类灾害可能发生的情况列出发生灾害时文化遗产可能需要的救援物资,一方面对关键设备和物资进行"实物储备",建立救灾储备库,与其他城市之间形成救灾物资仓储网络;另一方面进行"合同储备",保证在灾难发生时紧急需要的物资能够立即调用。

（3）队伍保障方面,各城市的文物保护部门需建立专业技术人才和专家资源库并建立起一支专业修复队伍。

（4）信息保障方面,文化遗产防灾应从灾种入手,建立管理信息系统,以此为基础制定防灾预案和应急措施。

5）防灾管理体系

我国在文化遗产防灾减灾管理中,应该由所在当地政府主要负责处理,市级政府应急部门设立文化遗产防灾减灾办公室,其工作应具有独立的工作职能,直接向省级有关部门负责。中央也应设专人负责全国文化遗产防灾减灾管理工作,制定重大灾害应急策略。

2. 保障文化遗产防灾减灾体系的建设措施

文化遗产防灾减灾体系建设措施主要有以下四个方面:资金投入、宣传管理、学科人才培养和试点项目。

（1）资金投入：政府应增加文化遗产的防灾减灾资金投入。

（2）宣传管理：由市级文物保护主管部门联合防灾、教育、民政等部门组成领导小组，组织实施。定期更新宣讲材料。宣传形式多样化，充分利用新闻出版、广播电视、国际互联网等公共媒体加强宣传教育力度、普及文化遗产知识。

（3）学科人才培养：建议教育部门根据文化遗产防灾减灾的跨行业、跨领域、综合性、边缘性特点，将文化遗产防灾减灾学科设立为二级学科，并在有关高等院校建设文化遗产防灾减灾为重点学科。

（4）防灾减灾的试点项目：文化遗产的防灾减灾应该遵循"点—线—面"的规律来进行，应先设立文化遗产防灾减灾试点项目，从不同分布状态进行项目实施，为其他灾害和其他种类的文化遗产防灾减灾起到示范作用[7]。

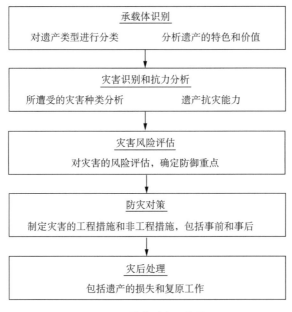

图 4-6　防灾减灾思路图

3. 文化遗产防灾减灾的技术措施

（1）灾害监测：包括灾害前兆监测、灾害发展趋势监测等。

（2）灾害预报：包括对潜在灾害及发生时间、范围、规模等进行预测。

（3）防灾，对自然灾害采取避防措施。

（4）采取工程性措施进行抗灾。

（5）救灾措施。

（6）灾后重建，并进行灾情评估[7]。

4. 文化遗产灾害风险评估的研究

通过借鉴国际上的成功经验，采用常用方法进行防灾减灾风险评估，利用模糊数学、灰色系统理论和概率论等分析方法建立数学模型对我国群体性的文化遗产的基础性和承载力情况进行分析。

4.2.1.2 防灾规划编制

建筑遗产的防灾规划是指导整个区域建筑遗产防灾工作的基础,针对建筑遗产的防灾规划应作为一个专项规划包含于城市防灾规划中,截至目前,全国范围内并无全面系统的防灾减灾规划,只有少数发达城市建立了仅针对单灾种的规划。同时,现有的保护规划中普遍缺少针对各类自然灾害的专项评估部分,且编制要求中暂未将灾害评估列为必要专项。部分保护规划中仅对防灾做出了笼统要求,但其程度也仅限于防火防雷等方面。如在保护措施编制内容提到"涉及防火、防洪、防震等急性灾变的保护措施应制定应急措施预案","涉及古建筑修缮、岩(土)体加固、防灾工程等专项保护工程时,应提出具体规划要求、技术路线、实施方案计划等,注明其对文物保护单位本体的干扰程度⋯⋯",另外,在环境规划编制内容中提到"生态保护内容包括维护地形地貌、防止水土流失、策划水系疏浚、防治风蚀沙化、农业综合治理等"[8]。

一份完整的保护规划中应当包含预防灾害的概念,并增加关于灾害风险的专项评估准则和规划,单列出防灾专项规划。在如此背景之下,东南大学的吴美萍教授提出了针对历史建筑防灾规划编制的相关建议[2],总结如下。

制定关于防灾的专项规划需与管理规划、展示规划等专项规划互相协调配合,编制时遵循以下几个步骤:以该建筑遗产的地理位置为依据,同时参考该区域的总体防灾规划,建立灾害分类和防灾措施的大方向;进行灾害风险评估,明确该建筑遗产目前所面临的灾害种类并指出各类灾害的发生频率及高发期、可预测的难易度,次生灾害种类及引发率、预防难易度,以及可能带来的损害程度等;以评估结果为基础,制订防灾计划,安排防灾工作;根据区域防灾规划的统一标准和工作安排,结合实际情况制定具有针对性的具体预防措施。

1. 建筑遗产防灾规划的目标、原则和主要内容

1) 建筑遗产防灾规划的目标

(1) 预防或将灾害带来的损害降到最低。

(2) 切断灾害链,防止灾害连锁反应导致次生灾害或灾情扩散。

(3) 保证发生灾害时的救灾与防范工作顺利进行。

(4) 与城市规划、历史文化名城保护规划协调推进,促进并带动整个区域的防灾工作。

2) 建筑遗产防灾规划的原则①

(1) 最大程度遵循建筑遗产保护的基本原则和已有的关于建筑遗产防灾相关管理规定等文件。

(2) 从整体环境角度出发,考虑全局性和系统性,并制定统一的防灾标准及协调工作部署安排。

---

① 吴玥.文化遗产保护中的风险管理原则[N].中国文物报,2016-07-22(006).

（3）建筑遗产的防灾规划应与区域环境保护规划、区域灾害应急预案等互相协调统筹安排，相应的防灾措施不得违反相关防灾减灾法律条例。

（4）鉴于灾害的不稳定性和不可抗拒性，对防灾规划必须定期进行修改和补充。

3）建筑遗产的防灾规划主要内容

（1）灾害风险的评估与类别划分。

（2）灾前预防措施与灾后应急措施。

（3）针对各类风险的专项规划，如防火规划、防洪规划等。

（4）投资预算等。

2. 建筑遗产防灾规划的编制

建筑遗产防灾规划的编制可按照以下步骤进行：

1）调查分析

灾害调查对灾害发生的历史数据进行调查分析，包括其发生原因、频率、地区分布等情况。

周边自然资源调查，包括地理位置、地质地貌、气候、水土资源、植被、环境污染等情况。

当地其他防灾工程调查，例如水利、农业、林业、各项消防工程、防灾组织的工作管理情况等。

检测已有的防灾设施，针对其防御状况进行评估[2]。

建筑遗产的调查分析包括其地理位置、遗产级别、建筑类型和保护管理的现状等。

2）灾害预测与类别划分

灾害的危险性分析，是指通过对资料、数据和图表等进行整理分析，明确未来灾害的特点和影响情况并对其形成系统的认识，而后利用数据制作成相应的分析表对其危险性进行直观描述以供规划参考，分析表可包括危险性概括、参数预测和险势图等。

灾害易损性分析，是指根据建筑遗产的整体构成找到其薄弱环节，对其面临灾害时的承受情况和敏感度进行分析，有针对地进行防范部署。

灾害风险类别划分，是指基于上述的危险性分析和易损性分析，将灾害风险进行类别划分，有效推进防灾规划的标准统一和防灾措施的协调工作。①

3）确定防灾规划目标，制定防灾措施，明确标准要求

作为防灾规划的核心内容，必须要考虑到其未来性和可行性。防灾规划的目标要保证与建筑遗产的保护战略相协调，并能够适应未来的经济发展情况及灾害变化的可能性。防灾措施主要分为结构抗震加固等工程性措施和灾害政策法规建设等非工程性措施，制定时须满足可操作性、经济合理、有效性等原则，根据实际情况综合多方面选择科学合理的方案，保证工作的顺利进行。关于标准要求，需根据地域和性质划分参照当地制定设计标准，不得违反相关规定和条例。

---

① 吴美萍.关于开展不可移动文物预防性保护研究工作的几点想法[J].中国文化遗产,2020，05.

4) 编制建筑遗产的防灾规划文本和图纸

在文本中,防灾规划背景、防灾规划的目标和原则、灾害分类划分和防灾措施、各项防灾专项规划、投资预算等方面需包含其文字说明。图纸主要包括自然灾害风险分类图、各个防灾专项规划图、工程方案图等,图纸要求与城市规划图保持一致。

在保护规划中的保护措施内容编制时提到涉及古建筑修缮、岩(土)体加固、防灾工程等专项保护工程时,应提出具体规划要求、技术路线、实施方案计划等,注明其对文物保护单位本体的干扰程度。除防灾规划外,还需要同管理规划、展示规划等专项规划相互补充,共同进行协调。

历史建筑保护相关的风险有时不仅仅体现在一个风险或一个事件引起的连锁反应,更多时候体现在多个风险共同产生的叠加效应。有些灾害有时还衍生出大量的次生灾害。这种效应可以使叠加后的风险远远大于各风险相加之和。当两种或两种以上风险,由于其相互作用,相互叠加,形成"复合型风险",将给应对增加难以想象的困难。当下必须提高对复合型风险的警惕。

4.2.2　应急管理和灾后急救

4.2.2.1　应急管理

应急救援管理,包括应急救援预案、应急专家、救援力量、救援物资信息等,并提供复合查询。依靠 GIS 系统和 BIM 模型,实现隐患的精准定位、风险影响范围计算,为应急处理预案涉及的抢险车辆制定合理抵达路线,制定灾害应急响应时间的量化指标,划定合理警戒区域,为决策者进行应急抢险指挥提供参考。

伯纳德·费尔顿(Bernard Felden)在《两个地震间:地震区内的文化资产》一书中认为,当灾害发生的当下,必须要事先对所有的抢救工作进行分类,包括内容如下:

(1) 立即要做的(immediate):通常是为了预防对人类造成的危险。

(2) 紧急要做的(urgent):通常是为了避免灾害进一步扩大。

(3) 必须要做的(necessary):为了保存一些建筑物的构造体,至少要做到可以遮风挡雨。

(4) 未来应该要做的(desirable):基于改善或复原要做的事情。

(5) 观察后再做的(under observation):为了获得更多的咨询,以利对后续工作做出正确的判断[9]。

根据遗产的特质和所在地区城市的地理地质气候条件情况,建立一个实时性、整体性、联动性保护管理体系,制订一个全局性的、系统性的风险管理计划来覆盖一个城市内所有的历史建筑。拟定通用的活动和步骤,设定发生灾害后城市的交通和疏散路线,安装如消防栓等紧急设备,密切协调市政当局和其他城市相关部门,如市政局、消防局、警察局和卫生服务医疗部门等统一防范。另外还可以通过区域间协同联动网络的搭建,共享信息、资源和救援力量[5]。

针对可能影响大范围内所有历史建筑的普遍性风险,需要政府部门指导风险防范:不同建筑遗产的灾害易损性分析;根据不同文物的重要性的灾害风险区划研究;明确防灾减灾设防的重点及文物保护的加固标准[10]。完善城市综合防灾减灾体系,加强安全质量监管机构设置和能力建设,健全安全监管、安全预警、应急救援机制,建立强专业化、职业化应急救援队伍[11]。

4.2.2.2 特大灾害应急管理和灾后急救的四川经验

四川省文物局在汶川地震后积累了特大灾害的遗产保护相关应急管理经验,主要包括灾害发生后在黄金救援时间内可采取的紧急应对计划,以及为了长远的恢复建设计划打下基础所需要展开的前期准备和报备工作,总结如下:

(1)迅速应对,开展调查。真实地了解和记录灾害对遗产的破坏和影响,是抢救和修复工作前期面临的第一项最重要的工作。第一时间对倾斜、开裂的文物建筑进行简单有效的支撑、棚护等急救措施,对倒塌的建筑进行清理,遮盖防水,排除安全隐患。对存在安全隐患的构件和馆藏进行打包、转移,为后续保护工作争取时间。

(2)严防死守,排险支护。为了避免次生灾害和二次灾难,应尽快科学、有序地进行文物建筑的抢险加固工作(结构支撑与支顶、棚护与渗水治理、钢板或钢索捆绑加固、地质与基础病害治理、解除各种环境威胁因素、暂定开放)。遏制文物建筑灾情向恶化方向发展,是该阶段的首要任务。在对文物进行抢险加固时,尤其要贯彻"可逆性"原则,从而为下一阶段的全面修复工作留下技术调整余地。

(3)科学部署,编制规划。为了科学有序地抢救保护受灾的文物,在灾后迅速编制《文物抢救保护修复规划大纲》《文物损失评估报告》《不可移动文物和可移动文物抢救保护修复经费需求估算报告》等灾情报告。另外与国家相关专业单位共同编制《文物抢救保护修复规划》,上报国家文物局,使之一并纳入国家《灾后恢复重建公共服务设计建设专项规划》,并将文物遗产保护项目列入国家的规划经费,为下一步保护受灾的遗产奠定基础。

(4)迅速启动,精心施工。对于木构建筑等项目需要及时展开抢救,修缮工程可采用同步勘察设计、同步施工、同步监理的形式展开。

(5)加强培训,技艺传承。包括地震在内的特大灾害由于破坏面极大,致使受损的建筑遗产数量多、范围广、类别杂,维修保护技术难度大,省内已有的资质单位难以完成。可通过开设"传统建筑维修保护技术工匠培训班"来为受灾地区,尤其是为少数民族聚集的受灾区域的遗产工程抢救保护的展开培养一支以当地工匠为主的文物维修队伍,从而使得这一地区的传统工艺和技术得以传承,并一举两得同时解决灾后当地部分群众的生活及就业问题,使得遗产保护惠及当地群众并持续产生正面影响。

(6)抢救保护,助推发展。将灾后重建与受损文物抢救相结合,通过原址保护、设立灾害遗址博物馆等方式在抢救和保护文物的同时,"化危为机",带动当地发展特色文化旅游业,使受损古建筑得以重建并根据民俗旅游的发展要求进行完善。修复后的不可移动文物满足人员密集型场所各类规范要求,兼具保护传承和旅游经营功能,或可作民俗会演、非物质文化遗产展示和传习中心使用。

（7）通力协作，后盾弥坚。中国文化遗产研究院、中国建筑设计研究院建筑历史研究所，以及各高校和省市的文化遗产保护研究所和古建筑设计研究院主动认领文物修复技术援助项目，派遣工程技术人员赶赴灾区，对受损文物进行现场勘查，编制抢救修复方案并积极投入到对口支援文保单位的勘查测绘工作中。由国务院、国家文物局统一部署，全国文物系统牵头在北京召开工作会议，并由受援单位与援助单位一同签署救灾支援协议书，确保项目落实。

（8）应时所需，建章立制。应时所需，建章立制是迅速开展灾后遗产抢救保护工作的根本保证。经过反复研究，提请国家文物局出台针对性的《灾后文物抢救保护工程中有关问题的意见》，从而从政策层面上解决灾后文物保护工程中遇到的报批程序繁琐、勘查设计收费不统一等问题，有力推动灾后遗产抢救保护的工作进程。

（9）专家指导，技术支撑。成立由国内一流专家组成的"灾后文物抢救保护工程专家组"，联合各地专业技术机构，负责灾后文物抢救修缮保护规划、方案的技术指导、损失评估以及规划、方案评审、工地检查和指导等工作。

（10）国际交流，提升理念。文化遗产是全人类所共有的，面对大灾大难，积极加强与国际社会的合作交流，可有效提升文物保护的理念。与来访国际专家开展技术交流和国际合作可促进保护，为提高灾后文物抢修和修复的水平带来积极效果[12]。

（11）公平公开，阳光重建。通过建立"灾后文化遗产保护网"对各地灾后资金到位，工程勘查设计、开工、施工、完工、援建单位、援建资金、招标投标、工程进度等内容实行信息月报制度，使灾后文物保护工程公正公平、公开透明。另外，与建设部门衔接，通过实施文物抢救保护工程资质单位备案制度以及建立文物保护工程招标专家库名单等举措做到在加快灾后抢救保护工作开展的同时确保工程的高质量[12]。

4.2.3　报告书和工艺传承制度——日本经验启示

日本的建筑遗产法律体系体现了文化遗产保护和城市规划、社区营造以及城乡建设的结合和协调，在行政管理上和法制建设上都是一种创举。2008年，《历史风致保护法》所确定的保护对象不仅从地域范围上得到了扩展，而且提升到有形文化遗产与无形文化遗产联合保护的境界；保护方法从单一物质环境硬件保护转变到将软件和硬件结合在一起的整体性保护；历史建筑保护管理部门也从单一部门转化到文化厅、农林水产、国土交通三省共管、有效联动的管理模式。

1. 修缮工程报告书制度

建立历史建筑保护修缮工程报告书制度，并将其录入历史建筑信息系统，作为历史建筑修缮档案的查考凭据以及相关工程参考。

日本的保护和修复资料的收集、编撰、出版工作可以说在国际上都是比较出色的。快速、全面、系统的报告书制作不仅得益于日本建筑遗产保护的研究深入、施作严谨、组织严密，而且归功于报告编撰者的训练有素、制作技能的驾轻就熟以及出版发行的规范高效。这一套执行体系的形成并非一朝一夕之功，而是有赖于日本从昭和四年（1929）第一本建造物保存修理工事（保护工程)记录报告书《东大寺南大门修理工事报告书》问世至今,经过近90年不断的探索和实践。政府、专家、学者和设计人员通过不懈的努力,制定了一系列的管理、技术措施来保证报告书的质量以及出版刊行,使报告书的编撰日益内化为日本文化财的优良传统:[13]

1)严谨的管理体系

(1)明确经费保障。1969年(昭和四十四年)发行的《文化厅文化财补助金交付规则的制定通知》〔厅保管第39号〕中,将国宝、重要文化建造物的工程报告书编撰与修理工事前期调查、修理设计、保存工事并列成为接受文化厅补助经费的主要事项,使报告书的制作有了必要的经费保障。

(2)工程各方职责分明。在保护工程报告书实施过程中,设计监造者负责编撰制作、施工方辅助现场记录、业主参与相关重要事务、政府专家提供指导和监督,形成了有效运作的规范程序(图4-7)。

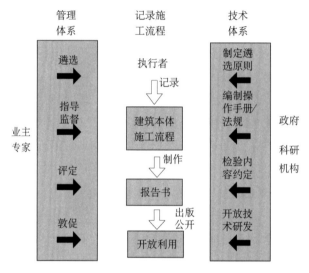

图4-7　工程各方职责一览

(3)严格的技术资格培训与审核制度。重要文化财修复设计监造的负责人应具有文化厅认定的主任技术者的资质,并需通过统一的培训与考试。日本文化厅制定的《重要文化财建造务修理工事主任技术者承认标准》中规定:高级主任技术者可以从事国宝、重要文化财中的镰仓时代以前、五间堂以上的段堂、五间社以上的社殿、复合社殿、具有两跳斗拱以上的社寺、两重以上屋顶社寺、三层以上的城郭、面积300 m² 以上、主要构造部分大规模改变的调查等必要事务以及文化厅认定的前项同等修理工事;普通主任技术者从事前项以外的古迹修理工事。主任技术者应掌握的业务知识包括"传统技术技能相关的知识、修复的施工监理、解体调查的方法、保存修理工事报告书的执笔与编辑"等内容。严格的培训与考核制度使设计监造技术人员普遍具备了调查、组织与编撰报告的能力。

日本保护与修复报告书的编撰之所以论述清晰、信息翔实,与其国内良好的文物保护环境息息相关。管理严格与技术成熟为其工程报告的保质保量完成、及时顺利公开起到了保驾护航的作用。保护工程档案与报告的采集、编写和出版并非完全是技术问题,更不是简单的格式化和编写规范。如果不从制度和运行方法上强化滋生土壤,即便是学习先进国家的经验,结出的果实必如"淮北之枳",难达希望之效果。政府对于报告书编撰出版的推动,应以更新观念、严格管理、指导及时、监督有效、权责明确、操作规范为目标,以出版、公开、利用为终点,只有从管理与技术两方面着手,才能建立完善的运作体系。

2)充分的技术保障

(1)完善的技术指导文件。为了指导修复工程的各技术环节,日本文化厅以及相关专业团体编撰了一系列的指南文件,包括《重要文化财建造物保存修理技术者实务必携》《文化财补助金实务必携》《修理技术者的职业与伦理》《文化财建造物保存修理技术者培养研修事业》《地域文化财的保存修复考查方法》等。这些文件对保护工程报告书的内容、技术方法、等级制度等进行了解读和规定,提供了各层次的技术指导。

(2)研究性的工程传统。日本文化财建造物的解体工事持续的时间较长,一般性解体工程往往要 10 年之久,为各类调查分析研究提供了足够的时间保证,并形成了逐年出版阶段性研究成果的惯例。除此之外,日本的遗产保护工程需按月填写"工程月报",经审核后才能报送有关机构存档,用以控制工程各项施工的质量和进度。由此积累的翔实资料为古迹的研究奠定了坚实的基础。

(3)详细的等级评定与内容约定。日本文化厅对于国宝、重要文化财保护工程报告书依据国家补助条款有详细的等级规定(表 4-1)。其中对于设计监造者的常驻问题、报告书的相关内容给予清晰说明。

表 4-1   日本修缮工程报告书的类型

等级	类属	报告书内容
A 类	主任技术者常驻工地的国宝、重要文化财建造物修理工事	文章(概述、形式、调查事项、文献、史料、插图)＋照片＋保存图
B 类	主任技术者不常驻工地的国宝、重要文化财建造物修理工事,这类工程通常在过去曾经解体并已出版了修缮工事报告书	实绩报告书＋照片＋保存图＋其他(上次解体修理时的实绩报告书,因本次修理而新了解的事项等)
C 类	地方自治体指定文化财修理工程	实绩报告书＋现状变更之内容＋图面＋其他(因本次修理而新了解的事项等)
D 类		协议所决定的事项

(4)统一的出版样式。国宝、重要文化财建造物的报告书作为建筑遗产重要的参考资料,为了节约制作经费、便于存放和查阅,要求制作简朴、规格统一,以能够长时间保存为最佳。文化厅对排版、用纸、发行册数等内容亦做出了详细规定[13]。

2. 选定保护修缮技术指定制度

1975 年,日本开始策划对不可欠缺的传统技术、技能的相关保护措施,对《文化财保护法》进行了修订,其中新设置了"选定保护修缮技术指定制度"来解决保护技术持有人后继不足的问题。在这一项制度中,文部科学大臣将"文化遗产保存工作中不可缺少的采用传统技术和技能进行的必要的保护技术"作为"指定保护技术"进行选定,由相应的技术持有者或保存机构进行认定,提升技术持有者自身的技术和技能,将培养后继者的课程制作成影像,做好修缮时资料的保存工作。

为了使传统修缮技术得到继成和发扬,该项制度将必要的工具和材料的制作、制造、培育、采取的技术以及广范围的传统的修缮技术都列为保护对象。在这些技术的指定中,技术持有者或保护团体可被认定。技术持有者或保护团体为了这些技术的保护和继承,进行后继者的培养或技术记录的保存及自身技术的提升等行为,与之相对应,国库给予补助金支持。文化遗产保护委员会于1955年开始的"文化遗产建筑物维修指导技术者养成讲习会",以及文化厅举行的"文化遗产建筑物维修主任技术者讲习会",都以建筑物保护修缮技术的积极发展和后继者的培养为目的。

经过文化审议会的专门调查,日本文部科学大臣每年进行一次选定保存技术的选定以及保持者和保护团体的认定。截至2015年,作为文化遗产保护必要的技术而被文化厅指定的技术共计71项,包括建筑物维修、建筑物木工、建筑物色彩、角梁规范术(古代、近代)、屋顶瓦茅草、桧皮草、薄木片、茅草、灰作工程(涂漆)、五金工具制作、建筑物模型制作、竹钉制作、屋顶瓦制作(鬼师)等。这些保护技术持有者、保护团体致力于培养后继者或保存记录、提升技术。

日本充分地意识到向民众宣传普及文化遗产建造物修理技术和技能人员的培养、文化遗产建造物保存修理工作的重要性。文化厅为此开展了"文化遗产建造物保存修理事业公开·展示事业"工作,不仅开放了大规模修理现场,还进行了修理技术的实演、体验学习、展示以及讲演会等活动。此项活动得到附近市民的大力支持,日本国民不分老少都积极参与,文化遗产建造物保存工作的重要性进一步得到认可。

此外,为向民众普及、宣传选定保存技术,自2005年开始,由日本文化厅主办开展"支撑文化遗产的传统工匠"座谈会,开展选定保存技术保存团体油画展示和演出等活动。文化厅还通过制作小册子、视频录像等方式,向社会广泛地宣传选定保存技术。

4.3 项目层面风险防控体系

梁思成对后世的警戒:"我们要避免不知道古建筑的机构而修理古建筑。我希望同志们多做历史研究工作,从形式上、结构上、材料上、雕饰上、总的部署上认识时代的和地方的特征,做各种各样多方面的比较研究。千万不要一番好意去修缮古文物建筑,因为这方面知识不够,反而损害了它。"

本节就历史保护建筑日常维护管理、修缮保护工程等不同阶段或工序中的风险给出针对性的预防措施,从而保证修缮方案的编制正确,材料标准的规定明确,施工预算的保证有效,规范施工作业,合理划清底线意识,加强单项目层面的城市历史建筑风险防控[14]。

4.3.1　日常维护管理中的风险防控

1. 法律责任

项目或者单体建筑层面的风险防控是建立在实施单位充分了解优秀历史建筑保护修缮的特殊性,依法合规,认真履行下列责任义务的基础之上的。

(1) 告知承诺。优秀历史建筑转让、出租的,转让人、出租人应当将有关的保护要求书面告知受让人、承租人。受让人、承租人应当承担相应的保护义务。

(2) 修缮审批。优秀历史建筑的所有人根据建筑的具体保护要求,确实需要改变建筑的使用性质和内部设计使用功能的,应当将方案报房屋管理部门审核批准;涉及建筑主体承重结构变动的,应当向规划管理部门申请领取建设工程规划许可证。

(3) 资料备案。优秀历史建筑的修缮应当由具有相应资质的专业设计、施工、监理单位实施,建筑修缮工程形成的文字、图纸、图片如修缮工程报告书、验收报告、竣工图档等档案资料工程资料,应当由优秀历史建筑的所有人一起报送主管部门备案归档。

(4) 配合普查。优秀历史建筑的所有人和使用人应当配合对建筑的普查,应按照建筑的具体保护要求或者普查提出的要求,及时对建筑进行修缮,并承担相应的修缮费用。

(5) 安全使用。优秀历史建筑的所有人和使用人不得在建筑内堆放易燃、易爆和腐蚀性的物品,不得从事损坏建筑主体承重结构或者其他危害建筑安全的活动①。

(6) 抢险报告。优秀历史建筑因不可抗力或者受到其他影响发生损毁危险的,历史建筑所有人应当立即组织抢险保护,采取加固措施,并向房屋管理部门报告。

2. 日常维护和检修

王建国教授说,中国自古就有防患于未然的古训,古代的岁修制度就是要求对建筑物每年实施例行的维护和检修。大量名胜古迹的文献碑记上都显示了每五十年一次的大修,而大修之外还有中修和无数的小修。正是这些日常加上特殊的修缮活动才使中国的木结构一代代传续使用下去[2]。民间也有一套颇具实用性的做法,每年梅雨季节前后及冬季前后,工匠会沿街叫卖"捉漏"并提供换瓦、换椽等修补性服务。另外,使用者也懂一些房屋维护常识和小型作业,定期清理排水沟、给木地板打蜡,等等[1]。作为预防性保护和风险防控的重要手段之一,当前历史保护建筑的维护和检修应在前人的基础上进一步增强科学性和计划性。通过科学记录、定期检测和日常维护等手段及时发现并消除隐患,这是一项长期且持续性的工作。

(1) 专项预算。为历史建筑的保护、维护修缮、管理制定年度预算,预留专项资金。修缮工程展开时可按需购买相关安全责任险。

(2) 日常维护。针对历史建筑特性专业的物业管理,除了维持良好的通风排水、注重清洁卫生、防渗防漏、临时修补、维护防灾设施等日常保养措施以及设施设备管线安全、生物危害、建筑防火、燃气及电气设备安全等日常安全防范措施外,还需要特别关注结构安全、重点部位安

---

① 《上海市历史文化风貌区和优秀历史建筑保护条例》。

全、构件外貌质感原真性、材料老化等情况,监控受损趋势,捕捉危险信号,在接近临界值时及时消除安全隐患。

（3）周期性检测评估和动态监管。根据房屋的建筑类型、结构类型、已使用年限、使用环境以及保护要求等综合确定检测周期。由业主委托房屋质量检测专业机构进行,按照优秀历史建筑保护修缮等级评估方法和评估标准评定保护修缮等级并提交评估结论,由管理部门以及专家评审确定。业主和相关实施单位根据评估结果制订包括日常养护、计划维修、抢修等多层次的保护修缮工作计划。确保保护修缮需求与工作相对应,建立良性循环的优秀历史建筑保护修缮工作管理机制。

表 4-2   优秀历史建筑保护修缮等级[15]

保护修缮等级	分级标准	修缮要求
一级	建筑总体情况完好,重点保护部位和区域、周边环境以及建筑本体综合评估结果优秀	应注重日常保养
二级	建筑总体情况基本完好,重点保护部位和区域、周边环境以及建筑本体综合评估结果良好	宜采取措施进行保护修缮并注重日常保养,消除潜在隐患
三级	建筑总体情况一般损坏,重点保护部位和区域、周边环境以及建筑本体综合评估结果一般	应采取措施进行修缮,及时消除隐患,并应加强管理,或改善使用方式
四级	建筑总体情况严重损坏,重点保护部位和区域、周边环境以及建筑本体综合评估结果不合格	应及时采取措施进行根本性修缮,并应加强管理,或改善、调整使用方式

4.3.2 修缮工程相关的风险防控

4.3.2.1 勘查地形时的风险防控

经过建筑历史特征解读与现状测绘形成的勘查报告,是确定修缮的目标与主要策略并指导具体实施的重要依据。谨慎的历史建筑变迁勘查是杜绝凭空臆造和失当的风格性修复的重要防控手段。必须掌握的原则是,只在掌握确凿历史资料时,才可考虑对历史建筑残缺部分按原状恢复。

优秀历史建筑的个性化很强,不能单凭经验一概而论,需要通过准确、完整和全面的调查分析,正确解读、分析单体历史建筑的结构体系、构造连接方法、工艺特点、设计施工所依据的标准。从书面资料和现场情况两方面来确定建筑原本的风貌与变迁(包括外立面与室内装饰保存状况,建筑使用历史中重大的改造记录等),明确修缮前饰面残损状况及原因、建筑结构可靠性等信息,从而对建筑价值进行评估,确定建筑的重点保护部位,分析建筑结构的可靠性,最终形成勘查报告。

在历史建筑的直接史实资料、文献和历史影像资料匮乏、缺失、不完整时,除了可通过一些其他的历史影像资料侧面来了解原状装饰构件的资料外,还可以借助建筑整体布局与装饰细部、现有饰面残损分析、建筑结构检测等方法来获取信息,并尽量准确地读取和还原建筑的历史特征。另外,还必须深入建筑现场对现状进行详细勘查,查明结构体系和荷载传递途径,主要构件的构造、连接方式和用料,建筑重点保护部位和区域的特色装修、构造和工艺特点,剖析隐蔽项目损坏程度,判断损坏原因(图 4-8)。

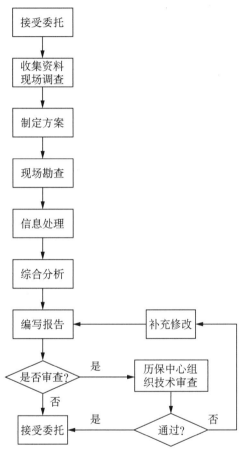

图 4-8　历史建筑勘查的一般流程

4.3.2.2　历史建筑结构安全评估和损伤检测相关风险防控

建筑安全评估是指利用特定的信息,对建筑进行安全性分析并做出决策的过程。安全评估不但可以科学地给出结构的安全性,还是制订维护和加固计划的重要参考,因此对于防范历史建筑结构安全风险具有重要的作用。历史建筑是既有建筑中一类特殊的建筑,蕴涵了丰富的历史文化内涵,但就其结构安全评估而言,和一般既有建筑无本质区别,均是通过结构抗力及荷载效应分析得到结构的安全性。历史建筑由于其特有的历史价值、科学价值和艺术价值等,所以应具有重点保护部位,且这些部位禁止被破坏。因此,为了防止历史建筑在结构安全评估的过程中遭受损失风险,必须尽量使用无损检测。同时聘请富有历史建筑保护修缮及再利用经验的机构出具优秀历史建筑利用适用性评估报告(包括建筑专业适应性、结构专业适应性、机电专业适应性、消防的适应性评估)等。另外,还可针对每一栋历史建筑的问题展开包括裂缝、渗漏、外立面损伤、特色装饰部位损伤、混凝土碳化、钢材锈蚀、砖墙风化、砖墙潮湿酥碱、木材虫蚀、木材腐朽、木结构节点松脱失效等在内的专项损失检测。

4.3.2.3 历史建筑修缮设计和施工准备的风险防控

为了保护优秀历史建筑整体风貌,首先,保护修缮和再利用设计,必须符合历史文化风貌保护区保护规划要求、优秀历史建筑修缮保护要求和保护修缮项目相关管理文件要求;其次,必须始终贯彻和遵守分级分类保护原则分类。根据建筑的保护级别、保护修缮类别和使用性质来指导允许改变的范围。最高保护级别的历史建筑,根据历史资料及图纸进行原样修复。保留历史建筑现状,按现存外观进行修复,对不影响结构安全的破损处不进行修复,完全保留历史材料并采取措施提高历史材料的耐久性。

对于保护级别较低的历史建筑,在进行设计提升使用功能和改善舒适性时,为了防止历史价值不当流失、新功能与历史建筑不兼容或"反客为主",应采取如下风险防控策略:

(1)尽量延续、复原或完善原设计使用功能,如经论证确实需要变更原设计使用功能,应具有可逆性和可识别性。

(2)在保护前提下,优化建筑构件,更新设施设备,提升室内环境质量。

(3)兼顾保护与利用,在保护优秀历史建筑价值的前提下,合理使用其建筑功能,发掘其社会价值,实现可持续利用。

(4)在保护修缮中,其重点保护部位和区域的修缮宜按真实性原则、最小干预原则、可识别性原则及可逆性原则进行。

4.3.2.4 城市历史建筑改建修缮的风险防控

1.基础施工风险管控(桩基的选型)

此类建筑的改造、桩基的选型尤为重要,由于原建筑空间的限制,比较常见的桩基施工机械不一定能够正常施工。

内部空间的限制,钻孔灌注桩、锤击桩多不能正常施工。此类建筑地基基础回填层都较厚,基本上都要进行地层清障。

需要根据室内空间,或者墙体支撑完成后的空间情况,同时考虑土体扰动、机械振动对原建筑的影响现场来综合考虑桩基形式。一般多采用锚杆静压桩和管底锤击桩,少量的项目采用钻孔灌注桩。

采用锚杆静压桩,一般为减少压桩反力对已完成基础梁和原建筑的影响,应在基础梁上增加配重以抵消压桩发力。

采用管底锤击桩,应根据管桩的入土深度来调整锤击力及锤击速度,以减小锤击振动对原建筑的影响。

2. 基础施工风险管控(老基础的凿除,支撑的临时基础)

一般此类建筑基础置换涉及两种形式:一是异位置换,即新基础与老基础的位置偏移;二是原位置换,新基础与老基础位置重叠。

基础异位置换相对简单,主要风险是在老基础旁进行新基础土方开挖时对老基础的扰动;基础原位置换应主要控制新基础施工前对原建筑的加固,以及新基础施工时对原建筑的生命体征监测和突发变形的应急处置预案。

3. 局部结构施工风险管控(新老结构的连接)

此类建筑上部结构置换也分为两种形式:一是异位置换,即新结构与老结构的位置偏移;二是原位置换,新结构与老结构位置重叠。

异位置换和原位置换的上部结构施工流程有一定区别。一般异位置换有两种施工流程可以选择:一是先完成上部新结构的主要框架,再拆除原有结构,最后进行楼板、墙板等剩余结构的补缺;二是先对原结构进行临时加固,再拆除原有结构,最后进行上部结构施工。原位置换的施工流程基本上只有一种:对原结构进行临时加固,再拆除原有结构,最后进行上部结构施工;有时根据项目局部差异,可在对原结构临时加固的同时完成局部新建结构,再拆除原结构。

4. 大楼监控(各个时期的监控)

结构置换工程都需要进行大楼的生命体征监测,以控制整个大楼的安全风险。

监测的周期应贯穿整个工程的结构改造周期。主要监测内容:建筑物本身的侧斜、位移、沉降、局部墙体构件监测;临时支撑体系的侧斜、位移、沉降、构件的应力-应变。监测的目的主要保证大楼改建的安全风险,实时反映大楼的变化,特别是在基础置换、上部结构置换、临时支撑施工等阶段,反映出大楼实时的变化,通过对监测数据的分析,及时采取应急措施或改变施工流程、速率等。

4.3.2.5　外立面相关的风险防控

建筑的外立面装饰对于建筑来说是更能反映其特色的存在。根据《上海市历史文化风貌区和优秀历史建筑保护条例》,不同保护类别的历史建筑,其外立面(或主要外立面)都是重点保护部位,均属于不可改变的部位。

对建筑外立面装饰进行修缮时,必须考虑到建筑外立面是直接暴露于自然环境中的,日照、降雨、霜冻等自然风化因素都将对它造成不可忽略的影响。因此,在选择修缮方案时必须考虑到这一因素。

在对外立面装饰进行修缮过程中,主要的风险在于外立面清洗和外立面修复两点。

1. 外立面清洁的风险

在建筑长期的使用过程中,外立面装饰会受到自然的或是人为的污染、变色。当建筑外立面除了这些污染、变色之外并没有更多地被侵蚀损坏时,大部分时间我们更倾向于对这些外立

图 4-9　利用加压水冲洗外墙面的涂料覆盖层

面直接做清洁处理。这一修缮策略相对较为简单，但是，因为对外立面保存状况有要求，所以在工程实践中的适用面并不广。即便如此，对这一策略风险的讨论还是有意义的，而这种修缮方式的风险在于清洗剂与清洗方式的选择——不恰当的清洗剂与清洗方式反而会对外立面造成更大的伤害(图 4-9)。

这一项风险的防控，是建筑装饰修缮中的重点，这是因为建筑外立面是历史建筑中最具有特色的区域，而只有满足保存状况良好这一条件，才适用直接清洗的方法，也就是说凡是适用直接清洗这一修缮策略的外立面，它的历史、艺术、文化价值都是较高且又是保存较为良好的。在这样的情况下，必须积极采取措施，将这一项风险降低到可控范围内。具体来说，风险控制技术措施有三个方面：

首先，选择清洗剂。我们需要分析外立面装饰本身以及表面污染物(或人为覆盖层)的构成成分，根据装饰材料构成成分选择对应的清洁剂。所选的清洁剂对于表面污染物(或人为覆盖层)应当是活性的，而对于外立面装饰本身则应当是惰性的。这样，在清洗的过程中清洁剂才能在清除表面污染(或人为覆盖层)的同时避免对外立面装饰本身造成损毁。

其次，选择合适的清洁方式。单就外立面装饰来说，清洁方式的选择面较广，由于外立面装饰本身处于自然环境中，材料的抗冲刷能力以及耐酸碱性较好。在工程实践中，历史建筑外立面的清洗不乏采用高压水或是加热后的清洁剂冲洗以及采用喷砂清洗的成功案例。总体来说，外立面装饰的清洗，原则上应该以清洗的效果为标准来选择清洗剂与清洗方式。

最后，选择清洗试验部位。在选定了清洁剂与清洁方式后，还应该在需要清洁的区域内选择合适的部位进行试验性清洁。这是之前理论分析向后续实际操作过渡的必要过程。通过试验性清洁，可以了解所选择的清洁剂与清洁方式是否能达到预期的效果，并为优化方案的提出奠定基础。

通过上述步骤，可以将外立面清洗修缮的风险控制在可接受的范围内。

2. 外立面还原修复的风险

在多数情况下，建筑外立面装饰除了会受到污染外，在各种因素的作用下难免会有损坏，因此在修缮的过程中需要对受损部位进行还原修复。随着科技进步与时代更迭，在外立面还原修复的过程中，以前的工艺大部分都濒临失传。所以，外立面修缮策略的主要风险在于现代工艺对原貌的复原程度，以及修缮部位与原饰面的协调程度。

对于这一项风险,由于不同时代、不同风格的建筑在当初营造之时所采用的材料、工艺不尽相同,所以没有一种普遍适用的风险防控技术措施。在实际修缮过程中,应当根据建筑所采用的具体材料、工艺进行具体分析,采用最接近的材料、工艺进行还原修复。对于建筑外立面的装饰,因为各种各样的原因,很多历史上常用的外立面装饰材料目前已经基本停止生产和使用了(比如历史建筑中常见的红砖清水墙所用的黏土红砖,目前我国已经禁止使用)。所以当进行复原修缮时,必须重视材料与工艺的选择,在可能的情况下寻找最接近的材料与工艺来进行修复。当然,与直接清洗类似,在确定还原修复的材料与方式之后还可以在修复区域中选择合适的部位进行试验性修复,验证修复效果,改进修复工艺,以达到预期的修缮效果。保护修缮材料和工艺的选用应符合如下原则:

(1)保护修缮材料和工艺的选用应符合历史建筑保护要求。

(2)保护修缮材料选用前,应先通过材料专项监测或现场诊断,充分了解和评估原有材料的特征。

(3)修补类材料的强度应不高于原始材料,新旧材料要有物理、化学兼容性。

(4)修缮应充分合理利用原有材料和构件,采用移装、拼接的方法,集中使用,需添加材料的,宜选用与原有品质相同或相近的材料。

3.再利用改造修复的风险

再利用改造时,功能定位应合理;再利用改造设计应充分论证,多方案备选,优先选用可逆方案。在保护整体风貌前提下,对重点保护部位和区域进行保护和修缮。修缮后的空间使用应符合建筑本身的类型、风格及安全要求。当内部空间需要作必要改动时,应选择恰当位置、形式、尺度,并满足保护要求,且与原建筑相协调。新增加部分应保证在日后拆除时,不影响历史建筑的基本结构和完整性。

新加的外露装饰、分隔等,其用料和构造,宜与原建筑有所区别。合理增设水、电、风等系统设施,适当提高空间舒适性。可移除室内无保留价值的历年装饰添加物和改造物,但应保留下列具有历史意义的装饰物:

(1)表现当时历史建筑特色材料和工艺技术典型范例。

(2)体现建筑师风格特征的室内装饰。

(3)体现该建筑特色的独特装饰材料、构造和手工艺,包括抹灰及饰面层、地面、天花、木装修、内门窗、设施设备等。

4.3.3 开发建设相关的风险防控

1.城市历史建筑周边地下空间开发的风险分析

城市历史建筑周边地下空间开发的风险分析的思路与步骤:首先根据城市历史建筑周边地下空间开发的影响因素建立分层递进的层次结构模型,分析基坑施工和基础施工对历史建筑的影响,既与历史建筑本身的设计与使用状况及其环境有关,又与基坑设计方案和施工方案有关。

总结分析大量工程实例,可以得到如图 4-10 所示的分析结构模型。

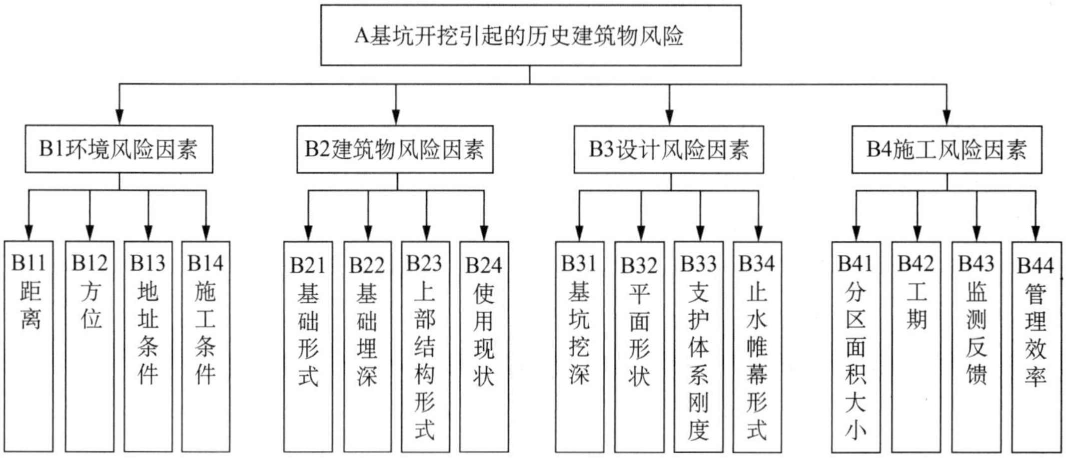

图 4-10　层次分析结构模型

利用层次分析法,找出对研究系统有影响的因素,将支配关系构造为层次结构模型,然后判断各因素的重要性。通过层次结构模型将复杂的问题逐步细化,对各个层次的重要性进行比较,得到重要性排序[16]。

模糊综合评价是模糊数学的应用。风险评估中很多因素是不能精确地用数字进行描述的,但为了定量地进行比较,就要运用模糊评价的方法,将各项指标的量纲统一起来。模糊评价的步骤如下:首先划分各因素的风险等级,构成评价因素集,进行单因素评价,确定风险因素的权重;然后确定城市历史建筑周边地下空间开发风险指标体系中各层指标元素的风险等级,根据各指标层的风险等级情况确定整个项目的风险状况;最后确定风险评价的标准,评估标准的确定是保证评估结果准确与否的关键。

2. 城市历史建筑周边地下空间开发的防控措施

(1) 在城市历史建筑附近兴建建筑物时,特别是地下空间的开发利用,在规划、基坑设计和施工整个阶段,都必须重视基坑施工和基础施工对历史建筑的影响,并在事前作出风险评价,必要时为保护历史建筑,应修改、调整规划。

(2) 根据层次分析法及模糊综合评价法,确定城市历史建筑周边地下空间开发风险由大到小的因素,从源头控制风险才能事半功倍。

(3) 城市历史建筑周边地下空间开发影响——设计风险及环境风险因素:基坑挖深、支护体系刚度和基坑边线至保护建筑的距离。其相应的防控措施:对于基坑开挖深度能浅则浅,尽量减小开挖深度;在设计基坑支护体系时,应以历史建筑变形控制为准则来设计支护体系,使支护体系的刚度满足环境变形要求。

(4) 城市历史建筑周边地下空间开发影响——历史建筑物自身风险及施工风险因素:历史建筑的基础形式、地质条件、平面形状和分区面积大小。这 4 个风险可通过施工措施解决。对基础较差的历史建筑,可采用基础托换、加固等方式加固基础,提高其基础抵抗基坑开挖扰动影响的能力。针对基坑施工的时空效应,可通过"跳打"、分坑或分块、分区施工来控制时空效应;对地质条件差的区域,可通过对基坑坑内土体加固、历史建筑基础加固、托换等措施来改善土层力学性质,从而起到减小基坑施工对历史建筑影响,保护历史建筑的目的。

（5）在基坑工程和基础工程的设计与施工过程中,应重视环境监测与信息反馈分析,加强施工管理,并应准备好应急预案,控制一般风险和次要风险,防止一般风险和次要风险转变成重要风险和较为重要风险。

3. 城市建筑结构移位风险防控技术

1）城市建筑结构移位风险分析

建筑物在平移施工过程中结构上存在薄弱之处,结构中有不满足现有规范的设计,在此种情况下应该对这一保护文物进行彻底加固后再进行移位,延长保护建筑的生命力是最理想的方案。

其一,为保证平移过程中结构的安全而进行的平移前房屋临时加固。

其二,平移到位后,根据房屋使用功能的定位、对房屋详细检查后做比较详尽的房屋永久结构加固,以期改善其生存环境并使建筑生命得到更长时间的延续。

尽量将临时加固与永久加固结合设计,以降低工程造价。

2）城市建筑结构移位风险分析对策

临时加固原则:保护建筑移位加固过程中紧紧围绕"文物保护"这一主题,结合以往古建筑平移的成功经验和计算机控制的同步移位技术,对墙体及楼梯采用分批、分段的托换技术,对易碰撞污染部位采用"围护、覆盖"的方法,尽量使平移在建筑结构"不知不觉"中完成。

历史建筑的结构加固优先采用传统的结构加固方法,不得破坏重点保护部位。结构加固后的后续使用年限应由业主和设计单位共同确定,一般情况下宜按30年考虑,到期后,如果经过可靠性鉴定认为该结构工作正常,可继续延长其使用年限。

始终贯彻分级分类保护原则,根据不同的保护类别,在不破坏重点保护部位的前提下,选用适当的加固方法进行结构加固处理。如对于一至三类优秀历史建筑及四类优秀历史建筑的主要立面,当砌体结构外墙承载力不足时,不能采用双面钢筋网水泥砂浆法加固,但可以采用单面钢筋网水泥砂浆加固法;当框架结构边柱或角柱承载力不足时,不能采用四周外包角钢法或粘贴碳纤维布箍法、绕丝法等方法,增加截面法加固也只能选用三面或两面增大。再如,对于四类保护要求的优秀历史建筑,结构体系允许改变,这类建筑的加固,可对抗侧刚度差的框架增设钢筋混凝土剪力墙或翼墙,将框架结构改造为框架-剪力墙结构。

4.3.4 特殊的风险防控手段——保护性拆解与复建

1. 城市历史建筑结构拆除的风险防控

此类历史建筑多为欧式风格建筑,层高较高,墙体较厚,结构形式较多（砖、木、钢、混）,

结构稳定性较差,在拆除时施工作业风险是控制重点;同时此类建筑内部存在较多保留和保护部位,重要保护构件、天花线脚样式等的遗失风险也是控制重点;非保留结构与保留结构之间连接在一起,如何在拆除非保留结构时不对保留结构造成损坏也是重要风险控制点之一。

1) 墙体拆除

在拆除非保留结构之前的重要工序是在拆除伊始就将非保留结构与保留结构分离,一般采取的方式是采用切割机将它们割离,有的采用人工拆除的方式逐步将结构拆分开。为保证作业人员的安全,拆除作业最重要的措施是搭设操作平台,一般是在墙体一侧搭设双排的操作脚手架,同时搭设供操作人员挂设安全带的固定架。拆除混凝土墙体,为保证结构的稳定,减小振动,宜采用人工配合风镐进行拆除,应由上至下逐块拆除,不允许大块材料直接坠地。拆除砖墙,应采用人工配合锤头逐层拆除墙体,如有保护要求回收砖块或回收砖块异地重砌的,应逐块进行砖块拆除并标明拆除部位,整理成堆入库储藏。拆除的建筑垃圾应及时清理,防止垃圾成堆造成集中荷载超出原楼板承载力的风险。同时应做好局部墙体的临时支撑,避免拆除时造成局部墙体倾覆。

2) 楼板的拆除

混凝土楼板拆除之前也应对楼板进行有效支撑,多采用排架对楼板进行满堂支撑,并在凿除之前采用切割机将楼板与墙体割离,以避免拆除时震动对保留墙体造成损坏的风险。木楼板拆除之前也应对楼板进行有效支撑,多采用排架对楼板进行满堂支撑,为保证操作通道,应先进行各房间楼板拆除之后再进行走道楼板的拆除,各房间楼板的拆除顺序应先拆除远离门洞的部位,再拆除靠近门洞部位的楼板。拆除的建筑垃圾应及时清理,防止成堆垃圾产生的集中荷载超出原楼板承载力的风险。

3) 屋顶拆除

此类建筑多为木屋架坡屋面,对此类屋面最主要的是控制拆除流程,避免流程错误造成的屋架倾覆。

拆除流程:屋面老虎窗拆除→平瓦屋脊拆卸→平瓦拆卸→檐封檐板拆卸→砖望板拆卸→木椽子拆卸→木桁檩条拆卸→搬运到地面打包、包装、运输、封存。

瓦片、木檩条、木基层板的拆除对操作工人的着力点有较高的要求,应搭设专门的操作平台,并设置供操作工人安全带的挂设点。操作平台的搭设多采用管脚手架,亦可采用移动式登高机械配合进行拆除。

2. 保护性拆解与复建的风险防控

在历史建筑保护意识和相关法律尚不完善的年代,有部分历史建筑在配合轨道交通建设和其他必要城市建设的过程中被直接拆除。建筑物经过了破坏性的分解后被从场地清除,所有的建筑构件在拆除作业后,一般只能作为垃圾处理。以上海市人民政府土〔2009〕87号文为例的文件提供了一种新的思路和实践路径。总结来说,为了实施社会公共利益需要,可依法对相关地块上的保护建筑实施抢救性、保护性拆解复建,异地保存并择机复建,从而避免建设过程中对近现代建筑造成破坏。

1) 全过程实施方案

(1) 设计团队对相关建筑进行历史价值评估、现场勘查、详细测绘和档案调查,分析和考证建造当年的材料配比和施工工艺,编制拆解方案。

(2) 在抢救性保护拆解前进行有效的结构加固,合理拆解,确保建筑拆解后的构件具有相对的结构整体性。

(3) 按建造相反顺序,小心地拆解。在成本效益允许的前提下,最大限度地保存可再利用的材料。

(4) 对拆卸下的材料和构件进行清洗、归类、堆放、编号和档案记录,登记准确率达100%。针对各种装饰构件进行小样保存,编号留存。

(5) 由于拆解后的构件存在体积大、重量大、易损等特征,针对水刷石等大体积构件拆解采用覆盖橡胶毯,毯外采用10#槽钢将栏板两平面加紧固定,其他构件在运输前用复合板材进行包装,并对运输路线全程勘查,确保拆解后的各构件在运输过程中安全无恙并保持完整。

(6) 构件经登记后在特定仓库中分类存储集中堆放。按时保护与养护,经常通风换气,确保温度及湿度适宜构件储存。配备相关存储人员和专业修复人员进行登记记录及换季修补工作,及时发现并消灭安全隐患。

(7) 延请具有专业资质的公司对储存后的各类结构构件进行检测,并根据检测报告,针对部分构件存在的年久失修、缺损、残破松软等情况进行加固修复。

(8) 待时机成熟后,根据业主要求在原址或异地进行原样恢复。经实测、计算将原有拆解下来的部分建筑构件、材料等按原样式原工艺恢复,并结合新技术、新工艺的利用将拆解后的构件、材料进行修复、修补以达到原汁原味的效果。为减少轨道交通振动对历史建筑后续使用的影响,还可在复建的同时为历史建筑做基础隔震处理。

需要注意的是,拆解是出于保护或再利用目的,在真实性原则、价值原则、保护现存实物原状与历史信息的原则、可识别原则、尽量减少干预原则等的基础上而对建筑的各构成要素、材料所进行的分解。从原则上来讲,根据历史价值评估的结果,对明确要求保护保留的构件,必须按拆解方式进行,对无明确要求保护保留的构件,可按其进行拆除。顺序上,必须先进行拆解工作,再进行拆除,以确保需要保护保留构件的完整。程度上,根据所需要材料多少的不同,可实施完整地拆解或部分有选择性地拆解。拆解的最终目的是能将最大限度的材料获得最好、最高程度的再利用(图4-11)。[17]

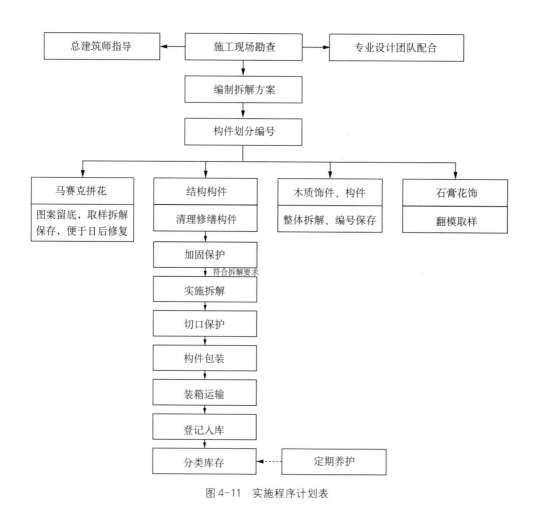

图 4-11　实施程序计划表

4.4　基于新技术的历史建筑风险防范

历史建筑保护领域的技术创新能够使历史建筑的人文特点和元素更好地保留和传承。历史建筑保护的技术大致可以分为三个方面:实时监控技术、物联网技术以及数字化技术。

4.4.1　实时监控技术

实时监控技术,即监控历史建筑损坏和日常消耗。在这一领域,国内外都有很多风险防控新技术的出现,并已尝试运用到历史建筑保护的实践中。

有学者提议用内置光纤布里荣传感器的"智能"碳纤维增强塑料来对历史建筑进行改造和监控,通过传感器的信息传递来实时监控历史建筑的损坏和日常消耗。对于传感器,国内有一项专利是关于近现代历史建筑瓦屋面防水保温改造及智能渗漏检测方法,在木望板上还布设湿敏阵列,湿敏陈列直接连接一个微型处理器系统。通过编码器,对湿敏阵列中的湿度传感器进行位置编码,以便微型处理器系统处理湿度传感器位置信息。这一技术能够运用于监测南方历史建筑雨水过多导致渗漏的情况。

在监测建筑物变形方面,利用三维扫描仪、倾角仪、静力水准仪及无线传输设备实时测量建筑物不均匀沉降及平面变形,实现无线传输、实时测量建筑物平面变形与地基不均匀沉降情况,测量结果具有较高精度,能够真实反映建筑物及特定构件的变形数据,减少人工作业,大幅提高检测效率和测量精度,解决现有变形监测手段精度较差、人工效率低、不能实时监测的问题。该技术可应用于历史保护建筑修缮及改建工程,实现建筑物变形的高精度、实时数据监测。

在监测火灾方面,一种新型建筑消防检测与维护设备应运而生,其中包括二维码扫描仪、通信模块、控制器、输入键盘、显示器。上述二维码扫描仪、显示器、输入键盘、通信模块与控制器实现电路连接,而通信模块与云端服务器采用无线连接。通过该项技术,操作人员能够方便地查阅并掌握历史建筑保护区域内设备的历史信息和实时信息,同时可实现对每个消防设备进行检测。

历史建筑灾损度测量技术则是又一种测量历史建筑损坏与日常消耗(称灾损)的方法。该技术使用无线传感器网络与图像识别技术结合,将历史建筑发生灾损的四个等级进行分类测量与统计,形成对历史建筑灾损状态的测量与记录。这一技术提供了快速便捷的历史建筑灾损状态测量方法以及所处灾损度的量化评估模型。历史建筑的状态测量,包括了对建筑状态与建筑空间的测量[18]。

4.4.2　物联网技术

物联网作为涵盖传感、网络、通信、计算、嵌入式等多种技术的综合技术,旨在依靠多种信息传感设备采集信息,借助各种网络实现物与人、物与物之间的交互,进而实现对物品的智能化监控和管理,最终达到万物互联。物联网技术在历史建筑保护中的应用,不同于以往历史建筑的被动保护,它强调的是基于信息采集、风险识别和风险评估等来确定历史建筑面临的风险因素,通过实时监测的方法及时降低或消除各种不利因素,满足监管人员的信息获取需要。其架构如图4-12所示,主要应用于历史建筑的安全监控、状态检测和环境监测等。系统主要分为三个部分:感知层、网络层和应用层。感知层的作用主要是通过传感器对物体、人员和环境进行监测;网络层则是将感知层所监测到的信息传输服务器端进行数据分析人员远程监测;应用层则是物联网与历史建筑保护利用的深度融合,确保对历史建筑的监管维护更加高效、全面和智能。

4.4.2.1　安全监控

对历史建筑的人为破坏与自然破坏屡有发生。有些人是为了眼前的利益,盗取历史建筑内的文物或有价值的藏品;大多数人则是不知道所破坏建筑属于被保护的历史建筑,对建筑进行拆除;少数人则图一时之快,对历史建筑等文化遗迹进行肆意污损和破坏,这些行为都对历史建筑造成了无法弥补的伤害。同时,火灾也是历史建筑面临的主要风险,火灾发生后若救助不及

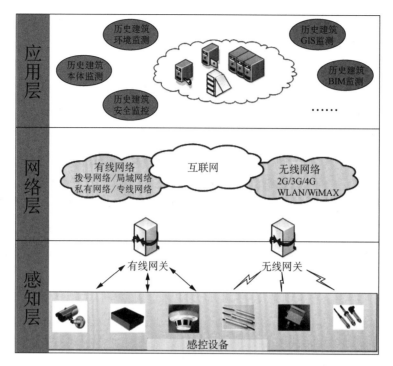

图 4-12 历史建筑物联网架构图

时则会对历史建筑造成巨大损失,造成无法挽回的后果[18]。为实现历史建筑的长久保留,让历史的记忆能够源远流长,在严格要求自己的同时,也要加强对历史建筑的安全监控,让我们的文化遗产能够传承。借鉴物联网技术在古建筑中的应用,可以将物联网应用于历史建筑的安全监控,内容主要包括安防监控和消防监控[19]。

1. 安防监控概述

安防监控主要包括视频监控、周界报警、门禁、巡更等方面的监测管理,主要防止非法闯入、人为破坏,监督和强化相关安全管理制度的执行。以计算机技术为主体的安全技术监测系统,电子元器件作为其信息载体,系统通过对各种传感器、采集器获得的信息进行分析、控制处理,使工作人员能够及时发现并处理警情,防止犯罪分子的盗窃、抢劫、破坏等违法行为。安防技术监测系统是人力监测与实体监测技术的强化与提升,对历史建筑的安防监测不断注入高科技力量,实时地对历史建筑进行监控,能更快、更准地把握犯罪分子的行动并对其进行处理,提高反应、预警、报警能力。

历史建筑的安防系统包括图像监控系统、入侵报警系统、出入口控制系统、电子巡更系统等部分。另外,安防系统也要遵守准确性、及时性和交互友好性原则。

2. 图像监控系统

现代智能图像监控系统应有以下特点:①与计算机系统紧密结合;②采用高清的摄像头;③摄像头具有计算能力;④摄像头之间可以相互协作;⑤支持无线网络通信。

由于历史建筑的特殊性,在历史建筑场所有时不允许钉钉子、开槽布线,所以在安防监控系统采用无线终端设备连入本地网络,将本地数据信息传输出去。为了掌握建筑现场的视频信息,目前采用的主要方式是设立监控点,根据监控点的情况安装相应的监控摄像机进行前端视频信息采集。图像监控系统主要由图像采集节点获取监测环境图像,图像通过网络发送到监测终端。通过图像监控系统可对人员进行定位,也可以得到环境的运行状态,判断是否有异常事件的发生。图像监控系统可分为两种,分别是数字系统和模拟系统。数字系统包括网络摄像机、交换机和后端网络设备三部分,模拟系统由模拟摄像机和数字硬盘录像机两部分组成。相比较而言,模拟系统技术相对成熟、运行相对稳定且成本相对较低。历史建筑的面积大、分布广、布控点数量要求多、古建筑的周边比较开阔等特点,要求图像监控系统以数字系统作为主要部分,模拟系统作为辅助部分来搭建,布控点摄像机的具体参数性质要根据所监控区域的性质、特点来确定,从而进一步确定摄像机的类型图像识别监控与物联网结合,能够提高监控的准确性和及时性[20-21]。

3. 入侵报警任务系统

入侵报警任务系统主要有以下几部分组成:①本地侵入检测系统;②现场视频传送系统;③平台视频录像,云存储系统。

本地侵入检测系统可以应用的侵入检测技术有次声探测、红外探测和智能视频入侵检测。后者可以通过智能分析系统去分析检测系统采集的信息来判断是否有入侵事件发生。现场视频传送系统,当判定有入侵事件发生时,系统将现场视频通过网络发送到有人为观测和管理的应用层。平台视频录像,云存储系统可以将入侵事件发生前后一段时间内的视频保存在云端,保持更高的证据保全能力。入侵报警任务系统的主要探测器有主动红外线探测器、被动红外线探测器、红外微波探测器、玻璃破碎探测器、视频入侵报警探测器。入侵报警系统由外围防护区、监视区、建筑防护区、重点部位防护区域构成。历史建筑的入侵报警系统设计要满足以下功能:监控中心能够控制各监控点,各个监控点能够实时反馈信息给监控中心;准确标记报警的区域、时间以及记录报警信息;由于地形的复杂性,可采用多种探测装置。明确监控区、防护区、禁止区的边界,相关区域设置门禁系统,对出入人员进行身份认证,并与图像监控系统结合,确保系统的稳定性与正确性。重点部分重点布防,并设有紧急报警按钮,遇紧急情况按下监控中心报警按钮,并向接警中心报警。

4. 出入口控制系统

出入口控制系统是古建筑安防系统不可或缺的组成成分。该系统主要功能是进行权限管理、记录存储人员出入的时间、特征、数量等信息并能对异常情况进行报警。以人脸识别、虹膜、指静脉等技术为代表的生物识别技术已经大量应用在控制系统中。出入口管理系统通过指纹录入和人脸识别的方式来实现。通过将采集现场人员的指纹和人脸信息传输到出入口控制系统,控制系统根据数据库中的人员信息情况作出回应。

5. 电子巡更系统

传统的人员巡更靠工作人员在巡更点记录签到,很难核实是否准确发现问题并及时处理问题,巡更得到的数据不能进行缺陷分析,所以不能预测古建筑是否会出现破损等现象。智能巡更系统的应用已越来越广泛,基本具备以下性能:①实时将无线数据上传到管理中心,保证数据的准确性与实时性,及早发现并解决问题;②电子巡检器不受外界环境影响,数据能长期保存;③管理中心能够对数据进行分析,提早预测古建筑的危险发生部位,并及时进行维护。

4.4.2.2 状态检测

状态检测是指整合局部在线检测分析,综合评估并诊断历史建筑的倾斜、沉降、振动、结构裂隙、移位、结构应变、渗漏、霉菌变化、表面风化、渗漏、色度变化等潜伏性危害,对历史建筑进行危害诊断。

历史建筑因年久失修大多会出现残损、沉降等问题,建筑物本体外形及内部结构均会发生较大改变。其中墙体裂缝、不均匀沉降、位移、倾斜、钢筋腐蚀、墙皮脱落、外墙砖风化、泛碱、渗漏、白蚁、植物病害等均为易生危害。建筑物的状态表明建筑物本体的健康状况,提前预知,及早采取干预措施是目前历史建筑保护最可行的方法之一,因此进行历史建筑的状态检测十分重要。

1. 倾斜监测

建筑物倾斜会直接影响建筑安全。历史建筑的倾斜监测分为整体倾斜监测、局部倾斜监测两种类型。历史建筑的整体倾斜监测,一般通过基于图像识别技术的结构变形监测技术实现。基于摄影图像识别的结构变形监测技术分为外业和内业两部分内容。外业是指利用专业的摄像机连续拍摄目标体的监测区域,获取并存储结构变形的数字信息。内业是指利用专用软件对结构变形数字信息进行处理与分析,再与初始的基准点比较,从而获得结构变形随时间变化的曲线。对于历史建筑本体的局部倾斜监测,一般是通过在历史建筑本体多个楼层的多个对称方位安装倾角传感器,通过测量局部层面的倾角变化,及时了解建筑局部的倾斜变化趋势,从而分析出建筑整体的安全状况。

局部倾斜监测主要利用倾角传感器。倾角传感器通常被用于系统的水平测量,按工作原理可分为固体摆式、液体摆式和气体摆式三种类型。固体摆式广泛采用力平衡式伺服系统,由摆锤、摆线、支架组成,其中摆锤受重力和摆拉力的作用。[22]

液体摆式倾角传感器的结构原理如下:假设在玻璃壳体内装有导电液,并有三根相互平行且间距相等的铂电极和外部相连接,当壳体位于水平位置时,电极插入导电液的深度相同,如果在两根电极之间加上幅值相等的交流电压时,电极之间会形成离子电流,两根电极之间的液体相当于两个电阻。当液体摆处于水平位置时,则阻值相等。当玻璃壳体倾斜时,电极间的导电液体积不相等,三根电极浸入液体的深度也不同,但中间电极浸入深度基本保持不变。在液体摆的应用中也有根据液体位置变化引起应变片的变化,从而引起输出电信号变化而感知倾角的变化。在实用中除此类型外,还有在电解质溶液中留下气泡,当装置倾斜时气泡会运动使电容发生变化而感应出倾角的"液体摆"。

气体摆式原理如下:气体在受热时受浮升力作用,热气流保持在铅垂方向上,具有摆的特性。气体摆式惯性元件由密闭腔体、气体和热线组成。在腔体所在平面相对水平面发生倾斜或者受到加速度作用时,热线部件阻值会发生变化。由于热线阻值与角度、加速度之间有函数对应关系,因此具有摆的特性。

2. 沉降监测

建筑本体沉降是影响历史建筑安全的重要因素之一。建筑沉降的定义为由于地基变形使建筑离开初始位置时沿重力方向移动的现象。历史建筑沉降的原因分为自然原因及人为原因:主要有自然条件及其变化,包括建筑地基的工程地质条件、水文地质条件、土壤物理性质、大气温度、地下水位的季节性和周期性变化等;其次为建筑物自身的荷载大小、结构类型、高度及外部动荷载影响;还有由于建筑物施工或使用期间一些不合理工作,或由于周围环境影响。

按沉降产生的原因,把建筑沉降划分为压缩沉降、湿陷沉降、牵引沉降和陷落沉降。压缩沉降是指处于地基底面的土层受建筑物、载荷的作用被逐层横向挤出及竖向压缩,从而使建筑物发生沉降的现象;湿陷沉降是指建筑区域地表水滞渗、地下水上升导致地基土层结构崩解,建筑物沉降;牵引沉降是指当建筑物发生压缩沉降过程中,受外部附加应力辐射影响产生强制牵引作用产生的沉降;陷落沉降是指由于地下开采过度造成的建筑地基陷落而发生的沉降。

历史建筑沉降监测分析主要包括数据采集、数据处理及数据管理三方面。历史建筑沉降监测主要通过静力水准仪对历史建筑进行数据采集监测。静力水准仪原理是,贮液容器由通液管连通,贮液容器内为注入的液体,当液面处于完全静止状态时,系统内所有连通容器内液面处于一个大地水准面上。此时,各容器液位由传感器测出。当被监测历史建筑周围存在变形稳定的建筑物时,在被监测建筑上安装静力水准仪,同时在变形稳定建筑体上安装1~2个静力水准仪,通过溶液连通管等连接成一个管路。被测点相对于基准点产生的竖向位移变化量称为绝对沉降,其中基准点为变形稳定历史建筑上的静力水准仪。[23]

3. 承重结构监测

历史建筑的承重结构监测主要是对历史建筑的关键部件进行应力-应变、裂缝等方面的监测。

1) 关键部件应力-应变监测

历史建筑结构中的梁、柱等作为关键结构件,其应力-应变发生变化会影响到建筑整体结构的安全。对梁、柱等关键部件进行应力-应变实时监测,以保证建筑本体的稳定及安全十分必要。这项监测大多使用光纤光栅传感器来进行数据采集。通过对采集来的数据进行实时分析,得出关键结构件的应力-应变发展态势,根据设定好的预警方法达到预警目的。

对于历史建筑,可在结构表面开凿再由黏结剂铺设分布式光纤传感器,形成表面式光纤传感器。黏结剂可选用环氧树脂等柔性黏结剂,也可采用水泥砂浆等弹性模量较大的黏结剂。光纤光栅传感器原理如下:短周期光纤光栅属于反射型带通滤波器,长周期光纤光栅属于透射型带阻滤波器。光通过光纤光栅,光纤光栅将以布拉格波长 λ_B 为中心波长的窄谱分量反射或透射其中,对于光纤布拉格光栅,波长 λ_B 是入射光通过光纤布拉格光栅时反射回来的中心波长。光纤光栅反射中心波长或透射中心波长与介质折射率有关,在温度、应变、压强、磁场等一些参数变化时,中心波长也会随之变化。通过光谱分析仪检测反射或透射中心波长的变化,就可以间接检测外界环境参数的变化。[24]

2) 关键部件裂缝监测

历史建筑关键部件产生的裂缝不易被发现,但它是影响建筑寿命的重要因素之一。随着光纤传感技术的发展,分布式光纤传感技术在结构裂缝监测方面的优势明显,它可以同时测量空间中多个点的环境参数,甚至能测量空间连续分布的环境参数。对于大型重要部件,其损伤的开展存在较大不确定性,传统的"点式"传感器难以准确反映部件的损伤信息,分布式光纤传感技术的发展应用很好地实现了土木结构的分布式监测。[25]

历史建筑关键部件裂缝监测的另一种方法是利用数字化的图像识别和处理技术,对裂缝进行数字化比对分析。主要步骤为图像的自动化采集、图像预处理、图像分割以及裂缝图像分类,利用摄像机对被监测构件进行实时照片采集,传输至图像处理平台,利用图像识别技术对图像进行识别、特征提取,将图片信息数字化,对比实现对裂缝变化的实时监测。由于天气、光照等原因,采集的历史建筑图像的灰度值受光照的影响严重,在分割图像时很难准确提取出裂缝图像,设备拍摄得到的照片并不能直接用于裂缝处理分析,影响分析工作精确度。因此需要对采集到的图像进行初步处理,即噪声处理,增强裂缝的能量与辨识度,使裂缝提取工作更准确。

将采集的裂缝目标从图像中分离出来,以达到图像辨识和分析的目的,实现在此基础上对裂缝进行分类识别。裂缝具有不同的方向,可以应用不同的算法进行处理。横向裂缝可用两列相减的方法;纵向裂缝可用两列相加的方法,计算出其灰度值并判断该值所处阈值,通过计算和判断,确定该单元的图像是否是裂缝区域,并通过线性拟合描绘出该线。分割算法的好坏,要考虑到分割的质量和算法的速度,分割质量的好坏直接影响到识别率;能够分割出细小裂缝、运算快的分割算法一直是学者们致力探索的方向。

经过分割和判别提取出裂缝的大概轮廓图。通过对这些图像裂缝特征的提取,根据裂缝的分割后小区域计数、骨骼化、几何形状特征等方面对建筑本体损坏图像进行分析,得到裂缝的长度、宽度、面积、裂缝类型。

4. 渗漏监测

对于一些位于江河湖边的历史建筑,由于临水而建,常年渗漏的发生有时是不可避免的。渗漏会锈蚀钢筋,影响建筑本体的结构强度,进而危害到历史建筑的保护工作。建筑本体渗漏监测方法的发展日趋完备,监测技术从简单到复杂,由粗略到精确,从点式监测到线性与立体观测,新方法和新技术的应用使渗漏监测更趋于科学化、标准化和智能化。传统方法主要有电容、电位、电磁传感器、地质雷达探测、GPS红外线成像技术,目前应用最多的是光纤、光栅实时监测技术。

建筑内部发生大规模渗漏会引起周围环境温度的变化,通过温度监测来监测渗漏被认为是一种有效的监测手段。渗漏引起温度场的变化是大范围的随机事件,传统的点式监测容易产生漏检和定位误差大的缺点。分布式光纤测温系统能够适合这种特殊的要求,能对温度场实施长期实时监测。分布式光纤传感器以光纤作为探测监测体内部的传感器,通过获取光纤上每一点的信息,实现分布式测量。光纤因为质量轻、柔韧性好、耐腐蚀、不受电磁雷电干扰、施工简单、费用低廉等优点在监测工作中得到很大的青睐。[26]

光纤分布式测温系统主要利用光纤中激发的自发拉曼光谱中的反斯托克斯散射光携带光纤各处温度信息的原理,并利用特殊的光时域反射计技术逐点获取光纤中自发拉曼散射信息来实现的。监测系统中,光纤既是传输媒体也是传感媒体,利用光纤后向拉曼散射的温度效应对光纤所在的温度场进行实时测量,利用光时域反射技术可以对测量点进行精确定位。当光纤跨越渗漏区时,较低的传导热传输被效率更高的平流热传输超越,渗漏区光纤温度分布出现异常,对该不规则区域的温度偏差量进行现场测量,便可以对渗漏通道进行定位判断,从而实现对建筑本体渗漏的监测。[27]

4.4.2.3　环境监测

对历史建筑进行环境监测,是缓解历史建筑面临的风险,实现历史建筑预防性保护和可持续利用的基础。历史建筑存在的过程始终伴随着各种各样的风险,尤其在社会高速发展的今天,各种已知以及未知的风险,是导致历史建筑各种损坏甚至毁灭的直接原因。因此,历史建筑的环境监测是降低或者消除历史建筑面临风险的重要基础工作。通过对历史建筑周边环境进行实时有效的监测,将为判断历史建筑的保存现状和发展趋势作出更为准确的判断,对可能发生的风险和损坏作出更迅速的反应,实现历史建筑的变化可监控、风险可预知、险情可预报、保护可提前的预防性保护管理目标。

1. 温度因素

温度是影响历史建筑生命的重要环境因素之一,一般温度以20℃左右为宜,偏高或过低的温度,以及急速的温度变化,都会造成历史建筑的材质破坏与变形。为保证物联网实时监测功能,则必须有温度传感器进行感知和数据输入。近年市场上常用的温度传感器有电阻式温度检测器(RTD)、热电偶、热敏电阻器以及具有数字和模拟接口的集成电路(IC)传感器。

(1)电阻式温度检测器(RTD)。当一边测量RTD的电阻一边改变它的温度时,响应几乎是线性的,表现得像一个电阻器。该RTD的电阻曲线并非完全呈线性,而是有几度的偏差,但却是高度可预测并可复验的。为了对这种轻微的非线性进行补偿,大多数设计人员都会对测得的电阻值进行数字化处理,并使用微控制器内的查找表以便应用校正因子。这种宽温度范围(−250℃～+750℃)内的可复验性和稳定性使RTD在高精度应用(包括在管道和大容器内测量液体或气体的温度)中极为有用。

（2）热敏电阻器。热敏电阻器是另一种类型的电阻式传感器。市场上有多种多样可用的热敏电阻器，从物美价廉的产品到高精度产品，不一而足。低成本、低精度的热敏电阻器可执行简单的测量或阈值检测功能。这类电阻器需多个组件，但非常便宜。如果需要测量宽范围的温度，将需进行大量的线性化处理工作，而且需要对几个温度点进行校准。为实现更高的精度，可用更昂贵且公差更紧的热敏电阻阵列来帮助解决这种非线性难题，但通常情况下这种阵列比单个热敏电阻器灵敏度低。

（3）热电偶。热电偶是由不同材料制成的两根电线的接点。热电偶的灵敏度相当低（在每摄氏度几十微伏的量级上），所以需要使用低偏移放大器来产生可用的输出电压。在热电偶的工作范围内，温度至电压传递函数中的非线性往往需要补偿电路或查找表。然而，尽管有这些缺点，但由于热电偶具有热质量很低且工作温度范围很宽泛的特点，仍非常流行，尤其适用于烤箱、水加热器、窑炉、测试设备和其他工业处理。

（4）IC 传感器。IC 传感器可在 $-55 ℃ \sim +150 ℃$ 的温度范围内工作，部分特制的传感器可在 $+200 ℃$ 的高温下工作。IC 传感器有许多好处，包括：功耗低；可提供小型封装产品（有些尺寸小到 $0.8~mm \times 0.8~mm$）；可在某些应用中实现低器件成本，等等。此外，由于 IC 传感器在生产测试过程中都经过校准，因此没有必要进一步校准。它们通常用于健身跟踪应用、可佩戴式产品、计算系统、数据记录器和汽车应用。

2. 湿度因素

湿度是影响历史建筑的另一个重要的环境因素，与温度相比，湿度破坏力表现在滋生白蚁和增加木材的含水率两个方面。白蚁对水的依赖性大，其取水主要有两种形式，一种是从水源取水，另一种就是从土壤或者潮湿的材料中获得，这决定了它们一般蛀蚀在建筑物的地面，或者接近水源附近。另外，木材的含水率增加也导致虫害发生的可能性会大大增加。历史建筑大都采用木架构作为主体结构，各部分的榫卯结构都十分讲究，通过提高其强度增加了建筑在地震中的损害，而木构件的榫卯部位发生了腐蚀、虫蛀和菌斑现象后，会大大地降低建筑的整体强度，引发一些不可修复的损伤。通过湿度传感器可以实时有效地监测历史建筑周围的湿度值，防止建筑的损坏。[28]

湿度传感器主要分为电阻式和电容式两种类型。其中，湿敏元件是最简单的湿度传感器。湿敏电阻的特点是在基片上覆盖一层用感湿材料制成的膜，当空气中的水蒸气附着在感湿膜上时，元件的电阻率和电阻值都发生变化，利用这个特性即可测湿度。湿敏电容一般是用高分子薄膜电容制成的，常用的高分子材料有聚苯乙烯、聚酰亚胺、酪酸醋酸纤维等。当周边环境湿度发生变化时，湿敏电容的介电常数会发生变化，是其电容量发生变化，其电容量与湿度成正比，从而测出湿度值。

3. NO_x，SO_2 因素

大气污染对动植物及人类造成危害的事例，已经屡见不鲜，近年来对建筑的危害也随着污染的程度不断增强而越来越明显。大气中的有害气体主要是引起温室效应的燃煤、汽油、柴油燃烧时产生的 NO_x，SO_2 等酸性氧化物。大气污染对建筑的危害常以酸雨、雾、尘三种方式出现。酸雨会破坏建筑物外墙，并且一切外露的机器、物件都会因为酸雨而显著缩短寿命；雾因其细小而无孔不入，历史建筑中除木架构外还有一部分是由黏土烧制而成的青砖构成，因此含有有害尘屑及溶解有害气体的酸雨可以进入青砖内部，其危害大大超过酸雨。

1）SO_2 传感器

在大气环境监测中，SO_2 是酸雨、酸雾形成的主要原因，而传统的检测方法复杂。Carballor 等制备了聚卟啉合镍配合物修饰玻碳电极，该修饰电极制作方法简单，制备成本低，与流动注射分析技术联用，能快速有效地检测出 SO_2 含量，检出限值达 0.15 mg/L。Marty 等将亚细胞类脂类固定在醋酸纤维膜上，与氧电极制成安培型生物传感器，可对酸雨、酸雾样品溶液进行检测。传感器中微粒体在氧化亚硫酸盐的同时消耗氧，使氧电极周围的溶解氧浓度降低，从而产生电流变化，间接反映出亚硫酸盐的浓度。该传感器响应迅速，约 10 min 即可得到稳定结果，测定结果重现性好、准确度高。当亚硫酸盐浓度低于 3.4×10^{-4} mol/L 时，电流与亚硫酸盐浓度呈线性关系，其检出限为 0.6×10^{-4} mol/L，但类脂质只能在 37℃ 使用和保存 2 天，仅供分析 20 次。此外，还有用硫杆菌属和氧电极制成用于测定 SO_2 的微生物传感器，其中以噬硫杆菌和氧电极制作的生物传感器较稳定。[29]

2）NO_x 传感器

空气污染物中主要的氮氧化物为 NO 和 NO_2。NO_2 在氮氧化物中反应最强，是光化学烟雾的主要成因。各种矿物燃料燃烧时会形成 0.1%～0.5% 的 NO 与少量的 NO_2，稀释放到大气后 NO 氧化为 NO_2。监测 NO_x 的生物传感器国外已有报道，它是利用氧电极生成一种特殊的硝化杆菌，此硝化杆菌以亚硝酸盐作为唯一能源。即当亚硝酸盐存在时，硝化杆菌的呼吸作用增加，氧电极中溶解氧浓度下降，从而测出 NO 含量。由于硝化细菌以硝酸盐作为唯一的能源，故其选择性和抗干扰性相当高，不受挥发性物质或难挥发性物质的影响，同样通过氧电极电流与硝化细菌耗氧之间的线性关系来推导亚硝酸盐的浓度。当亚硝酸盐的浓度低于 0.59 mmol/L 时，有良好的线性响应，检测限为 0.01 mmol/L，标准偏差为 0.01 mmol/L，测定的相对误差为 4%。Charlesp 等用多孔渗透膜、固定化硝化细菌和氧电极组成微生物传感器，用此传感器测定样品中的亚硝酸盐含量，可间接测定空气中 NO_x 的浓度，其检出限为 1×10^{-8} mol/L。

4. 风力因素

历史建筑的屋顶多为瓦片贴合而成，若风力太大不仅会吹损屋顶的瓦片，更有可能吹塌整个房屋，同时风也会风蚀历史建筑。因此，监测风力的大小便可以提前预估历史建筑的受损结果。

目前，较为流行的风速测量仪器有热式风速仪、恒温风速仪和恒流式风速仪等。

1）热式风速仪

热式风速仪是用来测量气流速度的仪表,因其测量准确度高、使用方便、测量范围宽、灵敏度高而被广泛应用。热式风速仪是采用量热式原理测量风速的,主要由风速探头及测量指示仪表两部分组成。就结构有热球式和热线式,就显示形式有指针式、数字式等不同类型,但按照工作原理只有两种,即恒流式和恒温式。恒流式是给风速敏感元件恒定电流,加热至一定温度后,其随气流变化被冷却的程度为风速的函数;恒温式是给风速敏感元件电流可调,在不同风速下使处于不同热平衡状态的风速敏感元件的工作温度基本维持不便,即阻值基本恒定,该敏感元件所消耗的功率为风速的函数。

2）恒流式风速仪

恒流式风速仪的风速探头是一敏感部件,当恒定电流通过其加热线圈时,其敏感部件内,温度升高并于静止空气中达到一定数值。此时,其内测量元件热电偶产生相应的热电势,并被传送到测量指示系统,此热电势与电路中产生的基准反电势相互抵消,使输出信号为零,仪表指针也能相应指于零点或显示零值。若风速探头端部的热敏感部件暴露于外部空气流中时,由于进行热交换,此时将引起热电偶热电势变化,并与基准反电势比较后产生微弱差值信号,此信号被测量仪表系统放大并推动电表指针变化,从而指示当前风速,或经过单片机处理后通过显示屏显示当前风速数值。

3）恒温风速仪

恒温风速仪则是利用反馈电路使风速敏感元件的温度和电阻保持恒定。当风速变化时热敏感元件温度发生变化,电阻也随之变化,从而造成热敏感元件两端电压发生变化,此时反馈电路发挥作用,使流过热敏感元件的电流发生相应的变化,从而使系统恢复平衡。上述过程是瞬时发生的,所以速度的增加就好像是电桥输出电压的增加,而速度的降低也等于电桥输出电压的降低。

5. 光照强度因素

我国历史建筑以木构建筑为主,油饰彩画作为木构建筑的重要组成部分,不但具有装饰作用,更是显示建筑等级和使用功能的标志。不仅具有极高的艺术价值,还承载着不同的历史文化信息,反映各个历史时期的政治、经济、文化、技术特点和水平,对于历史建筑的研究与传承有着重要的意义。但是由于光照中长短波辐射的氧化作用,历史建筑的油饰彩画会产生褪色、粉化、开裂、卷皮、脱落等老化形态。因此,监测历史建筑周围的光照强度并采取相应措施可以实现对建筑上的油饰彩画的保护。[20]

光照传感器是一种用于检测光照强度(简称照度)的传感器。照度传感器采用热点效应原理,使用对弱光性有较高反应的探测部件,这些感应元件其实就像相机的感光矩阵一样,内部有绕线电镀式多接点热电堆,其表面涂有高吸收率的黑色涂层,热接点在感应面上,而冷接点则位于机体内,冷热接点产生温差电势。在线性范围内,输出信号与太阳辐射照度成正比。

6. 振动因素

根据振动影响程度的大小,历史建筑表现为墙皮剥落、墙壁龟裂、地板裂缝、基础变形和下沉倾斜等形式,严重的可导致倾覆倒塌。建筑物受振动影响程度大小与多种因素有关,主要因素有:①振源的幅频特性;②振源至建筑物的距离和振动传播介质的特性;③建筑物的建筑类型和陈旧程度等结构特性;④建筑物整体及各个部分(如柱、梁等)响应特性。根据以上所述,监测振源的具体位置和振动特性可提前制定应对措施,达到保护历史建筑的目的。

工程上,用来测量振动的方式很多,总结起来,原理大多都采用以下三种:

(1)机械式测量方法:将工程振动的变化量转换成机械信号,再经机械系统放大后再进行测量、记录,常用的仪器有杠杆式测振仪和盖格尔测振仪,这种方法测量频率较小,精度差,但操作起来很方便。

(2)光学式测量方法:将工程振动的变化量转换为光学信号,经光学系统放大后显示和记录。激光测振仪就是采用这种方法。

(3)电测方法:将工程振动的变化量转换成电信号,经线路放大后显示和记录。它是先将机械振动量转化成电量,然后对其进行测量,根据对应关系,知道振动量的大小,这是目前应用最广泛的震动测量方法。

4.4.3 数字化技术

常见的数字化技术有三维扫描技术、BIM 技术、GIS 技术等,这些技术应用在历史建筑保护中能帮助管理人员更加全面地记录历史建筑的详细信息,便于对其进行精确存档以及后期各类信息分析展示,在给历史建筑的修缮复原等带来实质性帮助的同时,为管理人员对历史建筑的保护利用提供了更加多样的方式。[30]

1. 历史建筑损害程度的测量技术

国际上,激光检测技术的应用领域日趋广泛,其中一种应用就是将地面激光扫描技术与数字图像处理技术相结合,从而研究历史建筑石质材料的损伤情况。研究人员用三种不同技术规格的地面激光扫描仪的强度数据进行测试,采用无监督分类算法对激光扫描设备获取的三维信息进行二维强度图像分类。结果表明,利用地面激光扫描仪的强度数据可以识别和表征历史建筑材料中某些潜在的病害。

激光检测技术还能用于测度历史建筑的地震脆弱性。利用激光扫描技术获得建筑结构的精确几何形状,并考虑到所有的几何因素,基于这些信息实现整个结构的三维有限元模型,研究结构的抗震性能的非线性动态分析。这样就能对不同的历史建筑进行单独分析。

对于砌体结构,有学者提出了运用声发射检测技术(Acoustic Emission, AE)对历史砌体建筑物进行损害检测,它是利用检测应力与应变状态来进行分析的一种无损检测方法,该技术最初运用于工业钢结构研究。

2. 三维扫描技术

以往历史建筑资料的采集一般都采用传统的测绘与摄影、录像等结合的方法,这种方法往往需要大量的人力、物力和时间,在完整性和准确性上也存在着很大的局限性,特别是对于一些形状奇特、表面复杂的历史建筑结构,用这种常规的方法存在很大弊端。三维扫描技术的应用可以记录真实和完整的历史建筑现状信息,实现建筑数字化的永久存档;也可以根据获取的建筑现状信息,完成建筑的病害调查、数据分析等勘查工作,为后续的历史建筑修复与保护工作提供可靠的参考建议;通过相应的数据处理软件将获取的历史建筑三维数据进行后期处理,建立历史建筑三维模型,获取立面图、剖面图等相关资料,为历史建筑保护修缮工作提供可靠的基础数据;对修复的文物现状信息进行数字化保存,构建三维数字化模型,实现文物的虚拟展览。

1) 三维扫描技术介绍

(1) 分类。三维扫描技术是集光学、电学、计算机技术于一体的高科技,主要针对物体的形态与结构进行扫描,获得物体的实际坐标,掌握物体的一定参数,测量精度较高,速度较快。按照所使用的三维扫描技术的不同,三维扫描系统可以进行不同方式的分类。按照是否接触被测物体,三维扫描系统可以分为接触式和非接触式两类;按照扫描使用的介质,可以分为激光扫描系统和非激光扫描系统;按照扫描的范围大小,可分为大场景扫描系统和普通扫描系统;按照扫描系统是否同时获取纹理信息又可分为普通三维扫描系统和彩色三维扫描系统。在对历史建筑进行三维扫描时,主要使用非接触式三维扫描系统,再根据文物的大小选择精度和扫描现场合适的三维扫描系统,比如,针对一般的建筑结构可以选择普通的三维扫描系统,而针对大范围的建筑区域数字化任务时,则需要采用大场景的三维扫描系统。在历史建筑的数字化过程中,有些建筑的花纹繁复、结构复杂且材质多样,需要在记录三维信息的同时,记录其表面纹理信息,彩色三维扫描系统满足了这种需求,减少了历史建筑数字化的工作量。[31]

(2) 原理。三维扫描的核心原理是激光测距,即扫描仪通过发射和接受激光,测量两点间激光传输所需的时间求得间距。对扫描对象表面进行密集多点测距,从而获得扫描对象的完整三维空间信息。因扫描对象的不同,市场上推出的三维激光扫描仪种类繁多,应用也相当广泛。扫描对象小至笔尖,大到汽车、房屋建筑等。扫描获得的数据以点的形式存在,由于每次扫描时获得的点的数量相当巨大,且有组织的存在,这样的点集被形象地称为"点云"(point cloud)。点云文件能以切片浏览、表面处理和三维建模等使用方式满足数据处理人员的需求。

(3) 流程。基于目前的三维扫描技术,可对部分历史建筑结构进行三维扫描得到其外观的点云数据,并利用软件进行后期处理,进而可获得文物的CAD立体模型,还可利用图形处理技术,在立体模型表面上贴图,使获得的数字化模型更逼真。基于三维扫描技术的历史建筑数字化流程如图4-13所示。

2) 三维扫描技术应用

大连旅顺原关东总督府在沙皇统治时期为旅顺市营旅馆,日俄战争中曾为沙俄兵营。1906

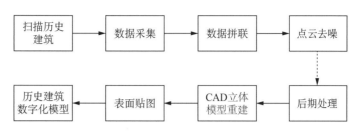

图 4-13　历史建筑数字化流程

年,日本将关东总督府迁至此,改名为关东都督府。此建筑的风格是以沙式巴洛克风格为主,典型的"横三竖五"式立面布局,大量采用圆形券拱门窗及过廊造型。从整体上看,建筑主体敦实厚重,外观造型轻灵华美。为实现建筑的数字化存档以及后续修缮,主要进行了以下工作。[32]

（1）调研及数据获取与预处理

首先,实地考察基地情况,进行多组照片不同角度的拍摄整理,分工合作对该建筑进行测量。先用卷尺、激光测距仪等工具测量内部长宽高,绘制平面、剖面和内部细部测绘稿。

然后,利用激光三维扫描仪对立面及其外部细部进行测绘并处理数据,以电子格式储存在 SD 卡内。在整理过程中,激光三维扫描仪有两个弊端:一是其测绘原理导致的。光线有沿直线传播的特性,由于三维扫描仪在同一立面扫描过程中不能移动,所以产生了由于树木、人员等障碍物以及建筑立面自身凹凸的遮挡发生点云盲区。在盲区里没有准确的数据,只能通过测绘者的经验与实际照片结合进行绘制整理。二则为激光三维扫描仪自身的技术因素导致的,在处理数据时有一定的时间局限性,关东府立面点云数据共 13 组,每组平均耗时约 30 分钟。

最后,对测绘结果进行校核统计。一方面将测绘稿和对应数据以及现场照片等资料在 AutoCAD 软件平台上进行绘制,生成了平面、剖面和内部细部,此次的绘制精确到毫米。另一方面对得到的电子数据后续处理与加工,在点云数据的基础上,在 AutoCAD 平台上,进行删减、蒙描,或通过捕捉点直接绘制生成立面及细部。图 4-14 为仪器测绘图纸,图 4-15 为测绘点云数据。

图 4-14　仪器测绘图纸

图 4-15　测绘点云数据

（2）古建筑物三维重建

通过对点云数据的处理，进一步进行古建筑物三维重建，对获得的模型进行多方位修复；接着将生成的模型导入 sketch up 中进行进一步的材质编辑。图 4-16 为实景合成效果图，图 4-17 为 Rhino 软件电子模型图。

3. GIS 技术

1）介绍

地理信息系统（GIS）又称为地学信息系统，是一种为了获取、存储、检索、分析和显示空间定位数据而建立的计算机化的数据库管理系统（1998 年，美国国家地理信息与分析中心定义）。这里空间数据是指采用不同方式的遥感与非遥感手段所获得的数据，它有多种数据类型，包括地图、遥感、统计数据等，共同特点是都有确定的空间位置。地理信息系统的处理对象是空间实体，其处理过程正是依据空间实体的空间位置与空间关系进行的。

图 4-16　实景合成效果图

图 4-17　Rhino 软件电子模型图

GIS 主要由 5 部分组成，系统硬件（主机、录入设备、输出设备和数据存储设备）、系统软件（GIS 专业软件、计算机相关软件）、其他支撑软件和分析应用程序、应用人员、分析模型。

2）基本功能

（1）数据的获取。包括数据的采集与输入，即将系统外部的原始数据传输到系统内部，并将它们从外部格式转换为系统能够识别和处理的内部格式存储于系统的地理数据库中。

GIS 所需的原始数据分为空间数据和属性数据两类。空间数据是指图形实体数据，常采用的输入方法有键盘输入、利用数字化仪和扫描仪进行数字化和扫描化等。属性数据是指空间实体的特征数据，一般采用键盘输入。现在人们正试图将遥感（RS）、全球定位技术（GPS）和地理信息系统相结合，这就为 GIS 的数据获取提供了更先进、更丰富的手段，遥感数据和图像现已成为 GIS 重要的数据来源，而 GPS 可同时测定空间实体的三维坐标，并可在不同作业和处理方法的支持下达到各种要求的精度，这将推动 GIS 数据获取技术的发展。

（2）数据的存储与管理。GIS 数据分为栅格数据和矢量数据两大类。数据的存储，即是把这些数据以某种形式记录在计算机的内部或外部存储器上，目的是使计算机能够灵活、高效、快速地访问并处理，关键就在于如何建立记录的逻辑顺序并确定存储的地址。一般而言，GIS 系统都采用了分层技术，即根据地图的某些特征，把它分为若干层，整张地图正是所有层的叠加结果。这样用户操作时就只涉及某些特定的层，而不是整幅地图，因而系统能对用户的要求迅速作出反应。

GIS 数据管理包括图形库管理和属性库管理。根据图形数据的几何特点，可将其分为点数据、线数据、面数据和混合性数据 4 种类型，混合性数据是由点状、线状与面状物体组成的更为复杂的地理构件或地理单元。地图数据的一个重要特点是它含有拓扑关系，即网结构元素中结点、弧段和面元之间的邻接、关联与包含关系等，这是地理实体之间的重要空间关系，它从质的方面或从总体方面反映了地理实体之间的结构关系。图形数据的构模包括矢量数据模型和面片数据模型,而专题属性数据模型一般采用关系数据模型。

(3)数据的处理与分析。数据处理包括两方面的工作:一是对输入的数据进行质量检查与纠正,包括图形数据和属性数据的编辑、图形数据和属性数据之间对应关系的校验、空间数据的误差校正等;二是对输入的图形数据进行装饰处理,使其满足地理信息系统的各种应用要求,如对矢量数据的压缩与光滑处理、拓扑关系的建立、矢量栅格数据的相互转化、地图裁减及拼接等。

空间分析是地理信息系统的核心研究内容之一,也是其与计算机辅助设计(CAD)、计算机辅助绘图系统(CAC)的主要区别之所在。空间分析是指根据确定的应用分析模型,通过对空间图形数据的拓扑运算及空间、非空间属性数据的联合运算等各种操作运算来分析一定区域的各种现象,以获得更有效的数据或某一特定问题的解决方案。通过空间分析,GIS可以从已知的地理数据中发现隐含的重要结论,从而回答用户提出的问题。

(4)数据的显示与输出。即将用户所需的经GIS处理分析过的图形、数据报表、文字报告、数学数据以用户能够识别的形式灵活地显示出来。可以采用的输出设备有计算机显示器、打印机、绘图仪、照排机等。在输出之前一般还应进行数据校正、误差调整、平版排版及不同系统之间的数据转换等操作。

3)应用

近年来,GIS技术已经作为一种重要手段被应用到历史建筑保护规划中来。例如,2000年,敦煌保护工作研究处与美国的梅隆基金会共同设立了"数字化虚拟洞窟",至2000年年底,中国故宫博物院同日本的凸版印刷株式会社一同签订了"故宫文化遗产数字化的应用研究"合作协议书;同年,联合国教科文组织与东南大学建筑学院也合作成立了GIS中心,将GIS技术应用于历史文化街区的规划和保护管理中,进一步推广GIS在历史文化街区的保护和更新中的应用,例如基于GIS的南阁古村落保护规划研究和基于GIS的镇江西津渡历史街区保护管理信息系统研究就是东南大学GIS信息技术应用的典型代表。

另外,南京大学城市与资源学系也开展了基于GIS技术的苏州古城规划,同济大学设立的国家历史文化名城保护研究中心将GIS技术全面地应用在同里和西塘古镇的遗产保护中;清华大学建筑学院人居环境研究中心的史慧珍和党安荣进行了GIS技术在北京旧城保护研究规划设计的尝试。2003年,陕西省文物局对秦始皇陵区进行了GIS在文化遗产地资源管理中的应用研究;2005年,秦兵马俑博物馆与西安四维航测遥感中心合作,对正在发掘中的2号坑进行数字化三维建模;2006年,初步完成GIS在秦始皇陵区资源管理研究。北京清华城市规划设计研究院历史文化名城研究中心和清华大学建筑学院于2010年启动了基于移动GIS平台的历史文化名城、镇、村、街区建筑信息数字化采集系统构建工作,并已形成了较为成熟的产品。

运用GIS技术,从宏观方面可实现对历史文化街区的社会、经济、人口密度等各要素多因子叠加分析,例如,历史文化街区保护规划的环境危害预测和街区经济发展预测等应用。从微观方面可实现对建筑与院落的历史文化价值的评估,人口容量预算等更小层次的应用,主要以社会经济的图式化形式展现,或者根据历史文化街区的各种空间要素特征以相应专题图操作来进行。还可以运用图层叠加缓冲区以达到各种规划中最佳路径选择,实现对停车设施布置、公共开放空间格局规划的功能。

4. BIM 技术

1) 介绍

建筑信息模型(BIM)是利用现代数字化信息技术来表示建筑的物理特性和功能特性,其数字化信息资源是完全共享的,可以被工程各个参与方使用,能够为建筑的全生命周期中各项决策提供可靠依据。

BIM 技术起源于 20 世纪 80 年代的美国,随着计算机技术的飞速发展,在其诞生的短短 30 多年时间里,已经被澳大利亚、日本以及欧洲各国广泛采用。而我国的 BIM 技术起步相对较晚,随着信息化程度不断增强,越来越多的建筑相关单位开始将 BIM 技术应用到项目当中。

2) 特点

BIM 作为一项新兴的数字化技术,相比于以前传统的技术具有以下几点明显优势特征。

(1) 可视化。通俗来讲,可视化即"所见即所得",BIM 技术的实施是在可视化的环境中完成的。通过可视化技术,人们不需要去往现场,利用计算机便可以观察建筑的全貌和各种细节。

(2) 完整性。BIM 是以数字化表达建设项目的物理和功能特征,容纳着建设项目的全部信息,这个定义可以全面地诠释 BIM 的完整性。BIM 模型容纳着建设项目的所有信息,除去对建设项目进行拓扑关系解析及几何信息解析,其中还涉及对整个工程项目信息的解释。[34]

(3) 协调性。主要体现在两个方面:一方面是对 BIM 数据库作出的任何修改,都将实时地在其他所有相关联的地方作出相应调整,数据之间的协调具有实时性和一致性;另一方面,各个实体构件的关联显示以及智能互动。

(4) 通用性。BIM 模型中所有的数据信息只需要输入一次,便可在整个建筑项目的全生命周期中重复使用,完成信息的传递、交换和共享,实现了信息的通用性。避免了相同信息重复输入而出现的差错,大大提高了工作效率。

3) 应用

BIM 模型的核心是将历史建筑的各项参数录入到计算机中,建立起一个与现实建筑完全相同的虚拟模型。这个模型具有数字化、信息完备化等特点,包含建筑所有的数据信息,可以完全反映历史建筑的实际情况。相比于传统通过文字或二维图纸实现的数据记录,依托于 BIM 技术实现的信息收集则更易进行存储、查询、统计和利用,而且历史建筑信息模型的信息协同性和通用性较高,便于实现数据信息多方共享。要想利用 BIM 构建出一个完整的历史建筑信息模型,主要需要分为以下几个步骤。

(1) 历史建筑的信息采集。这是构建历史建筑信息模型的基础。历史建筑信息主要是依据测绘数据进行整合,测绘手段包括徒手测量和记录、数字影像记录、无人机拍摄、三维激光扫描等。一般需要获取的历史建筑信息包括但不限于建筑的室内外墙体、台阶、楼梯、门窗、室内的家居陈设和装饰品以及材料信息和工艺手法等。

（2）历史建筑信息模型的搭建。在完成信息的收集工作后，就要进行历史建筑信息模型的搭建。首先要将收集到的众多信息按照与模型搭建工作的关联性进行等级划分；之后再以原始设计意图和现状为依据进行历史建筑模型的搭建，并以此模型作为一个基础模型，后期可以继续不断调整并加入更多信息。

（3）历史建筑信息的表达。历史建筑信息模型是实现历史建筑信息数据查询工作的基础，有助于高效地开展历史建筑保护工作。历史建筑信息模型可以被看成是一个信息种类极其丰富的索引框架，随着点云模型和虚拟现实技术的出现，模型与信息之间形成了交互循环的信息网络，可以实现模型的关联以及信息的查找。而历史建筑信息的可视化，也为信息查新和数据提取提供了更为便利的方式。[34]

综上所述，基于 BIM 的历史建筑保护建立起了历史建筑信息模型，这一模型相当于历史建筑的一个庞大数据库，包含了关于历史建筑全生命周期的所有数据信息，其中包括建筑空间和结构信息、建筑材料信息、设备信息、工艺价值等方面。这一技术的应用极大地转变了历史建筑保护工作管理者的工作方式，让他们从以前大量孤立、抽象的海量文档中解放出来，使工作更加高效、准确。另一方面，历史建筑保护又是一项长期且复杂的系统工程，需要更加全面的团队合作。而 BIM 所提供的协同化概念，正好解决了这一难题。BIM 技术可以使各个专业团队沟通无障碍，各个专业无须进行格式转换便可以获取对应的信息，一旦工作中出现问题和矛盾，也能够及时发现并予以解决，减少了大量用于核对以及查找问题原因的时间，极大地提高了工作效率。

4.5　专项监测系统——布达拉宫雷暴监测系统

拉萨市年平均雷暴日数为 69.6 d，属于高雷暴区，其中心位置的布达拉宫相对高度 117 m，雷击风险大，极易引发火灾，给建筑物、文物及人身安全带来严重的威胁。西藏地区的雷电监测普遍只能依靠国家闪电定位网，整个西藏地区仅有 24 个闪电探测子站，而高原地区环境比较复杂，现有的业务网不能满足布达拉宫精细化雷电活动的监测。梁丽女士带领的中国气象局气象探测中心团队根据布达拉宫及周边地区雷暴预警需要，设计了一套集成大气电场观测子系统、闪电定位子系统及大气电场和闪电检测数据处理平台 3 个系统的综合性雷暴监测系统。[35]

大气电场观测子系统通过在布达拉宫周边以及邻近的羊达乡、聂当乡、达孜区安装部署 4 个大气电场仪来检测雷雨云团临近地表前电场强度、极性、陡度、极值变化。而闪电定位子系统则通过围绕布达拉宫的当雄站、尼木站、墨竹工卡站 3 个闪电探测子站站点，结合国家闪电网原有站点维护组，形成整体组网，全天候连续自动进行观测。通过各站点的闪电定位仪获得包括闪电发生的日期、时间、纬度、电流强度等在内的重要定位数据。前两个子系统将所有实时资料和数据统一发送至基于 Oracle 的大气电场和闪电监测数据处理平台,从而实现雷暴实时监测和预警以及历史数据检索、查询、统计分析等功能。

新的集成系统的应用仅在 2016 年就将全年定位地闪回击次数从 13 507 次提升了 43.7%,定位电流,尤其是弱电流闪电的精度也在各站点间提升了 24.5%～51.1%不等。监测能力的提升意味着雷暴风险防控能力的提升,为布达拉宫的安全存续保驾护航。

参考文献

[1] 吴美萍,朱光亚.建筑遗产的预防性保护研究初探[J].建筑学报,2010(6):37-39.

[2] 吴美萍.文化遗产的价值评估研究[D].南京:东南大学,2007.

[3] 吴育乐,候妙乐,石力文.文物古迹监测中空间信息技术应用的要点分析及实践探索[J].地理信息世界,2018,25(5):18-22.

[4] 罗颖,王芳,宋晓微.我国世界文化遗产保护管理状况及趋势分析[J].中国文化遗产,2018(6):4-13.

[5] 刘婷.从尼泊尔地震中的多方应急反应看风险社会下的文化遗产保护[J].西南民族大学学报:人文社会科学版,2018(10):8-15.

[6] 张又天.历史建筑密集区常见灾害影响及防灾策略研究[D].天津:天津大学,2013.

[7] 李宁,苏经宇,郭小东,等.文化遗产防灾减灾体系研究[J].中国文物科学研究,2011(6):48-51.

[8] 张逸芳.中国城墙预防性保护研究探索[D].北京:北京建筑大学,2019.

[9] 荣芳杰.从蓝盾计划到灾害管理:国际间文化资产的风险准备意识与行动[J].文化资产保存学刊,2010(12),43-56.

[10] 金磊.城市建筑文化遗产保护与防灾减灾[J].中国文物科学研究,2007(2):44-48.

[11] 张锋.特大型城市风险治理智能化研究[J].城市发展研究,2019,26(9):15-19.

[12] 张锋.妙手复原貌 齐心续文脉:"5·12"地震灾后文物抢救保护思考[J].四川文物,2011(4):3-9.

[13] 狄雅静,王其亨.日本建筑遗产保护工程报告书体系的启示:从柬埔寨吴哥古迹保护与修复工程谈起[J].新建筑,2009(6):63-67.

[14] 楼庆西.重读梁思成的文物建筑保护思想[J].中国紫禁城学会论文集(第四辑),2004(6):15-20.

[15] 上海市住房保障和房屋管理局,上海市房地产科学研究院,上海市历史建筑保护事务中心.优秀历史建筑保护修缮技术规程:DG/TJ 08—108—2014[S].上海:同济大学出版社,2014.

[16] 朱伟.基于层次分析法的基坑开挖对相邻历史建筑影响的风险评价[J].建筑施工,2016,38(7):860-862.

[17] 时筼仓,李振东,周祺.静安区丰盛里 E 幢(洋房)保留建筑拆解与复建的工艺探索与应用[J].中国房地产业,2017,31(12):1-3,6.

[18] 李杰.历史建筑保护中的结构安全与防灾[J].中国科学院院刊,2017,32(7):728-734.

[19] 闫金强.我国建筑遗产监测中问题与对策初探[D].天津:天津大学,2012.

[20] 向南,杨恒山,李晓武.历史建筑保护中物联网监测方案的探讨[J].湖南理工学院学报(自然科学版),2016,29(3):71-75.

[21] 王天鹏,马剑,李昭君.人工光照对中国古建筑油饰彩画影响的初步研究[J].照明工程学报,2005(4):

14-19.

[22] 张美珍,蔡松荣.鼓浪屿文化遗产地监测体系研究[J].遗产与保护研究,2017,2(4):1-7.

[23] 陈洋,林嘉睿,高扬,等.视觉与倾角传感器组合相对位姿测量方法[J].光学学报,2015,35(12):173-181.

[24] 仇春平,邱庆生,周鸣,等.建筑沉降监测方法及实践[J].矿山测量,2007(4):32-34.

[25] 杨兴,胡建明,戴特力.光纤光栅传感器的原理及应用研究[J].重庆师范大学学报(自然科学版),2009,26(4):101-105.

[26] 刘发水.分布式裂缝监测技术在桥梁上的应用[J].现代交通技术,2016,13(6):59-61.

[27] 韩永温,杨丽萍,张青,等.光纤测温技术在渗漏监测中的试验研究[J].勘察科学技术,2013(3):13-16,31.

[28] 肖衡林,周锦华.渗漏监测技术研究进展[J].中国水运(学术版),2007(2):87-91.

[29] 林松煜.环境温湿度变化对泉州古建筑保护的影响及其对策[J].城建档案,2005(2):42-45.

[30] 庞伟,祝艳涛,蒋雯菁.传感器在大气环境监测中的应用探讨[J].资源开发与市场,2012,28(7):583-585.

[31] 吴玉涵,周明全.三维扫描技术在文物保护中的应用[J].计算机技术与发展,2009,19(9):173-176.

[32] 臧春雨.三维激光扫描技术在文保研究中的应用[J].建筑学报,2006,(12):32-34.

[33] 贾宏禹,吕志鹏.基于三维扫描技术的文物数字化研究与实践[J].长江大学学报,2009,6(3):253-255.

[34] 季成然,杨喆雨,李思涵.基于三维扫描技术的古建筑数字构建与虚拟展示实验[J].住宅产业,2016,(11):60-63.

[35] 邢亮.BIM技术在历史建筑保护中的应用研究[D].吉林:吉林建筑大学,2017.

[36] 梁丽,雷勇,王志超,等.布达拉宫地区雷暴监测系统功能与设计[J].气象水文海洋仪器,2018,35(4):102-107.

[37] 吴玥.文化遗产保护中的风险管理原则[N].中国文物报,2016-07-22(006).

[38] 杨宇峤.历史建筑场所的重生[M].西安:西北工业大学出版社,2015.

[39] 丁夏君.城市边缘地带历史文化建筑的保护和利用[M].北京:中国建筑工业出版社,2014.

[40] 孙永生.广州历史建筑和历史风貌区保护制度研究[J].建筑学报,2017(8):105-107.

[41] 贾广葆.保护与利用历史建筑的若干建议:以大连为例[J].上海房地,2017(12):51-53.

5 历史保护建筑财务型风险防控工具

5.1 历史保护建筑财务型风险防控概述

大量国内外历史保护建筑利用的实践表明,城市历史建筑保护中面临的一项重大困难就是资金匮乏。资金的缺口不仅来源于历史建筑项目的规划、保护、修缮及运营工作需要大量资金的支持,也来源于历史建筑保护利用过程中自然损耗及灾害毁损所带来的巨额修复费用,前者属于财务风险,后者则属于自然风险。传统的依靠政府专项保护资金的模式已不能满足历史建筑的修缮和更新需求。因此,需要利用财务型风险防控工具做好事前财务资金安排,事中及事后及时提供资金补偿以弥补巨额修缮支出,推动城市历史建筑保护利用更加科学健康地发展。

5.1.1 财务型风险防控的定义

财务型风险防控是对无法控制的风险,在事前做好财务风险成本的防控措施。由于人们对风险的认识受许多因素的制约,有很多风险隐患是人们所没有意识到的或是人类知识所不了解的,对于这类风险我们不可能主动加以控制;各种控制型风险防控技术的实施也需要花费一定的成本,从成本收益的角度来看,还要衡量实施风险控制的成本是否和风险控制的效益匹配,如果成本大于效益,风险控制措施很可能是不值得进行的;另外,尽管采用了风险控制措施,但很多风险并不能完全被控制,有些风险一旦失去控制仍然会造成严重后果。为此,财务型风险防控就成为风险管理的又一道防线。

5.1.2 财务型风险防控的分类

具体来说,财务型风险防控工具包括风险自留和财务型风险转移两种。

5.1.2.1 风险自留

风险自留也称风险自担,是经济单位自己承担全部或部分风险的一种风险管理方法。风险自留有主动自留和被动自留之分。主动自留就是在发现风险因素后,有意识地选择自我承担。但往往很多风险我们并没有意识到,比如你站在一堵危墙旁边而浑然不知,因此没有采取任何防护措施,这种情况就属于被动自留。是否采取主动自留,应当要考虑经济上是否可行与合算。一般来说,在风险所致损失振幅及频率低、短期可预测以及损失上限不足以影响财务稳定时,可采用自留方法。

风险自留的具体方式主要包括建立损失储备基金和建立自保公司。

1. 损失储备基金

经济单位根据自己的经济能力和对可能的损失的预期,事先设立专项基金,一旦损失发生,可以用该基金来弥补损失而不影响其他资金的调配,从而尽早恢复正常经营和生活。比如,优秀历史建筑保护专项资金的设立就属于一种损失储备基金。

近年来,虽然国家财政投入到历史建筑保护工作的经费逐年递增,但历史建筑保护工作仍然面临着十分严峻的形势:第一,各种人为和自然原因导致文化遗产毁损现象非常严重,尤其是人为因素至今已越来越不可忽视;第二,历史建筑保护利用经费严重缺乏,资金来源渠道单一;第三,政府专项资金一般作为专款专用,资金使用效率极低,存在较高的机会成本。因此,对于城市历史建筑保护的相关部门或企业,设立这样的专项储备基金是十分必要的。[1]

2. 自保公司

自保公司(Captive insurer)是由母公司设立的下属子公司,专门从事本集团内部的保险业务。对于一些大型集团企业,自保公司是值得推荐的方法。其优点在于:可以减少和消除许多向外部保险公司购买保险时所需的费用,比如信息搜集的成本;自保公司在保费收取、赔款支付以及承保范围方面有很大的变通性,因为作为集团内部的公司,保费收取可以比较灵活,赔款也比较及时,可以先赔款再核赔,使受损企业尽快恢复生产经营;自保公司的投资收益归属于母公司,因此母公司可以享受到保险投资方面的好处;有些国家的法律将自保公司归入保险公司范畴,则自保公司可以享受到对于保险公司的一些税收优惠和减免;有些集团将自保公司设立在避税地或低税率国家,从而享受税收的减免和优惠;自保公司对集团的风险控制一般比较积极,由于有良好的风险控制措施,也使母公司在传统的保险市场上更具有优势,同时自保公司在再保险市场上也可以得到比较优厚的再保险条件。其缺点在于:自保公司的经营范围大多数局限于集团内部,因此其风险分散能力有限,承保中所积累的经验和技术也相对弱于专业保险公司。因此,大型集团企业除了通过自保公司购买保险外,一些自保公司没有能力经营的风险承保业务还是要从专业保险公司购买。

对于历史建筑保护领域,自保公司的运作方式目前尚未普及。自身已拥有自保公司的大型跨国集团,对于其集团名下的历史建筑产业,可以将其布置在自保的范畴内。

5.1.2.2 财务型风险转移

财务型风险转移是有意识地将风险损失导致的财务后果转嫁给其他人或其他主体承担的一种风险管理方式。财务型风险转移包括保险和其他一些非保险的财务型风险转移方式。这里,采用"转移"一词,并不是风险本身的真正转移,而是提供了一种损失补偿的方式,是一种经济上的转嫁。

1. 保险转移

保险转移就是通过购买保险将风险转移给保险人。只要向保险人投保并缴纳保险费,就可以获得可靠的安全保障。保险是风险管理中最常用的手段,但是,保险也并不是万能的,而只是众多风险管理手段中的一种。由于保险公司本身也需要风险控制和稳健发展,因此,很多风险保险公司并不能承保或者只提供十分有限的承保金额。

历史建筑保护的风险管理工作主要是以政府为主开展,包括消防管理、风险检查、保护规划等,在经费上有支持,人员上有配备,国内商业保险参与其中的程度并不高。国际上也是如此,对于不可移动的历史建筑商业承保的空间和力度不大。这有其客观原因:历史建筑一般难以用经济价值衡量,一旦灭失,具有不可逆性,非经济上能够轻易补偿,这点与普通商品不同;从历史保护和文化传承角度看,保险作为事后经济补偿功能的产品,其发挥作用空间有限;城市历史建筑的风险管理更多需要"防患于未然",事前措施重于事后补偿。不过,针对城市历史保护建筑,可以通过保险促进事前防范工作和保护手段的创新,从而将财务风险的转移控制在一定限度内,实现历史建筑保护单位与保险公司共赢的局面。[2]

2. 非保险的财务型风险转移

非保险的财务型风险转移是一种外部融资方式,用以支付事故发生时的损失及费用。在大多数情况下主要涉及的是第三方责任的经济赔偿问题,主要包括租赁和担保两种措施。租赁是通过出租财产或业务的方式将与该项财产或业务有关的风险转移给承租人,比如,租赁协议中约定,由承租人引起的财产损失或人身伤害,出租人不承担赔偿责任;担保是担保人和债权人签订担保合同,当债务人不按照约定履行债务偿还时,担保人按照约定履行偿还责任。

在一些可用于营运的城市历史建筑中,采用此类非保险财务型风险转移工具的情况并不少见。比如以租赁协议的方式获得一定期限内的经营权,协议中一般会要求承租人履行对历史建筑的保护责任和义务。然而在实践中,承租人往往更多地关注经济效益而忽视历史建筑价值的保护。

5.2　国内外历史建筑保护利用风险防控的融资模式

在历史建筑生产性保护利用的过程中,建筑保护与经济效益有着密切的联系。充足的资金有助于保护目的的实现;历史建筑只有得到充分的保护,其产生的经济效益才能为项目的进一步持续开发、经营、管理等提供有力的资金保障。综合前文所介绍的各类风险防控的财务手段,风险自留是城市历史建筑保护风险防控的重要工具之一。建立历史建筑保护的专项储备资金需要挖掘各种融资模式与资金筹集渠道。

5.2.1　国外融资模式

国外历史建筑保护利用的融资模式大致可以分为以下四类:政府主导投资;政府出台政策,鼓励企业自主运营;政府搭平台,直接使用民间资本、民间组织自筹保护资金等模式。

1. 政府主导投资，开展公益性或半公益性开发

政府主要通过以下三种方式为历史建筑保护利用提供融资：

（1）政府补贴。政府提供大量的或持续的财政资金补贴，这种模式适用于社会福利较好的地区，通过行政拨款、提供维修费、削减遗产税等给予补贴。

（2）编纂历史建筑档案目录。这样做的好处是，未经地方政府和国家遗产部门同意，任何个人或单位均不能擅自拆除或大规模改造历史建筑；但也有不足之处，比如产权人可能会忽视建筑的维护和保养，所以政府通常以补贴的方式鼓励维修。

（3）由政府签发规划许可证，同意改变建筑物的用途，以使其更加适用于融资再利用。日本北海道开拓之村的开发利用就是这一类模式应用的典型。

北海道开拓之村是一座野外博物馆，它是将当地 19 世纪中叶至 20 世纪初约 60 栋建筑物进行了复原，尽可能还原当时人们的生活场景。1983 年，该博物馆向公众开放，门票收入除用于日常管理开销外，大部分用于博物馆内各项建筑的维护整修。如今北海道开拓之村既是历史博物馆又是一个旅游景点，较好地兼顾了公益与经济效益。

2. 政府出台政策，鼓励企业自主运营，吸引私人投资

政府往往以法规进行行政干预，通过订立优惠政策吸引多方投资。例如英国伦敦道克兰码头的重新开发利用就是一个比较典型的案例。道克兰码头位于泰晤士河市区段的中下游，改造面积 22 km²。1981 年，成立了直属英国中央政府领导的开发总公司，该机构拥有土地权、法定规划权、一定的财产权和对外来投资者给予税收优惠的决策权。伦敦市政府通过提供优惠政策，吸引大量私人开发商的投资，达到了保护历史风貌建筑的目的。

3. 政府搭平台，直接使用民间资本

英国的国家遗产彩票制度使历史建筑及街区的保护利用达到无比空前的繁荣。该项制度开始于 20 世纪 90 年代，国家彩票由英国议会批准发行，其目的在于为艺术、体育、慈善等公益事业筹集资金。彩票制度通过公开招标获取经营许可证的形式进行运营，彩票销售资金按照约定好的分配比例在公益金、税金、零售商、运作费用等之间分配。每年英国政府从福利彩票中拨出一定经费用于历史建筑的修复和维护。运用这种模式保护利用的项目几乎都是规模比较大、造价比较高的项目。

日本也有类似的以筹措历史文化城镇保存事业费为目标的"历史文化城镇保存奖券""文化保护奖券"等，每年春、秋两季向全国发行，其收益由都道府县文化厅建筑科、历史文化城镇保存团体（全日本历史文化城镇保存联盟、全日本历史风土保存联盟、日本国家托拉斯等）等各方达成协议，作为历史文化城镇保存事业的专项经费而审慎使用。

4. 民间组织自筹保护资金

目前，国外民间组织在历史建筑的保护利用中起着积极甚至主要作用。民间资本进入历史建筑保护领域最主要还是出于经济利益的目的，资金来源极不稳定，组织运作也较为困难。爱

尔兰都柏林坦普尔街区的开发利用就是这一模式下的一个成功案例。

政府最初计划将坦普尔街区改造为交通枢纽，而该街区的企业家、社区组织、环保主义者和历史学家等成立了坦普尔开发委员会，对街区历史及现状进行了深入调研，否定了政府最初对街区的改造定位，并制定出详细的街区改造发展规划。民间组织的努力进一步促进了政府相关金融法令和坦普尔振兴与开发法令的颁布，其中包括租金补贴和减免、提供资金补贴等一系列经济激励措施，以鼓励商业重新安置或继续留在该地。此外，还成立了两家公司作为政府政策的执行单位，最终使整个街区重新焕发活力。

综上可见，历史建筑融资模式的多元化与政府制定的优惠政策紧密相关。为了更好地保护包括历史建筑在内的人类共同的历史文化遗产，各发达国家都逐步建立了政府资金援助法律制度。在英国，针对国内遍布的受保护建筑和区域，其法律规定，有关古建筑的修缮可以部分地得到财政上的资助，以便提高经济上的可行性。法国、德国、意大利等国对包括优秀历史建筑在内的历史文化城镇的保护非常重视，为此建立了专门的财源补助制度。法国在名城保护方面的财源补助制度包括住宅改良事务所补助金、不动产信用金库贷款、历史建筑保护地区不动产税优惠待遇等制度；德国的财源补助制度包括城市规划促进补助金、州信用贷款、银行低息贷款等；意大利则根据低工资居民住宅法对建筑产权人或使用权人给予补助金。日本则从税制入手，减轻房屋所有者的税负，仅以固定资产税为例，对国宝、重要文物、重要有形民俗文物、历史遗迹和名胜可不课税；对公益性设施，则有课税标准为其价格三分之一的优惠。美国的相关法律以《国家环境政策法》为核心，要求政府"作为当代人的环境受托人要为后代履行责任"，"要确保所有美国人生活在安全、健康、安居乐业、艺术和文化方面都令人愉快的环境之中"。实施执法方案的资金渠道主要有五条：来自某些税收（如所得税、销售税）而形成的拨款；征收污染税或费用；征收特定管理费；向申请许可证或执照的设施主人收费；审慎利用罚款所得资金，虽然美国各州已广泛认可其合法性，但联邦政府较少采取利用罚款来支付执法费用的方法。[1]

5.2.2   国内融资模式

国内历史建筑保护利用的融资模式主要有以下四种：政府直接投资；合作经营；政府政策引导民间资本进入历史建筑保护领域；民间组织自筹资金。

1. 政府直接投资

我国大部分文化遗产、历史建筑等均由国务院分批次公布名录，由文物部门、宗教部门、地方政府等直接投入保护、利用、修缮等资金。政府直接投资是一种最广泛和直接的保护方式，其保护利用比较系统，但运营管理缺乏灵活性，资金运用效率较低，后期运行维护方式单一，可持续性较差。

2. 合作经营

近年来，随着经济水平的不断提升，人们对旅游文化资源的需求急剧上升，催生了对历史建筑开发经营的热情。因此，我国开始逐步尝试将历史建筑的开发经营权从资产中剥离出来，然后通过协议方式将开发权出让给法人主体,使其在约定期限内按规定进行开发经营,具体的合作经营融资方式包括企业合资、股权多元化、租赁、承包和出让开发权等多种方式。目前这些形式已经得到了广泛应用。例如,1999年,绍兴将鲁迅纪念馆、蔡元培故居、周恩来祖居和兰亭在内的几乎所有文保单位纳入旅游企业,成立绍兴市文化旅游集团有限公司;2000年,山东曲阜成立曲阜孔子国际旅游股份有限公司,将"三孔"(孔庙、孔府、孔林)的经营权交给该公司。

3. 政府政策引导民间资本进入历史建筑保护领域

民间资本的引入可以采取多种形式,比如历史风貌建筑置换,或是民间企业引入商业资本。

历史风貌建筑置换,是指政府通过一系列激励政策,将历史建筑原有住户置换到新的合适地点,通过专业团队对历史建筑进行重新定位、设计与整修,最终招进适合建筑特色的新业主。同时,鼓励民间资本进入历史建筑保护领域,从而促进城市功能结构调整与优化。这一方式的典型案例有上海的"外滩房屋置换计划"。1995年,上海市政府迁出外滩,并成立了外滩房屋置换有限公司专门负责外滩优秀建筑的开发利用,使外滩建筑遗产的社会经济生命得以延续。

民间企业引入商业资本这一模式则主要运用在房地产开发过程中,由于民间企业在一定程度上能够较好地兼顾商业资本效率与建筑保护,在对历史建筑重新开发利用的过程中格外关注建筑本身的保护和区域空间的整体规划。上海"新天地"项目是一个将商业资本引入历史建筑保护中的成功案例,它将历史建筑、历史街区的改造变为一种开发行为,在完整保存其老建筑外立面的基础上,植入全新的功能,使怀旧成为一种新的时尚,人们在享受现代生活的同时,也能沉醉在历史文化的熏陶中,是历史建筑保护再利用的成功典范。[1]

4. 民间组织自筹资金

历史建筑的保护利用还可以通过民间募集捐款的方式扩大资金筹集的渠道,尤其是一些寺庙建筑,除了国家宗教事务局、国家文物局、风景管理局等政府部门的拨款之外,还有相关企事业单位的资助以及来自海内外人士的捐款等。这些资金的筹集和管理必须指定专门的部门或企业负责,比如一些宗教协会。

5.2.3 国内外融资模式的比较与创新

国内外历史建筑保护融资模式上有以下特点:

(1)通过对国内外历史建筑保护利用融资模式的分析了解到,国内外历史建筑保护利用工作都离不开政府的主导作用,这里包括国家以及地方政府两个层面。

(2)历史建筑保护利用的资金来源趋于多元化。政府通过拨款设立专项基金、直接投资进行公益性或半公益性的开发或出台鼓励政策引进民间资本等形式,实现多方投资共同参与,从而实现有效的开发利用,为满足城市历史建筑的现代功能,充分运用现代新技术、新材料,这无疑是保护利用的最佳途径。

(3)我国在历史建筑保护利用的融资模式上还可以进一步借鉴国外的成功经验,比如日本的彩票发行以及许多国家采取的税收减免及其他优惠政策。

此外,城市历史建筑保护利用中的融资模式还有很大的创新空间值得探索,比如 PPP (Public-Private Partnership,PPP)模式或资产证券化(Asset-backed Securitization,ABS)模式。

PPP 模式又称政府和社会资本合作模式,是指政府与私人组织之间,为了提供某种公共物品和服务,以特许权协议为基础,彼此之间形成一种伙伴式的合作关系,并通过签署合同来明确双方的权利和义务,以确保合作的顺利完成,最终使合作各方达到比预期单独行动更为有利的结果。PPP 是一系列项目融资模式的总称,包含 BOT(建设—经营—转让)、TOT(移交—经营—移交)、DBFO(设计—建设—融资—经营)等多种模式。政府与私人组织建立起"利益共享、风险共担、全程合作"的共同体关系,政府的财政负担得到了减轻,私人组织的投资风险得以减小。

ABS 融资模式又称资产支持证券,是以项目所属的资产为支撑的证券化融资方式,即以项目所拥有的资产为基础,以项目资产可以带来的未来预期收益为保证,通过在资本市场发行债券来募集资金的一种项目融资方式。对于城市历史建筑生产性保护利用的项目,未来能够持续产生较稳定的现金流,采用 ABS 融资模式可以很好地解决项目在规划、整修阶段的资金缺口,从而解决该类项目前期的财务风险。

5.3 历史建筑保护利用风险防控的保险机制

保险作为风险防控的重要手段之一,其最高境界并不是为了事后获得理赔,而是为了事前预防使达到减少事故灾害或使其不发生。当前,我国历史建筑保护相关的保险机制并不完善,相关的保险产品少有涉及。如何运用保险工具,使城市历史保护建筑更有效率地运作和获得充分保障,这一课题值得保险界深入研究,推动新形式保险创新机制产生和发展。

5.3.1 保险的功能
保险作为实现风险转移的金融工具,其功能主要包括保险保障、资金融通和社会管理。

1. 保险保障功能
保险保障功能即保险的经济补偿功能,是保险最基本的功能,也是保险业得以存在的基础。具体表现为财产保险的补偿功能和人身保险的给付功能。显然,城市历史建筑保护利用更多地涉及财产保险的补偿功能。

保险人在收取保费的同时,承诺在特定灾害事故发生或保险条件成立时给予被保险人补偿。通过保险的补偿,受损的组织或个人能够获得保险金形式的物质支持,企业能够尽快恢复经营,个人能够从痛苦的打击中走出来,从而使社会再生产得以正常运行。保险的这种补偿既包括对被保险人因自然灾害或意外事故造成的经济损失的补偿(财产损失保险),也包括对被保险人依法应对第三者承担的经济赔偿责任的经济补偿(责任保险),还包括对商业信用中违约行为造成的经济损失的补偿(信用与保证保险)。

2. 资金融通功能

资金融通功能是指将保险资金中闲置的部分重新投入到社会再生产过程中,从而发挥其金融中介作用。保险的资金融通功能体现在保险资金运动过程中。保险公司以收取保费的形式积聚大量的保险基金,由于保费的预先收取和保险金滞后赔付之间的时间差,使得大量资金以准备金的状态滞留于保险公司,因此,承保业务直接提供了投资业务的资金来源。为了保证所承诺的偿付能够在未来顺利实现,保险公司必须进一步做各种投资以求保值增值,于是,保险基金直接或间接地进入生产和流通领域,从更广泛的领域促进了社会生产和公共福利事业的发展。随着保险业在承保和投资两块业务的不断扩展,保险公司实际上已不仅仅是传统意义上的补偿性企业了,而成为兼有补偿和金融职能的综合性金融机构。但是,保险资金的融通应以保证保险的赔偿或给付为前提,坚持保险资金合法性、安全性、流动性和效益性的原则。

3. 社会管理功能

保险的社会管理功能不同于政府对社会的直接管理,而是通过保险保障功能和资金融通功能,促进经济社会的协调以及社会各领域的正常运转和有序发展。保险的社会管理功能是在保险业逐步发展成熟并在社会发展中的地位不断提高和增强之后衍生出来的一项功能。保险作为准公共产品,从社会保障管理、社会风险管理、社会关系管理以及社会信用管理这四个方面发挥着重要作用。尤其从社会风险管理功能来看,保险公司通过承接保险业务,长期积累了大量核保理赔方面的经验和数据,这些资料有助于对灾害事故的发生及造成的损失情况做进一步的统计分析,从而更科学地掌握灾害事故发生的规律,为企业、家庭和社会提供更有力的防灾防损工具;而从保险公司本身的利益出发,由于其承担了损失的赔偿责任,因此,保险公司也会定期派专人走访客户,提供风险识别、衡量和分析以及防灾防损的建议和意见,在一定程度上起到了监督投保人防灾防损的作用。目前,国际上一些保险公司的经营理念也在发生着质的变化,即不仅仅提供针对灾后损失补偿的保险产品,还提供灾前的防灾防损技术咨询及培训服务,使保险公司转变为真正帮助客户实现有效风险管理的公司;另外,保险公司在其保险产品的推广中,往往也采用一些鼓励性条款,促进投保人进一步加强防灾防损工作。此外,保险的理赔工作还大大提高了事故处理的效率,减少当事人可能出现的各种纠纷,为维护政府、企业和个人之间正常、有序的社会关系创造了有利条件,减少了社会摩擦,起到了社会"润滑器"的作用,提高了社会运行的效率。

综上所述,保险保障功能是保险区别于其他行业的最根本的特征。资金融通功能是在保险保障功能基础上发展起来的,是保险金融属性的具体体现,也是实现社会管理功能的重要手段。社会管理功能的发挥,在许多方面都离不开保险保障和资金融通功能的实现。同时,随着保险社会管理功能逐步得到发挥,将为保险保障和资金融通功能的发挥提供更加广阔的空间。因此,保险的三大功能之间既相互独立,又相互联系、相互作用,形成了一个统一、开放的现代保险功能体系。可见,在城市历史建筑保护利用领域,保险有着广阔的空间发挥其各项功能。

5.3.2 我国城市历史建筑保险现状

当前,我国历史建筑的风险保障主要以政府为主、商业为辅。中国人民财产保险公司(以下简称"人保财险")灾害研究中心从历史建筑的保护级别将其分为文物与非文物两类进行研究。列入文物的历史建筑是根据《中华人民共和国文物保护法》,经政府文物部门认定的建筑。非文物历史建筑指未纳入国家文物范畴,但具有历史、文化、科学价值的建筑。

政府各部门从法律法规、规章制度等层面给予了纳入文物保护的历史建筑详细的保护规定。从管理机构来看,历史建筑文物一般都由文物保护单位日常管理,由国家和地方财政进行拨款并对文物保护单位进行评级。这些历史建筑的保护在经费上有支持,人员上有配备,其风险管理工作主要是以政府为主开展,包括消防管理、风险检查、保护规划等。对于这一类历史建筑的风险管理更多需要"防患于未然",事前措施重于事后补偿。不过,针对此类历史建筑,国内保险公司也有一些创新型产品的探索。

1. 开发专项古建筑保险,用于承保维修费用

2012 年,人保财险就为配合苏州市政府古建筑保护工作,开发了国内首款古建筑综合保险产品,并在苏州地区推广。保障对象主要包括:一是国家或地方人民政府核定公布的文物保护单位或列为控制保护的建筑,如苏州四大园林;二是未列入上述名单,但具有历史、科学、艺术价值的民居、祠堂、义庄、会馆、牌坊等建筑物、构筑物等。[2]

与现代建筑相比,历史建筑物具有投保标的界限模糊、投保价值难以确定、费率厘定复杂、理赔处理手段特殊等特点,因此,历史建筑物综合保险具有如下特点:一是在界定承保范围方面,如上述"保障对象"所列,明确承保对象的清单;二是在投保价值标准方面,产品将保险金额定为估值投保,以苏州文保所评估的最高维修费用作为保险价值,避免由于估值问题导致的道德风险;三是在费率厘定方面,产品除了考虑常规因素外,还充分考虑了建筑物年代、建筑工艺、建筑材料、建筑保护级别等因素;四是在理赔处理手段方面,需要由拥有国家合格资质的专家、机构进行修复或恢复。

2. "财产保险＋历史建筑保护技术创新"综合保险方案

近年来,历史建筑保护的技术创新有了长足发展,为历史建筑保险的损失数据积累、保费的厘定和损害的预防提供了有力的工具。对于文物保护建筑,保险公司尝试推出与技术创新相结合的保险方案,如,2018 年 12 月人保财险宁波分公司推出的"财产保险＋动态监测服务"综合保险方案,首次承保了该市文物保护建筑范宅。

范宅是宁波市现存规模最大,保存最完整的明代住宅建筑,整体结构与部分装饰保存较好,并且有专门的物业管理机构和消防设施,但由于木结构占比较高、人流量较多等因素,存在一定的安全隐患和风险。

"财产保险＋动态监测服务"综合保险方案承保自然灾害和意外事故风险,也涵盖了游客在范宅游玩和购物时发生的各种意外情况造成需要范宅承担赔偿责任的风险;更重要的是,人保财险宁波分公司还委托专业的第三方机构,由具备相应资质的消防工程师和结构工程师对范宅

提供一年四次的房屋安全动态监测服务,包括用电安全、消防设施、排水系统、应急预案、制度规范等方面,同时还将出具包括沉降、倾斜、风化、虫蛀以及周围环境对范宅的影响等方面的动态监测报告,为政府相关部门监管提供决策参考,从而减少风险事故的发生。

对于未纳入文物保护的历史建筑,特别是其中一些用于商业用途的历史建筑,通常投保普通的企业财产险以及个人贷款抵押房屋综合保险等。这些情况主要集中在商业开发成熟的街区、古镇,建筑经过商业用途的改造,其装修装饰多用于经营用途,历史人文价值损失较严重。目前,此类建筑的风险保障可采用成熟的商业保险方案。

5.3.3　历史建筑保险实践——美国经验启示

美国的历史建筑保险主要是通过民间组织与商业保险机构的合作,挖掘历史建筑保护领域的各种风险和保障需求,设计出符合不同机构和群体、不同类型历史性财产的保单。本节仅介绍美国国家信托保险服务有限责任公司(National Trust Insurance Services,NTIS)提供的保险产品。

NTIS 成立于 2003 年,隶属于一家私营的非盈利性组织——国家历史保护信托基金会(National Trust for Historic Preservation)。该公司致力于为具有历史价值的街区、酒店宾馆、剧院、博物馆、民宅等建筑提供历史财产保险方案(Historic Property Policy)。NTIS 与 Maury,Donnelly & Parr 等保险机构紧密合作,形成"NTIS—保险机构—客户"三方合作模式。

NTIS 所提供的历史财产保险方案可称得上是美国保险业唯一全程负责从损失事件发生到该建筑恢复原貌的保单。该保险方案具有开创性的承保范围,并且拥有业内最灵活的评估手段,该保单承保从手工雕门的更换成本到雇用专业人员打理各项修缮事务文件等的一切费用。历史财产重置成本保险(historic replacement cost coverage)承保使用与原建筑相同的材料、工艺并保留原建筑的建筑风格进行维修或重置所发生的费用。如果找不到完全一致的材料、工艺来进行复制,承保人将负责支付与损前建筑尽可能相似的材料、工艺以及建筑风格的重置或修缮费用。

历史财产保险方案非常重视客户在历史建筑受损后的个性化需求,比如:地标性建筑或因相关建筑法令的规定造成的重建成本不断上升;地标性历史建筑存在运营事项或因其他相关法令的规定所需的恢复期延长;获取历史建筑认证证书的费用;联邦、州及当地税收优惠的失去;不断上升的建筑评估费用;在可能的情况下进行绿色建筑升级以改善该建筑的能源效率;等等。此外,历史财产保险方案不仅承保已获得历史建筑认证的建筑,也承保那些可能被认证或处于历史街区的建筑。只要该建筑具备一定的历史特征,其材料和工艺具有历史性,无论是否具有历史建筑认证,都能够获得承保。

NTIS 为不同的组织机构或群体提供差异化的历史财产保险方案,这些机构或群体包括街道组织、有历史价值的宾馆酒店、有历史价值的剧场、博物馆、历史性民居业主、历史保护组织、宗教组织等。除了提供财产损失及维修费用的补偿外,NTIS 还提供一系列额外的特殊保险条款。

（1）董事及高管责任险（D & O Insurance）。承保非营利性历史保护组织的董事及高管因工作疏忽而给组织带来的法律赔偿责任、相应产生的诉讼费用以及追溯期内的责任赔偿。

（2）志愿者意外伤害保险（Volunteer Accident Insurance）。承保志愿者在参与志愿者活动期间因意外事故导致伤残或死亡以及相应的医疗费用。

（3）特殊活动保险（Special Events Insurance）。承保历史保护组织在举办活动期间可能由于疏忽导致的责任风险。

（4）收藏品及艺术品保险（Collections & Fine Arts Insurance）。针对博物馆或一些保护组织，承保其具有所有权、抵押权、租赁权或其他利益关系的收藏品、艺术品、古董及其他有特殊价值的珍贵物品的修复或重置成本，该保单要求被保险人严格遵守合理保护标的物的要求，比如存放位置、合适的温度湿度、监视器和探测器（烟雾、温度、水淹警示）的安装、专业人员的建议、画框必须采用符合博物馆级别的材料等。由于收藏品及艺术品在价值、所处位置、租借或抵押的频率等方面有巨大差异，因此该保单在承保条款和报价上有较大差别。

（5）空置建筑及维修工程一切险（Vacants & Builders Risk）。承保空置的历史建筑及整修项目过程中的损失，该项保险一般在商业保险市场上很难找到且保费通常十分昂贵，NTIS通过与历史保护专业修复机构紧密合作，达成对这类整修项目的承保。

（6）历史性税务抵免保险（Historic Tax Credit Coverage）。承保由于修复过程中或修复后发生的重大财产损失而导致的历史性税收抵免的损失。这是由于财产损毁可能造成建筑财产的重要性和结构发生变化，导致该项建筑不再符合税收抵免政策的条件。对于一些个人或机构来说，失去该项税收抵免所造成的财务损失很可能会造成停业甚至破产。

5.4 城市历史建筑保护利用风险的可保性

5.4.1 可保风险的概念

可保风险就是保险可以承保的风险。保险公司承保的一般都是纯风险，即只会造成损失而不会带来收益的风险，但并不是所有的纯风险保险公司都可以承保。因为如果保险公司承保一些损失发生十分频繁或损失额超大的纯风险，很可能会引起一系列道德风险，对保险公司经营极为不利，也不符合保险分摊损失的初衷。当然，保险公司可以根据市场需求情况和自身实力，有选择地考虑承保什么样的风险。

可保风险除了必须是纯风险外，一般还需要符合以下一些条件：

（1）大量相互独立的、同质的风险存在。保险是基于大数法则来建立保险基金和计算保险费率的，一个或少量标的所具有的风险，不具备这个基础。

（2）损失必须是意外的、偶然的。所谓"意外的"，是指不是故意行为造成的，比如蓄意破坏行为；所谓"偶然的"，是指损失的发生和损失程度是不可知的，必然的损失不属于可保风险，比如历史建筑面临的虫蛀腐蚀。

（3）损失必须是可以测定的。不确定性是风险的重要特征，但从统计学来讲，可保风险应该是相对能够确定的风险，也就是说，它必须是那些可以通过统计方法估计出损失的原因、时间、地点、金额以及损失概率分布的风险，并且可以用货币形式来计量。

（4）经济上应具有可行性。就保险人而言，可保风险应当是保险人能够承受的，一般是发生频率低但损失程度大的风险；就投保人而言，保费应当合理，经济上要能够承担得起。

（5）非巨灾性。也就是被保险对象的大多数一般不会同时遭受损失。否则，巨灾损失往往不能进行有效分摊，就会失去保险的本来意义。

值得一提的是，可保风险的条件并不是绝对的，要视保险公司的实力、市场风险环境、承保需求以及可用的风险管理技术等作出是否承保的决定。随着经济的发展和科技的进步，现代保险经营所处的风险环境高度复杂化，高风险、大保额标的保险需求增加。为适应不断增长的保险需求，不仅在总量上，而且在结构上需要拓展保险业务，扩大保险供给，致使可保风险的内涵与外延发生了一定的变化。有学者认为，可保风险条件对于风险单位的大量性、同质性和独立性的要求过于理想化，客观上与保险经营实践所面对的随机且差异化的风险相冲突，因此大量、同质和独立的含义都是相对而言的。另外，风险管理理论研究和新型风险管理技术的不断发展也为保险公司承保高风险提供了理论和技术准备。比如针对地震、洪水等巨灾损失，保险公司可以通过在地区间分散承保业务，降低单个险种的地域集中度来减少此类巨灾的影响；保险公司还可以通过再保险的方式，将集中的风险分散给世界上的其他保险公司，从而将巨灾风险在全球范围内予以分散，进而还可以考虑采取巨灾风险证券化或建立巨灾基金等方式，将风险分散到全国乃至全球的资本市场。

5.4.2　城市历史建筑风险的可保性

考虑到保险经营的可保风险条件，城市历史建筑所面临的火灾风险、修缮改造风险、水浸风险属于保险可以承保的范畴。修缮改造风险也只有建设过程中由于意外事故或自然灾害等原因造成的建筑财产损失和人员伤亡可以被纳入可保风险范畴。当前历史建筑相关保险缺乏的一个很重要原因，就是历史建筑的人文价值导致其修缮费用高昂，难以符合"经济上应具有可行性"这一可保条件，投保人能够承受得起的保费水平难以覆盖损失发生后的高昂修缮成本。因此，只有全面提升城市历史建筑的风险防控能力，进一步降低损失发生的概率，做到及时发现，快速反应，才能实现保险公司和投保人在经济上的对等，促成历史建筑保险的普及。而要实现这一目标，历史建筑保护的技术创新与保险相结合的模式已经催生出一些历史建筑保险的创新产品。

损害程度的检测技术可以更精准地帮助保险公司了解损失数据，从而更准确地厘定费率；对于历史建筑的实时监控技术和损害预防技术，可以帮助保险公司及时发现风险点，及早采取预防或救援措施，从而大大降低事故发生的概率和损失范围。前文提到的宁波范宅的"财产保险+动态监测服务"综合保险方案就是一个很好的例证,值得推广。

此外,还可以借鉴美国 NTIS 的历史财产保险产品系列,针对不同用途的历史建筑以及不同的相关机构或群体的风险保障需求,有针对性地设计符合个性化需求的财产保险和责任保险产品。

总之,在我国,城市历史建筑保险领域当前仍是一块待开发的"处女地",有待保险企业、历史建筑保护利用的专业机构以及历史建筑的业主或使用人多方合作,历史建筑保险产品的开发大有可为。

参考文献

［1］甄承启.历史建筑保护资金运作体系研究[D].天津:天津大学,2015.

［2］薛静雅,刘宁,王浩,等.古建筑风险保障现状与保险思考[J].保险理论与实践,2017(9):66-78.

6 城市历史建筑保护利用风险防控案例

6.1 我国历史建筑风险案例分析

6.1.1 和平饭店风险防控案例分析

和平饭店北楼坐落在上海市黄浦区南京东路 20 号,近中山东一路路口,建于 1926—1929 年,是新沙逊洋行在其 5 层楼的西式房屋旧址上建成,落成后定名为沙逊大厦(今为和平饭店北楼)。该建筑是全国文物保护单位,也是上海近代外滩建筑组群的优秀建筑之一(图 6-1)。

图 6-1 和平饭店北楼

1. 项目概况

1) 建筑概况

建筑名称:沙逊大厦(原名)、和平饭店北楼(现名);建造时间:1926 年 4 月—1929 年 5 月;位于上海市黄浦区南京东路 20 号;占地面积:4 622 m²,建筑面积 36 317 m²,建筑平面呈 A 字形,由英商公和洋行设计,新仁记营造厂承建。钢框架结构所用钢料均由英国伦敦道门钢厂出品。大楼标高 77 m,地上部分 13 层,地下 1 层。外墙除 9 层及顶层用泰山石面砖外,其余皆用花岗石砌筑,这是外滩第一座用花岗石做外墙饰面的建筑。立面用垂直线条处理,线条简洁明朗。腰线及檐部处饰有花纹雕刻,大厦以东面做主立面,主屋顶部耸立一座 19 m 高的方椎体瓦楞紫铜皮屋顶,表现了从折中主义向现代式建筑过渡的特点。

2) 项目基本信息

和平饭店是上海开埠以来最为知名、曾享有"远东第一楼"美誉的世界著名酒店,作为上海近代优秀历史建筑,具有很高的行业历史地位和独具魅力的文化价值。此次和平饭店修缮与整治工程范围包括:底层及夹层公共区域、八层和平厅、龙凤厅、扒房、拉里克廊、电梯厅区域,是其历史上规模最大、涉及面最广的重大工程,秉承"修旧如旧,以存其故"历史保护建筑修缮原则,最大限度地保持和恢复了其历史风貌。

2. 风险防范保护管理技术措施

和平饭店北楼一层及夹层装饰修缮工程涉及的保护区域、保护对象众多,在具体的修缮施工实施过程中,确保保护区域内保护对象的安全也是格外重要的。特别是一些较为贵重的五金件和铜饰制品,要防止在施工过程中的无意损坏和人为损坏或破坏,对可以拆下进行保护的构件先予以拆除加以保护以防损坏,到最后再安装恢复原样。拆除和施工前对保护区域内保护对象的保护措施要做到位是确保这些保护对象安全的关键之一。

1)工人保护意识的培养

针对本工程的特点,所有施工人员首先必须对保护建筑有正确的态度,必须本着保护建筑历史价值的原则进行,必须体现文物保护的意识,各级人员一旦发现了有保护价值的文物级部分应该及时上报并做临时保护和记录。

2)防护技术措施

(1)视频监控。本施工区域的文物保护,由于工程项目的施工队伍多、专业工种多等原因,靠传统的方式无法对文物部位进行有效的保护,采用视频监控就可以做到"监、控、查、管"的效果(图6-2)。

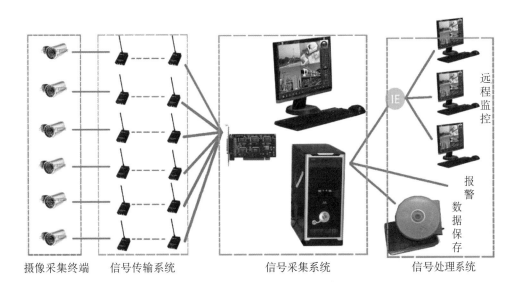

图6-2　视频监控平面布置图

(2)保护登记表。保护部位及部品的安全防护,分现场防护和仓储防护,详尽的登记技术措施,可以使我们清楚地掌握保护数量、位置、包装、劣化状态等情况,对这些部品的保护防护回归原位置非常重要。

拆除后期装饰物是恢复历史风貌的关键措施,对拆除物的了解有助于采取针对性的拆除手段和技术方法,不至于因为拆除而损坏原有建筑的保留物。

该建筑历届内墙整修中内墙材料使用情况记录不清,现已无从考证其原始墙面使用情况以及历届修缮中材料的使用情况,特别是现存的油漆涂料类饰面,从现场的初步判断来看,各个不同的饰面都具有不同层次的历史层理。

3. 保护修复——使用功能复原技术

1) 石膏制品的使用功能修复

现状调查与分析:和平饭店北楼一层及夹层石膏造型天花是本次保护修缮的重点内容之一。除大楼底层公共卫生间区域、夹层雪茄吧区域无石膏造型天花,爵士吧区域的原石膏造型吊顶被下面后期增加的木梁金属吸音板天花覆盖外,其他不同功能区域都有石膏造型天花。大面积涂饰的色彩被后期重新涂饰后,面目尽失。本次修缮恢复沙逊大厦的历史风貌,必须对大面积的涂饰色彩做详尽的分析。

由于目前对机电安装、消防设计缺乏了解,故本方案暂时不考虑它们对天花整体修缮的影响,只根据现场及设计文件中的现有图纸考虑对石膏造型天花的修复或修缮。底层糕饼区域、书店区域、接待大厅接待处、礼宾处区域、大堂休闲廊左侧区域部分,因石膏吊顶区域损坏严重或考虑吊顶内安装管线的走向,已无法对原吊顶进行原样修复,故考虑对原天花进行整体性复制修复。底层公共卫生间、夹层雪茄吧按设计新做吊顶,对其他区域保存较为完好的原石膏造型天花只进行原真性的保护性修缮。其修缮手段如下:

(1) 对原石膏造型天花进行整体性复制修复。按照原有风格、样式,采用石膏制品相近的材料、仿制花饰石膏吊顶和石膏线条、柱帽。主要针对原石膏制品的现状处于大部分破损的进行修复,如,呈千疮百孔状态,饰面发黑、霉变,构造牢固性能较差的损坏严重的石膏制品等。

(2) 对原石膏造型天花进行局部性复制修复;对于中度损坏的石膏造型天花,对局部损坏严重的部位采用局部性复制修复,对于轻度损坏的石膏花饰采取就地修补法;对于松动的石膏花饰,须小心卸下,整理清洗后,重新安装;对于基层损坏的石膏花饰,应小心取下,待基层修补后重新安装;对整体构造完整性保存较好、轻微损坏的原石膏造型天花采取就地修补法(图6-3)。

图6-3　原石膏造型天花局部修复

2）室内木制品的使用功能修复

现状分析与调查：对大楼一层及夹层所有需要保护性修缮的木制品的现状进行分析和调查，包括木门扇、木门套、木护墙板、木护壁板、木门框、木窗框、木窗、木家具等。仔细检查所有室内木制品后，确定须按原样复原重做的部分，需整修的部分，需修补和需重新打磨的部分，并在必要的部分使用材料防腐剂。调查所有的木饰面，找出造成其损坏、腐蚀、脱落的原因（白蚁、变形、漏水、人为破坏等）。消除造成木制品损坏的隐患，施工前请专业防治白蚁公司检测、进行防治，对白蚁进行杀灭、消除漏水等。室内木制品的修缮技术措施如下所述。

（1）对原有室内木门扇、门框、木台度、木栏杆等进行编号、拍照、立案处理。在现场用卷尺、三角尺等测量各部位形状尺寸掌握原始数据，并用数码成像技术结合测量数据，通过计算机 AutoCAD 软件系统对所有花饰的数据复原，绘制成立面、剖面图。

（2）对原有室内原木门扇、木门套、木护墙板、木护壁板、木门框、木窗框、木窗、木家具等进行编号、拍照、立案处理。在现场用卷尺、三角尺等测量各部位形状尺寸掌握原始数据，并用数码成像技术结合测量数据，通过计算机 AutoCAD 软件系统对所有花饰的数据复原，绘制成立面、剖面图。

（3）在原木制品花饰处适当部位取样，进行材料分析，确定木制品花饰的材料特性。按照《既有建筑物结构检测与评定标准》（DB/TJ 08—804—2005）的检测方法进行分析判断，如果条件允许，可采用电镜扫描、红外光谱测试、X 衍射测试等科学试验手段进行材料分析，以此来判别木材材质、外涂层的纹理与材料性质。

（4）如果木饰面已经有较严重的损坏，宜将整个饰面按原样进行重新加工，大量的局部修改不但影响外观，而且对保护也是不利的。对已腐朽、严重毁损的木制品可用分段切割、分段补缺的方法进行修复。若发现原有漆膜剥落老化，则需起底后重新油漆——首先把木制品表面清理干净，用脱漆剂逐层把木制品外涂油漆层除去，用细木砂皮打磨木制品表面至光滑，用现代油性油漆涂料经科学手段按规定的施工流程模仿并结合以往的施工经验判断出原始油漆涂层类型。脱漆时需根据情况确定起底脱漆的程度，起底脱漆过程中应注意保护原木材。如有必要，对木材进行防腐处理。若发现原漆膜品质良好，则只需将表面清洁后，即可进行全面油漆。

3）石材制品的使用功能修复

（1）劣化状态：大楼一层及夹层部分墙柱面为大理石石材饰面，爵士吧柱面为天然花岗石，墙面为同类花岗石饰面，根据现场勘查石材柱、墙体部分（大理石饰面、天然石材部分，包括全部石砌墙、柱、踢脚线、装饰浮雕），保存现状质量尚好，整面结构较完整，但存在较小面积的污染、浅层风化、病变，部分有断裂、缺损、砌块勾缝风化。

和平饭店底层内墙面是本工程重点修缮内容之一，要保证这部分的文物部件保持原貌旧史，须对内墙饰面进行保护性清洗、修补。且须以最温和的方式清洗，以最少地干预修复。

（2）石材墙体的保护性修复工艺有除玷污清洗和锈蚀斑的清洗。除玷污清洗是指采用物理法和生物法（生物降解法）清洗为主，自上而下、自前而后进行作业。锈蚀斑的清洗是针对铁金属构件与水氧化后铁离子锈斑腐蚀较为严重(以泥敷吸敷法清洗)的情况。采用局部泥敷剂敷贴于锈斑处,敷贴时间为 2～8 小时,视污染程度决定,再用清水冲洗。

(3)石材断裂的修复(化学注浆锚固法):原则上大面积的断裂可视为具有历史意义的破损,不采取清洗,不作修复。

(4)石材板块勾缝:用云石片清除原有的缝隙中垃圾,原有缝隙中的铅垫片保留。用水泥砂浆搅拌增固胶粉和防水硅树脂乳液对缝隙深部进行第一道填充防水。用 ASA 防污型填缝剂加拌防水硅乳液和增固胶粉对缝隙进行第二道防水和装饰勾缝,确保其密实和持久防水。

(5)勾缝剂颜色根据设计确定:勾缝剂的主要成分为氧化钙和硅粉及胶合体,同原勾缝浆具有很好的相溶性和相同的表面肌理感。

(6)防风化保护处理:石材表面清洗、修补和加固完成后,应涂刷无色透明、不反光、透气性的渗透型石材表面保护剂,以提高石材表面的防水、抗污染能力。

4)室内金属制品、金属栏杆及楼梯金属栏杆扶手的使用功能修复

现状调查:和平饭店北楼底层及夹层室内金属制品基本分为六种——楼梯的金属栏杆和扶手,其中又可分为铸铁与铜制品两种;室内窗边及平台周边金属栏杆;室内金属历史老窗扇和固定窗窗框、窗艺;室内暖气、空调机组外罩铁艺;墙上固定铁艺装饰;墙上金属铁艺格栅。从现状破损情况来看,室内东门走廊双跑楼梯铜栏杆扶手造型独特,现状保存状态较好,在类似建筑中遗留的并不多见,艺术价值较高,需要整体保护与妥善修缮;由于年代久远,局部有氧化、锈蚀、污染的现象,需要进行铜制品的清洗并涂刷铜器保护剂。

修缮原则:金属制品是构成室内精装修的重要组成元素,应该将后加的、没有保存价值的部分去掉。原有的精华部分按原样进行修复,缺失的部分参照原有材质和形式进行修补。

修缮措施:

(1)清除金属构件表面污垢和油腻。用真空泵和刚性毛刷清除灰尘和脏物,用软布沾化学溶剂清除油腻。

(2)旧漆层脱除。采用机械化学综合法对栏杆进行脱漆处理。

(3)表面清洁处理。漆层脱除后的混合物残留呈水溶性,可以水洗或加碱性清洗剂进行中和防锈清洗,使金属表面洁净,有利于后续施工,确保质量。

(4)锈层处理。铁艺的锈蚀层,不可以按照常规酸洗除锈,否则酸液流经之处又会造成更大面积锈蚀。只能施以局部敲铲清除酥松的剥落层,再以电动工具配各型钢丝或钢丝刷高速旋转刷除表面一切可清除的残留物,显露其锈蚀面。

(5)修补不平整表面。用环氧树脂腻子填充并用铁砂皮砂平,填充必须充分。焊接修补采用电弧焊,在接口磨平后涂刷防锈漆,刷底漆并刷面漆。

(6)铸铁花饰栏杆、铁艺、金属格栅及金属框架构件的仿制修复调换处理。

(7)铸铁花饰栏杆、铁艺、金属格栅及金属框架构件的保护处理。在构件完成面漆涂刷处理后,可以采用铁器保护液对铸铁栏杆构件的表面进行封护处理,铁器保护液的主要成分为氟

碳树脂,产品无色透明,使用后能够阻止其与空气中的氧气、二氧化硫等氧化性和腐蚀性的气体发生反应,延缓铁的氧化和腐蚀,耐候性极佳(图 6-4)。

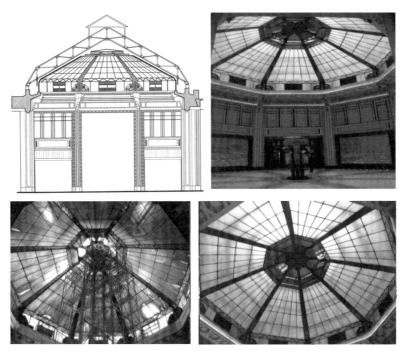

图 6-4　修缮后的状态

6.1.2　民立中学历史建筑风险防控案例分析

6.1.2.1　工程概况

民立中学 4 号楼位于上海市静安区威海路 412 号(现位于大中里地块内),建于 20 世纪 20 年代,原为"邱氏兄弟"花园住宅。1940 年,民立中学买下该楼;1942 年,西塔楼第四层和尖顶被烧毁,东塔楼尖顶随后被拆除;2004 年,民立中学迁入新址,产权更替;20 世纪,原建筑被列为上海市优秀历史建筑。

图 6-5　民立中学建筑原貌(1)

图 6-6　民立中学建筑原貌(2)

6.1.2.2 建筑概况

民立中学 4 号楼为三层砖木结构(局部四层),其建筑风格为巴洛克式,正立面采用文艺复兴时期新古典主义建筑风格,横竖向均采用严格的三段式构图,左右对称,庄重典雅。东西两端设置塔楼,在竖向上,一层是比较粗犷的宽石块墙面;二层中部走廊外墙设置爱奥尼克式石柱与拱券相连;三层设置露台,显得错落有致,具有凹凸感。

房屋结构较为复杂,基础为砖砌大放脚砖砌条形刚性基础;上部结构以砖、木结构为主,并有部分混凝土结构;屋(楼)盖为木结构体系,木屋架、木搁栅、木檩条,泥满条吊顶,属纵横墙承重体系,横墙间距为 4.394~6.147 m。底层大厅中部采用钢筋混凝土柱承重,相连的梁为钢筋混凝土大梁。除二层南侧阳台、三层晒台及四层塔楼屋面采用钢筋混凝土楼屋面外,其余的楼面均为木搁栅、木地板构造。房屋为四坡屋顶,坡屋顶屋脊高 16.713 m,屋面构造为木屋架、黏土平挂瓦,目前室内地坪相对西侧路边的高差为 0.762 m,底层层高为 4.877 m,二层层高为 4.419 m,三层净高为 4.12 m。

6.1.2.3 风险分析

房屋年代久远,原始资料不全,考证困难,进场后需详细调查。

结构空旷,结构整体稳定性差,正立面是重点保护部位,但该部分整体性较差,平移前需进行重点加固。如何在确保不破坏保护立面的前提下,进行加固确保房屋平移安全,如何解决好加固与保护的突出矛盾是一个难点。

平移距离较长,平移过程中需避免不均匀沉降,需要采取必要的设备措施进行实时调整,最大限度地保证结构的安全,同时,由于各滑道间的轴线荷载差异较大,轴线顶推力差异亦较大,如何解决因此而产生的位移同步差异问题。这都对平移设备提出很高的要求。

对于老建筑平移,采用何种滑移装置,减少平移过程中的震动,确保结构安全是又一个难点。

6.1.2.4 整体移位的技术风险防控对策

1. 民立中学南侧、北侧走廊台阶拆除

为了降低本案例整体移位的难度,对房屋的一些附属设施及一层一些非原结构的附加墙体进行拆除。

民立中学南侧、北侧走廊台阶拆除,采用人工配合空压机粉碎敲击的方法,由外侧向建筑物方向依次破碎台阶地面,拆除过程中注意台阶与建筑物结构部位的节点处,应谨慎施工,以确保原有建筑结构的完整性,承载力不受拆除施工作业的影响。空压机作业距离保留节点 5~10 cm 时,用人工凿除,保证预留梁、柱不受损伤。敲击破碎拆除时,适时对建筑的沉降进行观测。所有拆除部分与原保留部分联系节点处的原结构钢筋在拆除完毕后与相关单位(专业加固种筋施工单位)协商,确认无误后,在不影响后续其他工种施工的前提下切除多余的钢筋,为后续作业工序创造有利条件。

南侧台阶上有东侧现有一个石狮子为历史保护物品,需整体保留。故在拆除时需对其采取
必要的保护措施。具体措施如下:在石狮子边界放出 10 cm 的宽度,作为空压机凿除的边界;
10 cm 范围内利用人工凿除,必要时采取切割的方法。拆除后需对其进行编号,并运至一般性
材料保护仓库场地登记、堆放整齐,以备平移到位后原貌恢复。

2. 室内木隔断的拆除

一层大厅内用来分割空间的木隔断,采用电锯切割,自上而下逐层分段实施,不得将其各支
撑点切断后整体放倒。木地板及护墙板利用撬棒实施拆除。

3. 一层室内地坪拆除

一层大厅地坪,采用空压机进行拆除,为了在拆除过程中避免对结构墙体及结构柱造成破
坏,需先在承重墙体及柱四周放出 10 cm,划线标记,靠近墙体及柱 10 cm 的范围内采用人工凿
除破碎,其余部位则利用空压机进行破碎。

6.1.2.5　整体移位结构风险防控对策

1. 钢构临时加固

本案例民立中学室内,内堂柱子的临时加固采用外包角钢的钢构套方法进行。对一层大厅
室内内堂进行空间加固施工,对于立柱特别加固。施工流程如图 6-7 所示。

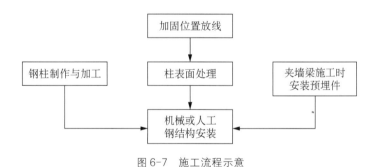

图 6-7　施工流程示意

鉴于本案例的特殊性,其施工必须根据图纸、工艺和质量标准,并结合构件特点,提出相应
的组装措施;对所有加工的零部件应检查其规格、尺寸、质量、数量是否符合要求,所有零件必须
矫正,连接接触面及沿焊缝边缘 30～50 mm 范围内的铁锈、毛刺等必须清除干净,应根据结构
形式、焊接方法确定合理的组装顺序,一般宜先组装主要零件,后次要零件,先中间后两端,先横
向后纵向,先内部后外部,以减少焊接变形。

所有焊缝在焊接完成后均需进行普通方法检查,主要内容为:焊缝实际尺寸是否符合设计
要求,焊缝表面有无气孔、咬肉、夹渣、裂纹、焊瘤、烧穿及未熔合或未焊满的陷槽或弧坑等缺陷;
对于超标缺陷,都必须清除干净后重新焊接。

室内内堂加固柱,先依据图纸和现场实际尺寸;弹出水平和垂直轴线,以确定定位尺寸。由
于本项目的特殊性,构件的具体尺寸多数需现场实测。构件在吊装前应在表面弹出安装中心线

或几何中心线或标高线,作为构件安装对位校正的依据;同时,应根据设计图纸对构件进行编号。

夹墙梁处的预埋钢板的安装:预埋钢板应在施工夹墙梁时施工,预埋钢板施工时应放样准备,确保施工位置准确。

2. 脚手架整体衔接

采用普通脚手钢管,规格为 φ48×3.5。立杆间距 1.5 m,起吊位置采用双立杆,相邻立杆接头位置应相互错开布置在不同的步距内,在高度方向错开的距离不应小于 500 mm,立杆与水平杆必须用直角扣件扣紧,不得隔步设置或遗漏;脚手架必须设置纵横向扫地杆。

水平杆步距不大于 1.6 m,上、下水平杆的接长位置应错开布置在不同的立杆纵距中,与相邻立杆的距离不大于纵距的 1/3,搭接接头长度不应小于 1 m,并应等距设置 3 个旋转扣件固定。

相邻步架的水平杆应错开布置在立杆的里侧和外侧,以减少立杆偏心受载情况。纵向水平杆的长度一般不少于三跨,并不小于 6 m。

每一主节点必须设置一根横向水平杆,并用直角扣件扣紧在纵向水平杆上。该杆轴线偏离主节点的距离不大于 150 mm,靠墙一侧的外伸长度不应大于 500 mm。

操作层上非主节点上横向水平杆,宜根据支撑脚手板的需要等间距布置,最大间距不大于柱距的 1/2。

在脚手架外侧两面各设一道剪刀撑,由底到顶连续设置,中间净距不大于 15 m。每道剪刀撑宽度不小于 4 跨,且不少于 6 m,斜杆与地面的倾角宜在 45°～60°之间。剪刀撑的斜杆除两端用旋转扣件与脚手架的立杆或横向水平杆伸出端扣紧外,在其中间应增加 2～4 个扣件结点。横向支撑每隔 6 跨设一道。

脚手板应铺平、铺稳、铺实,并牢固地固定在横杆上,同时在作业层的外侧加设护栏或挡脚板。

3. 墙体螺杆拉接加固

螺杆用灌浆料充填于墙内,墙厚 420 mm 时,植入长度为 380 mm;墙厚 560 mm 时,植入长度为 500 mm。螺杆允许用焊接接头,标准同钢筋;螺杆长度较大时(约 10 m),中间应用加紧器(花篮螺栓)拉紧,紧张应适当;螺杆末端垫木块时应加 100 mm×10 mm×100 mm 钢垫圈;螺杆穿墙时应用钻孔,不允许凿洞。

4. 下底盘结构梁施工

下底盘结构主要包括下滑梁、下夹墙梁及联系梁组成。下底盘施工主要包括室内底内段下底盘施工、行走段下底盘施工。

室内下底盘采用梁板式结构,室外采用整体筏板式结构。根据大中里的地质条件,对室外筏板进行了沉降计算,室外不均匀沉降值满足现有规范要求。

室内下滑梁穿墙掏洞时,要间隔对称进行。要先对掏洞上方的砖基础进行外夹槽钢加固后,方可进行施工。掏洞施工过程中要加强监测。

施工前应对下滑梁进行自现址至新址的贯通测量,中线测量误差不超过 10 mm。

室内段下滑道施工前要对结合部位的原砖墙基础进行凿毛,并用水冲刷干净,有利于与混凝土良好结合,保证共同受力。

5. 上托盘梁系施工

上滑梁不留施工缝,每条滑梁的混凝土均要一次性浇筑完毕。夹墙梁及上滑梁施工时应将砖墙表面凿毛处理,凿毛时对砖缝进行凿除 7 mm 深左右的沟槽,对砖墙用钢刷刷掉浮尘即可,凿毛后清理并冲水洗干净,在上滑梁的上部用切割片切深度约 10 mm 的一凹槽,以便混凝土与墙体良好结合。

墙体凿洞时断面略大于混凝土施工断面,且要保证墙洞周围的砖块不松动,必要时对墙体先进行外夹槽钢后,再凿洞。

滑脚及预埋件安装时在滑脚与钢板间要抹一层黄油,且要保证滑脚安装的水平,与下滑梁的密实;滑脚的中心线要放好并要求误差在 ±2 mm 以内。

6. 墙体切割托换施工

当上托盘梁及平移方向的下滑梁的强度均达到设计强度时,方可对建筑物进行托换。本工程的托换通过对墙体、混凝土柱进行人工凿除而托换。按顺序分段对墙体及混凝土柱进行凿除。

凿除时沿上滑梁的垂直方向进行,从 SHL10 往 SHL1 方向垂直进行。顺序为:SHL1—SHL2, SHL2—SHL3, SHL3—SHL4, SHL4—SHL5, SHL5—SHL6, SHL6—SHL7, SHL7—SHL8, SHL8—SHL9, SHL9—SHL10。

同时,两条滑梁之间的凿除应分段进行,把一段凿除完毕后再对下一段进行凿除。

在墙体切割托换期间要对夹墙梁与墙体、下滑梁与墙体进行微观测量,以验证上、下滑梁与墙体的黏结情况;在墙体切割托换期间还需对房屋的沉降、姿态、受力情况进行跟踪测量。在托换过程中,若出现墙体与夹墙梁之间的相对滑移超过监测报警值应停止凿除。在凿除墙体的过程中,准备一些垫块,当出现墙体滑落时,用垫块立即放置在凿断位置处的上下墙体之间。

7. 凿除夹墙梁施工

在建筑物整体平移至新址后,依据设计的要求,按照对优秀历史建筑的保护要求,需对建筑物室外一圈夹墙梁进行凿除。

6.1.2.6 民立中学保护措施

建立"民立中学保护"监护小组,由项目经理亲自担任组长,认真贯彻、传达上级单位对优秀历史建筑保护的各项指令、文件要求,编制优秀历史建筑的保护方案,并组织人员积极实施。

建立日常检查巡视制度,并建立单独的监护台账,定期拍照记录密切关注日常的状况。发现有异常情况应及时召开专门的研讨会,报告上级单位,分析原因并制定相应对策。

采用信息化施工,在民立中学4号楼四周设立监测点,由专业单位进行监测。加强对格构柱沉降、地墙及格构柱侧向位移等监测。

在民立中学4号楼地下基坑开挖时,应注意利用时空效应原理,遵循"分层、分块、限时开挖"的原则,先撑后挖,垫层随挖随浇,严格控制民立中学下方盖板和桩的不均匀沉降。下方的混凝土支撑拆除采取人工凿除的措施,避免过大的震动影响受保护老建筑的稳定。

民立中学4号楼邻近基坑底板限时浇筑,缩短基坑暴露时间,减少基坑变形。

依靠监控技术,把握好施工各阶段结构的受力体系转换,保证民立中学4号楼地下室结构在施工和使用过程中均处于安全工作状态。

民立中学4号楼部分区域邻近塔吊把杆范围,故应在民立中学4号楼结构四周外部和上部搭设脚手架和防护隔离棚,防止高空坠物破坏保护建筑。

现场施工中,应在民立中学4号楼四周搭设一道临时彩钢板施工围墙,禁止施工人员和车辆进入,防止建筑垃圾、泥浆、杂物进入保护范围。

施工组织中优化施工方案,尽可能减少民立中学4号楼附近重型车辆的行驶,避免车辆行驶产生的震动损害其结构。

6.1.3 嘉里南区历史建筑风险防控案例分析

6.1.3.1 工程概况

嘉里南区地处上海市静安区闹市,为铜仁路以西、延安西路以北、常德路以东、安义路以南围绕地块。临近地铁7号线、延安路高架等市政主要交通干线,且基坑紧邻重点保护建筑毛泽东故居以及上海展览馆等建筑。基坑周边道路下分布各类市政管线数条(图6-8)。

图6-8 毛泽东故居改造前(左)、后(右)

6.1.3.2　邻近城市历史建筑的风险分析

毛泽东故居为文物保护建筑,该建筑为2层混合结构房屋,砖砌大放脚基础,基础埋深约0.7 m,该建筑距基坑地墙外边线最近距离为6.1 m。其检测现状:楼保护较好,未见明显损伤。其保护要求为:在保持原有建筑整体性和风格特点的前提下,不允许对建筑外部做变动;允许对建筑内部做适当变动;内部重点保护部位为空间格局及原有装饰。

将毛泽东故居情况与基坑支护资料发给20位专家,专家根据各自的理论知识和专业实践经验按照层次分析模型所示的层次结构进行打分。

通过层次分析法及模糊评价法,风险归类从影响因素来看,城市历史建筑周边地下空间开发影响从大到小排序为:基坑设计风险、环境风险、建筑物本身风险、施工风险。

城市历史建筑周边地下空间开发的最大影响因素是基坑挖深,因为基坑开挖深度决定对周边环境影响的范围,是最基本的、原发性的因素;然后是历史建筑与支护体系的刚度、与基坑的距离、历史建筑基础形式等因素。其中支护体系的刚度是人为设计的,也是可调控的;距离和方位也可调控。[1]

分析评价基坑施工对城市历史建筑的目的是控制风险,保护历史建筑。针对风险分类表中的风险分类,对于重要和较为重要的风险,在规划、设计和施工整个过程中都必须予以关注和预警,有时必须从源头上加以控制。一般风险和次要风险是可以接受的风险,通过提高风险意识,加强管理就能化解风险。

6.1.3.3　邻近城市历史建筑的风险防控措施

为了更好地制定邻近城市历史建筑的风险防控措施,必须充分了解该故居的建筑结构类型,在施工前尽可能多地了解其基础类型、房屋结构等信息资料。

1. 设计风险因素

针对重要风险中——设计风险因素(基坑挖深、支护体系刚度及基坑边线距离历史保护建筑等),毛泽东故居四周设置双排拱形Φ400的树根桩,另外,靠近毛泽东故居一侧地下连续墙设置三道素混凝土地下连续墙顶撑,减少基坑施工对毛泽东故居的影响。

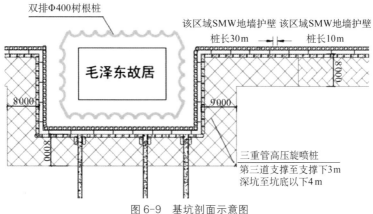

图6-9　基坑剖面示意图

135

2. 建筑自身风险因素

针对较为重要风险中——建筑自身风险因素(基础形式、地质条件)、设计风险因素(基坑平面形状)及施工风险因素(分区面积大小),制定以下风险防控措施。

(1)毛泽东故居三面被南Ⅰ区基坑环绕,且建筑年代久,房屋整体刚度差,抗变形能力弱,对该保护建筑采用木架构实施满堂式全面临时性加固,以抵抗施工过程中因沉降、震动等因素带来的破坏,把对文物建筑的不利影响控制在最低程度内。

(2)基坑北侧靠近毛泽东故居位置的坑内裙边采用分层加固,加固范围为第三道支撑至支撑下 3 m,深坑至坑底以下 4 m。

(3)在隔离桩与地下连续墙之间预留注浆孔,需要时采取墙后主动跟踪注浆,控制隔离桩的变形,从而进一步保护故居建筑。

(4)毛泽东故居四周设置双排拱形的树根桩,采用 2 台钻机由中部向两侧对称施工,施工时采取"打 1 跳 5"的方式进行,以保证基坑周边土体稳定,进一步达到保护故居的目的。

(5)该区域隔离桩施工完毕并达到一定强度后,方可进行该区域的 Φ850SMW 搅拌桩槽壁加固施工,尽可能减少对周边环境的影响。

采取信息化施工,密切关注保护建筑的沉降、位移,及时调整施工参数,确保该保护建筑完好无损。

6.1.3.4 毛泽东故居树根桩施工方案

毛泽东故居四周设置双排拱形 Φ400 树根桩进行隔离,桩长 30 m,双排紧密,桩顶设置顶圈梁。施工时采取"打 1 跳 5"的方式进行,以保证基坑周边土体稳定,进而进一步达到保护故居的目的。施工采用 2 台钻机由中部向两侧对称施工。

树根桩的桩径很小,不能像灌注桩那样灌注已经搅拌好的混凝土,因此应先将混凝土中的骨料和水泥浆液分别入孔,即先将骨料投放到已经成孔的孔内,再由注浆管自下而上把水泥浆液注入料的空隙中,将原先骨料中带有泥的泥水置换出去,使骨料、水泥浆和放置在孔内的钢筋骨架结合在一起,形成有一定强度的桩体。

6.1.3.5 Φ850SMW 槽壁加固桩施工方案

坑西侧、南侧和毛泽东故居周边地下连续墙两侧均采用 Φ850 三轴搅拌桩(SMW 工法桩)进行加固,槽壁加固桩施工采取"跳打法",即每施工 15 m,跳开 20 m,以确保地下连续墙施工稳定,减少对周围环境影响。SMW 工法桩长度 10~30 m,搅拌桩边线距离地下连续墙 80 mm。

在试验取得参数后,调整相应施工措施,并取得地铁监护部门同意后,方能在下一阶段施工。在开始施工 SMW 工法桩时,应在地铁停运后,在地铁部门指定的时段进行试成桩施工,进一步优化施工参数,待满足地铁保护要求后方能继续施工。施工应先外后内,跳仓施工(做 15 m,跳 20 m),再做第二排,进行紧邻地铁隧道侧的地下连续墙施工。

钻机控制与压浆泵联动,一旦出现跳闸、埋钻等情况同步停止喷浆。施工时运营隧道内的量测应同步反馈隧道变形监测数据。

SMW 工法桩 28 天无侧限抗压强度≥1.5 MPa，28 天养护龄期后、钻芯取样压强、竖向5 m 一组连续至桩底，每组三个芯样。取芯位置外、中、内三排错开三根桩，共取 9 根桩，取芯桩位由设计方届时随机抽取。

SMW 工法桩施工应做到信息化施工，并根据邻近地铁及毛泽东故居沉降变形的发展，及时调整施工参数，必要时采取相应措施，以策安全。

不良地质处理的处理如下：进场后，先准确探明暗浜、暗塘的具体位置、面积以及埋深等情况。倘若暗浜、暗塘位置与地下连续墙或其槽壁加固桩位置重合，需待处理后再进行下一步施工。

暗浜、暗塘处理范围为其宽度加两侧各 2 m。

处理方法为先在暗浜两侧开挖排水沟，然后将不合格的淤泥土、杂土或腐蚀土等彻底挖除，直至沟底老土层。沟浜四周按照要求将原有边坡挖成阶梯形，每级阶梯高度控制在 20 cm 左右，宽度为 50 cm。再采用优质土分层回填夯实，分层厚度不大于 20 cm，顶部可采用石灰土加固。

6.1.4　武汉翟雅阁历史保护建筑风险防控案例分析

1. 项目基本概况

翟雅阁，原名翟雅各健身所，是文华大学（现华中师范大学的前身）的体育馆。它建于 1921 年，距今约有 100 年历史，系纪念文华大学首任校长翟雅各（James Jackon）而得名。为了加强对优秀历史建筑的保护，改善建筑的使用条件，延续武汉市历史传统文脉，根据武汉市着力打造"世界设计之都"的举措和建设"文化五城"的要求，本项目在保护、恢复文物建筑原有风貌的前提下，对翟雅阁进行了全面的修缮整治及功能更新。

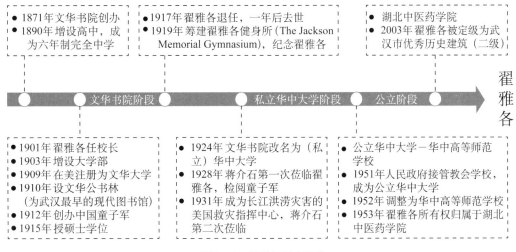

图 6-10　翟雅阁历史沿革

（1）项目基本情况。翟雅阁建筑面积约 1 000 m²，位于昙华林路与云架桥路交会处，湖北中医药大学校门西侧操场旁。包括两层建筑加阁楼；建筑原名杰克逊纪念体育馆，现名翟雅阁博物馆；1921 年建成。保护级别为优秀历史保护建筑；建筑结构为二层砖木混合结构；翟雅阁属于昙华林优秀历史文化街区，1993 年被公布为武汉市二级优秀历史建筑。

（2）项目修缮保护的要求。建筑的立面、结构体系、平面布局和内部装饰不得改变。

各立面为重点保护部位，入口、楼梯间、天花线脚、原石板地面、门及其他原有特色装饰等为重点保护部位，若已损毁或有改变的要尽可能地恢复原式样。

根据对保护重点部位的把握，本次修缮工程可归纳为本体修复、结构加固、机电更新、功能满足等方面。建筑所有室内外的修缮都从历史建筑特色角度把握，讲究总体协调性，实现建筑修缮和历史建筑保护相结合，挖掘历史文化内涵，发挥现代使用功能，确保工程质量和控制修缮成本相协调。

2. 存在的安全问题和风险点

翟雅阁由于建筑保护情况较差，破损程度严重，结构存在严重问题。从现场勘查以及房屋质量检测报告来看，楼梯的内部钢筋碳化严重，建筑外立面的清水砖墙保存较完好，但由于自然老化和年久失修，清水砖墙表面出现了局部开裂或脱落。具体详见图 6-11。

砖体的修复主要是结构加固。本次需要对室内大厅钢筋混凝土结构加固部分拆除，拆除的过程存在很大的安全隐患，为了防范风险，并且能原真性地保护好该建筑，我们制定了最小干预保护修缮技术方案。

3. 最小干预保护修缮技术方案

（1）信息化结构监测技术。为了防止室内大厅在拆除后附件钢筋混凝土结构会给建筑带来稳定性问题，采用布设钢弦式应变感应器方式，计算设定建筑稳定性安全值。超过安全设定值即报警，以此保证建筑结构的安全。

图 6-11　清水砖墙（修缮前）

（2）工作流程示意如图 6-12 所示，检测过程中的图片如图 6-13 所示。

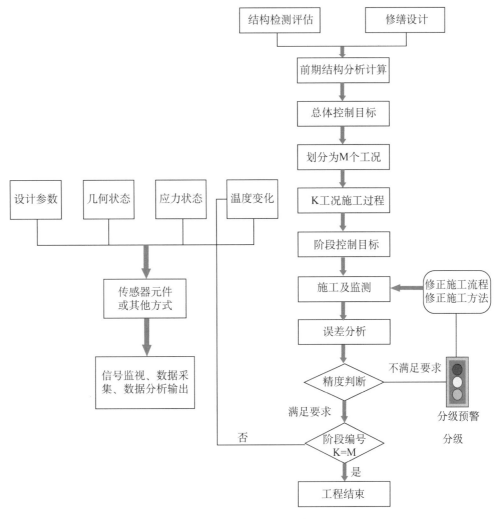

图 6-12　工作流程示意

图 6-13　检测过程中的图片

4. 瓦屋面的最小干预修复

古建筑的主受力构件大体可分为柱、梁、桁、檩、椽。传力方向为:屋面→椽→檩→桁→梁→柱;传力途径明确,受力简单,所以屋面工程成为整个工程中关键的节点。本工程屋面步距较大,这样椽和板单位受力增大,再加上屋面瓦自重量,提升屋面板、椽、桁承载能力尤为重要。实测屋面望板(25 mm 厚杉木板,加工企口缝)腐朽面积大于 75%,且望板下层的屋椽、桁条有不同程度腐烂,为了更好地检测到望板下木椽、桁条腐烂情况,必须将屋面板全部拆除。再对屋椽逐一检测排除,做到每根椽都检测到位,杜绝安全隐患。

(1)当椽子、飞椽、檩条、望板腐烂较为严重时,一般应更换新料。凡需要换新料的应按原尺寸,用干燥木材制作。重新铺钉时,应注意新旧构件搭配铺接。

(2)施工工序:屋面瓦拆除→屋面 SBS 防水铲除→望板(全部拆除便于检查屋椽、桁条)→屋椽修复拆除→桁条修复拆除→原状复原。

(3)重点工作内容:拆除是本工程修缮工程第一步,也是本工程施工难点,文物建筑中拆修前应做好准备,每个方面必须做好详细交底工作,组织有关人员统一部署。检查拆除工作。对望板全面进行测量,并检查腐朽、霉变情况和统计添补量,对特殊部位的尺寸进行记录、拍照后作为复原的依据(例如天窗周边),安排可用望板堆放地及确定运输路线。拆除前有书面交底,做好对历史建筑保护意识的现场教育。

(4)古建筑修缮拆除不同于其他建筑拆除,所有拆除物应码放整齐,对成色好的望板分类编号,方便复原安装使用,拆除记录详细、准确,必要时做好录像工作,以保证复原位置、方向的准确性。

(5)拆除前及时通知建设、监理等有关人员到现场,做好原状记录、勘测影像资料收集等工作。拆除时应安排专业木工用钉锤、专业起板撬棍工具按原安装顺序进行拆除,严禁不文明施工对保存完好的建筑的不良影响。拆除中记录好材质、原工艺做法、构件尺寸、形式、数量以及破损原图、损坏程度,并做好物件的保护。拆除过程中如果遇到特殊部位要拍照或录像,重要物件要登记成册。

可用的望板拆下后应妥善保存,以便恢复安装再利用。

(6)拆除构件做出准确预判,评测木构件是换修还是墩接。测绘成图,分件编号按种类分别存放。凡本工程拆下不可利用木、板不能任意处理,应向建设单位、监理单位确认处置方式。

5. 屋面做法

(1)保护结构、施工安全措施。

保护结构安全:拆除时按顺序逐层有序拆除,严禁大锤击打,野蛮拆除。保证拆除的板、椽完好性。保护施工安全:由于屋面长期失修,木桁条、椽受雨水的侵蚀腐朽严重,应先目测木件是否腐朽,椽木腐朽拆除时需保护不让断裂的木料掉落,掉落的木头冲击其他构件或会导致二次损伤。

(2)屋面做法方案。现场勘测发现,屋面有三种不同尺寸、不同颜色、不同种类的瓦,分别是绿色陶瓦(160 mm×210 mm)、黄色琉璃瓦(150 mm×240 mm)、灰色陶瓦(150 mm×

210 mm),以灰色陶瓦为主。屋面望板上层全部铺有卷材防水,翟雅阁现在的屋面是经过全面维修过的,现在铺设的陶瓦质量差、易碎、吸水率大,存在质量隐患,而且铺设的手法也不是传统手法,应从工艺上、古建筑艺术特征上恢复原状(图6-14、图6-15)。

图6-14　屋面瓦(一)　　　　　　　　　　　　图6-15　屋面瓦(二)

（3）屋面施工大样图:修复屋脊安装方法大样图如图6-16、图6-17所示。

结合实际情况,考虑到混凝土和木材的伸缩率不一致,应加一层C15混凝土板,用拉筋植入屋脊桁进行加固,使得脊安装黏结材料与混凝土能黏结牢固,保证屋脊安装的安全性方案采用下列安装大样图。

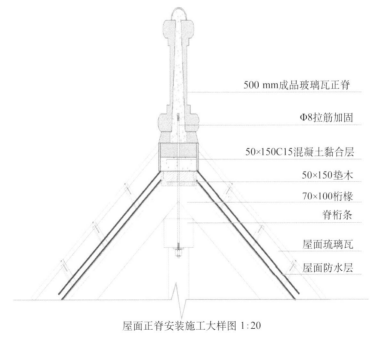

屋面正脊安装施工大样图 1:20

图6-16　修复后屋面脊做法大样

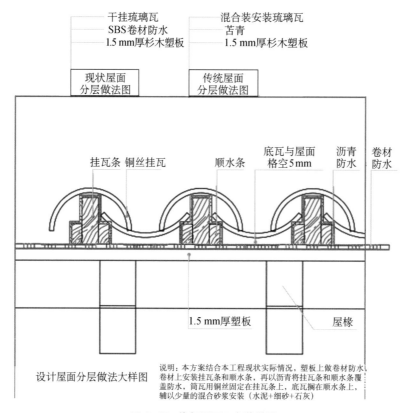

图 6-17　修复屋面瓦安装详图

6. 外立面清水墙面最小干预修复

1）清水砖墙表面垢痂清除

清除清水砖墙表面需清除生物沉积层、垢痂以及水泥粉刷层。

清除清水砖墙表面的垢痂可采用化学方法、物理方法或者二者结合的方式清除。

（1）化学方法：清除生物沉积层——受到绿色生物沉积层侵蚀的墙面，用生物酸性溶液刷在墙面作用 24 小时后再蘸水清洗，施工时不能破坏砖墙表面；清除垢痂——外立面的清水砖墙清洗作业自上而下进行，较清洁面用碳硅尼龙刷进行人工刷洗即可。中度污染作业面清洗时可在清水中加入活性酶，用碳硅尼龙刷进行人工刷洗。少部分污染严重部位采用高压水夹石英砂清洗以显露出清水砖墙面。

（2）物理方法：主要是纯水射流清洗、磨料水射流清洗、外墙水渍清洗以及清除水泥粉刷层。

纯水射流清洗：采用 4～8 MPa 水射流，可以清洗一般建筑物外墙，清洗效率高、成本低，对周围环境无污染，不损伤建筑物。

磨料水射流清洗：对于建筑物上的那些廊、檐、阴阳镂刻，凹凸成型的装饰花纹，使用 40 目石英砂混入 40 MPa 的磨料水射流清洗，可使表面污垢清除，并可保护饰面原样。

外墙水渍清洗:采用清洗剂加水射流的水基清洗方法。在建筑物表面预先刷上一层专用清洗剂,然后采用 4~6 MPa 中压水进行喷射去污垢,可以达到光亮、洁净、均匀的清洗效果,对周围环境无污染,不损伤建筑物。

清除水泥粉刷层:对清水墙表面后期增加水泥粉刷层应采用人工进行逐一凿除,人工凿除时使用铲刀斜向铲除墙面水泥粉刷,或采用扁平凿子,轻轻敲击墙面,应尽量不损伤原来的清水砖墙面。凿除时应对其周边的清水砖墙进行遮盖保护,确保不损坏周边原有完好的墙面。

2)原清水砖墙表面缺陷的修复

修复原清水砖墙表面缺陷,主要包括墙面风化缺损的修补、墙面残留孔的修复以及墙体裂缝压力灌浆修补。

(1)墙面风化缺损的修补:根据墙面不同的破损情况采用相似的材料和可靠的修复技术进行分类修补。

① 墙面风化深度小于 0.5 cm 的修补方法:风化深度小于 0.5 cm 的墙面原则上不进行修补,仅采用提高清水砖墙表面强度的增强措施,即对墙面采取物理或化学清洗法进行彻底清洗,再用优质砖石增强剂整体淋涂,并养护一周的时间。如果砖缝松动或起壳,应先剔除墙面起壳砖缝,然后采用专用勾缝材料对修复后的墙面进行勾缝,再采用无机色粉将砖缝进行平色处理。

② 墙面风化深度 0.5~2 cm 的修补方法:清洗→剔除清水砖墙表面风化层→剔除墙面起壳砖缝→清水砖墙墙面砖粉修补→勾缝剂勾缝→清水砖墙墙面平色→墙面砖缝平色→清水砖墙墙面(砖缝)做旧→墙面防水处理。

a. 清洗:墙面清洗前应进行污染状况调查,分析污染原因,对不同的污染物采取化学清洗法。化学清洗法是利用化学试剂对污垢进行溶解、分离、降解等化学反应,使外墙达到去垢、去污、脱脂等目的。

b. 剔除清水砖墙表面风化层和墙面起壳砖缝:对于墙面的风化、腐蚀、剥皮等酥松层清除,采用扁平凿子,轻轻敲击,尽量不破坏原来清水墙面。

c. 清水砖墙墙面砖粉修补:破损墙面采用近似砖粉加石材专用树脂胶搅拌成填充料进行修补。

d. 勾缝剂勾缝:修补后采用专用勾缝剂重新勾缝,如对砖缝的颜色有特殊要求,可以加专用优质颜料。

e. 清水砖墙墙面与砖缝平色:采用修复料修补后,采用无机色粉进行多层次拼色处理,使清水砖墙墙面的观感更加自然、协调。

f. 清水砖墙墙面(砖缝)做旧:为了使修补后的清水砖墙面的色泽与其他原来的墙面基本相似,墙面与砖缝平色后采用环保的专用化学试剂进行墙面(砖缝)做旧。

g. 墙面防水处理:为防止墙面受雨水侵蚀并增加墙面耐久性,防水层外面以无机渗透型结晶防水涂层整体淋涂。

③ 墙面破损深度超过 2 cm 的修补流程:清洗→挖除墙面破损砖块→重新补砌清水砖墙→勾缝剂勾缝→清水砖墙墙面平色→墙面砖缝平色→清水砖墙墙面(砖缝)做旧→墙面防水处理。

(2) 修补方法基本相同,其中挖除墙面破损砖块首先对破损墙面换砖剔砌,再采用同原砖墙颜色、尺寸相同的砖块进行修补。重新补砌清水砖墙是采用从老建筑上拆下的同原砖墙颜色、尺寸相同的砖块填砌。新补砌清水砖墙表面需平整,立面垂直,墙面的砖块大小一致;墙面灰缝须平直,形式与原砖墙基本一致。墙面防水处理是为了有效阻止墙面风化、腐蚀并且起到防水作用,墙面保护采用透气不透水的有机硅溶液,对墙面由下而上仔细浇淋 2～3 遍,以确保修复后的砖墙能够长时期保留历史原貌。

(3) 墙面残留孔的修复主要是对清水砖墙局部的空洞及缺损表面进行彻底清洗。采购与老建筑相同原砖面颜色、尺寸相同的红砖镶砌。水平灰缝与原墙体水平灰缝对齐,隔天可开始勾缝。用与原墙面砖缝相近的勾缝材料对修复后的墙面进行勾缝。最后采用清水砖墙表面缺陷的平色做旧方法进行同样的处理。

(4) 墙体裂缝压力灌浆修补是对清水砖墙局部少量的裂缝采用压力灌浆的办法进行补强加固。灌缝施工前,应检查墙体裂缝的走向、宽度、深度,并应编制施工方案。压力灌浆的浆液,宜选用掺悬浮剂的悬浮水泥浆。根据墙体裂缝宽度、浆液使用范围选定配比,水泥采用 325 普通硅酸盐水泥,砂粒径不大于 1.2 mm,采用的悬浮剂应符合环保要求。压力灌浆补强的施工顺序:标定灌浆孔→钻孔→做灌浆嘴→封堵裂缝→灌水→压力灌浆等。

(5) 其他工作。用碳硅刷清洁工作面,用云石锯片将断裂缝加宽至 5 mm,加深至 15 mm(增加胶着面积来提高牢固度)。用专用灌缝砂浆混合专用砖色色粉或砖粉对裂缝进行深层灌注。用相近的勾缝材料对修复后的墙面进行勾缝。对外墙面进行彻底清洗后,外涂无机渗透型结晶防水涂层,养护至标准状态。

3) 清水砖墙墙体防潮措施

主要采用化学注射方法修复墙体防潮层,采用化学清洗剂清洗和局部修补的施工技术来恢复其原貌。注意需通过深入试验分析和试验结果来判断采用的清洗剂,用最低强度的方式清洗;对破损清水砖墙的修复应根据其破损程度采取相应的修补措施,保留岁月在砖墙表面留下的陈旧的光泽,使其恢复原有清水砖墙的外观面貌。

修缮成果如图 6-18 所示。

图 6-18　清水砖墙修缮成果

6.2　城市历史建筑风险评估与预警案例

6.2.1　佛山城市历史建筑风险评估与预警案例分析

6.2.1.1　对佛山历史建筑进行风险评估的原因

佛山是地处经济发达地区的历史古城,城市的自然环境和社会经济文化环境都发生着急剧的变化,给佛山的历史文化遗产景观带来了很大风险,所以很有必要对佛山的历史建筑进行风险评估与预警,也对指导变化着的城市环境背景下的文化遗产景观保护具有重要的意义。城市文化遗产景观的风险性评估涉及的环境要素众多,结构复杂,适宜采用 GIS 技术。近年来,虽然国内学者开始将 GIS 应用于城市历史街区、历史文物管理等方面。可是,对城市文化遗产风险性评估仅有理论上的探讨,案例研究基本为空白。[2]

6.2.1.2　风险评估的实施内容

1. 建立评估模型

在此案例中,设计者从文化遗产景观所处背景环境和存在状况两个角度进行考虑,构建风险性评估层次体系,建立城市文化遗产风险评估指数。在评估体系中,首层为目标层,即城市文化遗产景观的风险性;第二层为综合层,主要包括环境风险、发展风险和遗产状况三个模块;第三层为要素层,包括了自然环境、环境质量、土地利用、人口密度、城市道路、遗产保存状况和市政设施等基本要素,表达各综合层的特点;第四层为因子层,因子层则是对部分因素层的进一步说明,如自然环境的河流因子,城市道路的主要道路、一般街道等因子。[5]

城市历史文化遗产景观的风险影响因素有很多,适合采用加权综合评估方法,以综合考虑各因子对遗产对象的影响程度,把各个具体指标的优劣势综合起来,并用数量化指标加以集中,表示整个评估对象的优劣,进行综合分析评价。案例中提出城市文化遗产风险性是由环境风险、发展风险、遗产状况三个模块构成的,并据此建立了综合评估模型,其公式为

$$CHRI' = \sum_{m=1}^{3} RI_m^i \cdot W_m \qquad (6-1)$$

$$\sum_{m=1}^{3} W_m = 1 \qquad (6-2)$$

式中　$CHRI'$——文化遗产景观 i 的风险综合评估值;

RI_m^i——对文化遗产景观 i 的 m 评估值,主要是环境风险、发展风险和遗产状况。地空间信息系统善于进行空间数据分析和管理,本案例中以综合评估模型为基础,利用 GIS 技术,通过要素层和因子层数据与城市文化遗产景观数据之间的缓冲、叠加和统计等空间分析功能,构建一个风险性评估分析模型,评估文化遗产景观风险性的动态变化特征。[6]

2. 风险评估过程

1）环境风险评估

很多自然因素会对历史建筑景观产生巨大威胁，大体上有自然地理环境和区域环境质量所产生的风险。不同的自然地理环境对历史景观带来的影响有所不同，佛山的自然环境要素主要以河流水域因子影响较显著。区域环境质量包括大气、水和土壤等环境因子，对佛山城市文化遗产影响显著的是大气污染和酸雨，由于二者具有相关性，环境质量主要采用大气污染指标来反映。

评估具体过程如下：

（1）将汾江、东平河等河流与内涌的水位缓冲区、文化遗产景观的缓冲区进行叠加，分析二者叠置的面积，并用下式评估风险程度：

$$R_{河流}^i = S_i \cdot R_{河流} \tag{6-3}$$

式中　$R_{河流}^i$ ——洪水对文化遗产景观 i 带来风险程度；

　　　S_i ——文化遗产景观 i 的缓冲区与河流水位缓冲区的叠置面积；

　　　$R_{河流}$ ——河流洪水（历史最高水位）对文化景观带来的环境风险程度系数。

（2）根据研究区环境影响的实际情况，建立文化遗产景观缓冲区，对缓冲区内的 SO_2，NO_x 和降尘的大气指标采用下式进行风险性评估：

$$RI_{大气}^j = \sum_{j=1}^n A_j^i \cdot R_j \tag{6-4}$$

式中　$RI_{大气}^j$ ——文化遗产景观 i 的区域环境状况带来风险程度；

　　　A_j^i ——文化遗产景观 i 的某大气污染指标 j 的年均值；

　　　R_j —— j 类污染物对文化景观带来的环境风险程度系数。

（3）文化遗产景观的环境风险加权综合评估公式为

$$RI_{环境}^j = RI_{大气}^j \cdot W_{大气} + RI_{河流}^j \cdot W_{河流} \tag{6-5}$$

式中，$W_{河流}$ 和 $W_{大气}$ 分别为河流、区域大气环境状况对城市文化遗产景观影响的权重。

2）发展风险评估

案例中指出，评估文化遗产景观发展风险的三个基本要素为对文化遗产景观影响比较大的城市土地利用、人口密度和城市道路。[7]

具体过程如下：

（1）建立文化遗产景观的缓冲区，并与城市土地利用数据进行叠加分析，计算出各土地利用图层落入缓冲区的面积，采用公式模型，算出文化遗产景观土地利用影响的风险程度：

$$RI_{土地}^i = \sum_{j=1}^n S_j^i \cdot R_j \tag{6-6}$$

式中　$RI^i_{土地}$——土地利用对文化遗产景观 i 带来风险的程度；

　　　S^i_j——文化遗产景观 i 的缓冲区与城市土地利用类型 j 的叠置面积；

　　　R_j——j 类土地对文化遗产景观带来的发展风险程度系数。采用专家咨询与层次分析法，选取了从事名城保护和规划、地理科学、旅游管理、文物保护和文化管理的 18 位专家和政府人员，进行佛山禅城区城市土地利用类型对文化遗产景观影响的风险程度评价。

（2）采用公式评估人口密度对文化景观风险程度影响，其公式为

$$RI^i_{人口} = \sum_{j=1}^n S^i_j \times R_j \tag{6-7}$$

式中　$RI^i_{人口}$——人口密度对文化遗产景观 i 带来的风险程度；

　　　S^i_j——文化遗产景观 i 位于 j 单元的缓冲区面积；

　　　R_j——j 单元人口密度对文化景观带来的风险程度系数，本案例中以街道作为基本单元。

（3）选取文化遗产景观周围的道路，建立道路缓冲区，并与文化遗产景观的缓冲区进行叠加分析，然后根据公式计算出文化遗产景观的道路影响的风险程度，[8] 其公式为

$$RI^i_{道路} = \sum_{j=1}^n S^i_j \times R_j \tag{6-8}$$

式中　$RI^i_{道路}$——城市道路对文化遗产景观 i 带来风险程度；

　　　S^i_j——文化遗产景观 i 的缓冲区与 j 类道路缓冲区的叠置面积；

　　　R_j——j 类道路对文化遗产景观带来的风险程度系数，j 选取高速公路、主要公路、主要街道、一般街和次要街道 5 类。

（4）对文化遗产景观发展风险的加权综合评估可用下式完成：[2]

$$RI^i_{发展} = RI^i_{土地} \times W_{土地} + RI^j_{人口} \times W_{人口} + RI^j_{道路} \times W_{道路} \tag{6-9}$$

3）遗产状况评估

遗产状况是通过对城市文化遗产景观的实地考察，并参照中国历史文化名村名镇的评价指标体系和佛山历史文化名城保护规划的基础资料对文化遗产景观的保存现状、市政设施情况进行定性评价，制定相应的评价标准，将文化遗产景观分为不合格、合格、中、良、优五个等级，并分别由高到低赋予不同的分值。[9] 按照公式对遗产状况进行评估：

$$RI^j_{状况} = RI^j_{保存} \times W_{保存} + RI^j_{设施} \times W_{设施} \tag{6-10}$$

式中　$RI^j_{状况}$——文化遗产景观 j 的遗产状况的评价值；

　　　$RI^j_{保存}$——对文化遗产景观 j 保存状况的评估；

　　　$RI^j_{设施}$——对文化遗产景观 j 市政设施状况的评估；

　　　$W_{保存}$，$W_{设施}$——保存状况和市政设施的权重。

6.2.1.3 风险评估的结果

通过对佛山的文化遗产景观建立风险评估模型,对佛山文化遗产景观分别做了环境风险性评估、发展环境风险性评估和遗产状况风险性评估,借此了解佛山文化遗产景观的风险近年的发展趋势和现状,认识到佛山各方面的发展和变迁对历史文化景观的影响,为佛山的文物保护工作提供了依据[10]。对佛山环境风险性、发展环境风险性和遗产状况风险性的评估结果如下所述。

1. 环境风险性评估结果

环境风险性由河流洪水风险和大气污染风险组成。在此案例中,由于选取的研究区域的河流分布、河流洪水对文化景观影响不大,风险系数很小,对于环境风险性变化贡献较大的就是大气环境风险。案例中采用 1994—2005 年风险评估值的变化值,即

$$RC_m = (RI_{05}^m - RI_{94}^m)/RI_{94}^m \tag{6-11}$$

式中,RC_m 为某文化遗产景观 m 指标的风险变化程度值。

佛山城市文化遗产景观大气环境 RC 值在老城区、石湾和澜石街道呈下降趋势,反映了近年来由于中心城区企业搬迁和功能转换,大气环境有所好转。城西张槎街道由于工业高度集中,大气环境 RC 值增幅较大,这说明此地区的文化遗产景观的大气环境风险性增强。大气污染风险是由 SO_2,NO_x,TSP 和降尘指标组成,采用了佛山市环保局环境监测站 1994 年和 2005 年的常规大气监测数据,并做污染指标的空间插值,在此基础上对这些大气污染指标的风险性进行评估,发现了各指标在 2005 年相对于 1994 年的不同变化。

2. 发展环境风险性评估结果

本案例中选取了半径为 20 m,100 m,500 m 的历史保护建筑发展环境,1994—2005 年由于土地利用、城市道路和人口密度的变化而带来的对佛山城市文化遗产景观的发展风险性进行评估。结果显示,佛山城市文化遗产景观的发展风险总体上有所增加,但是在部分地区的文化遗产景观的 RC 值会随着缓冲半径的变化而变化,例如祖庙、升平等地区。从评估结果中发现老城区的这些文化遗产景观邻近的环境背景变化不大,甚至风险性减少。而中、远距离的环境变化程度较大,对文化遗产景观的风险性影响增强。

研究表明,从 1994—2005 年佛山文化遗产景观土地利用、城市道路和人口密度风险性都有不同幅度的增大。

3. 遗产状况风险性评估结果

城市文化遗产景观的遗产状况风险性由遗产保存状况和市政设施状况风险组成。1994 年以来,本案例中研究的大部分城市文化遗产景观都基本上保存了下来,也有的被严重破坏,尽管部分景观内部经过一些改动,但建筑群、建筑单体、建筑组部基本保存完整,保持了一定的景观风貌完整性。随着佛山交通设施的发展,遗产景观的交通比较便利,有些文化遗产景观都安装了消防和上下水等基础设施,使遗产景观的市政设施风险性减小。

6.2.2　意大利文化遗产风险评估与预警案例分析

6.2.2.1　意大利文化遗产的背景

意大利历史悠久,文化遗产也相当丰厚。意大利文化遗产的一大特色就是多元化,在历史上意大利由欧罗巴人、尼格罗人等多民族组成,意大利的文化是由多民族共同创造的,这也造就了意大利文化遗产多姿多彩的艺术形式、底蕴丰厚的文化内涵和个性鲜明的地域特色。意大利的文化遗产主要集中在著名的历史街区、历史建筑群、大型考古遗址以及出自众多名家的手工艺美术品中。但由于历史上意大利战乱不断,许多小型的文化遗产甚至大型的文化遗产都保存在私人以及教会手中,分散的遗产收藏给文化遗产的保护和管理带来了很大的不便。因此,意大利建立了文化遗产风险评估系统,用于管理文化遗产保护过程中有关遗产降解退化因素的相关技术数据,能识别和量化文化遗产所遭受的风险,确定文物保护优先级,为相关科学研究和规划管理提供信息支持,也是意大利文化遗产保护政策的支持工具。

6.2.2.2　意大利文化遗产风险评估实施内容

1. 目标

意大利文化遗产风险评估系统基本原理是采集、优化和降低文物退化风险的各技术单元及其指标数据,以便确定最适宜的管理方法和修复方法,减少和避免其意外风险的发生。

1) 评估系统主要涉及的工作内容

(1) 由长期运营机构(机构的中央枢纽设立在中央修复研究所 ICR)管理国家文化遗产保护的全部信息。

(2) 对艺术品、遗址、考古地区的状况进行有效和及时的调查评估。

该系统在初级成型阶段,根据 1975 年的 Umbria 大区文化遗产保护规划的经验和手段,整理了壁画分布区域图、油画分布区域图、降尘污染颗粒物分布区域图、建筑和纪念物遗址分布图、考古区域分布等,并制定了 160 页的实施细则,已初具管理规模。该系统在 20 世纪 90 年代发展成为一个比较完善的、科学的系统体系,建立了长期的管理机构,用来管理意大利的文化遗产保护的全部信息。

2) 风险管理系统的管理内容和实质体现

(1) 了解文物特定的易损性以及区域危险性因素,确定需要进行的优先干预,制定文化遗产管理保护策略;

(2) 减少或清除构成风险的一个或多个因素,如危险性、易损性(减轻病变)、人为风险因素(人口、工业开发、城市规划……)等。[3]

2. 主环境研究内容

意大利文化遗产风险评估系统主要环境研究内容包括风险地图、最大危险负荷、监测、环境卡片、大气-环境危险性指数、理论计算及模式应用等部分。

系统利用多年研究探索积累的文物保护技术对文物进行监测,深入了解文物和环境之间的动态关系。此系统参考相关数据模型,采用科学的方法,连续监测艺术品构成材料光泽度减少状况法等,再加上使用敏感性良好、可恢复、低成本、易管理的设备仪器。对每一处保护遗迹,需根据组成材料的不同和制造工艺的差别区分建筑本体和表面构件。对各类损毁文物需严格调查并分门别类,采用百分数表示和标定危急程度。

3. 建立中央枢纽

中央枢纽是整个评估系统的数据库和操作中心,其核心是 GIS 程序数字地图系统。GIS 程序数字地图系统包含意大利文化遗产的地理分布及其国土环境的相关信息,管理全国考古遗迹的全部信息、与加速遗迹侵蚀有关的理化过程以及社会因素的相关数据。

GIS 程序数字地图系统第一阶段的工作就是建立一个全国性的数据库,在最详尽的报告基础上,记录包括公共和私人建筑在内的所有文化遗存。具体做法就是首先根据市政区划详细记录所有文物分布情况,制成数字地图,并将基本资料辑录成册。根据这些有效数字勾勒考古遗迹实际分布区域大致轮廓,按照分布密度的大小给予不同程度的关注。

在此基础上,再由一系列地区性的外围数据中心收集所属地域文化遗产保护状况的相关数据,并将收集到的数据传送到中央计算机数据中心,经计算机分类处理,与全国文化遗产及区域物理环境状况的数据地图更新叠加后,在建筑物的易损性和区域风险性之间建立相应关系。系统中涉及的相关数据来自官方统计和重要的科技文献,涵盖三种基本的风险类型,即静态风险、环境-大气风险和人为风险。

4. 分析案例风险类型

案例的每种风险是根据数据和指标权重进行计算的,城镇作为评估风险性的最小地域单位,文物作为评估风险性的最小单体单位。

(1) 静态风险。在静态风险系统中,使用官方信息资源对地震、山崩和地裂、洪水、雪崩、火山、海岸线变迁 6 种影响遗迹的静力学状态进行研究,并由此建立“静态结构风险评估”数据库。

(2) 环境-大气风险。收集与污染和气候有关的数据,用以对地区风化侵蚀现象进行有效分析,同时根据市政区划,建立起一个试验性全国“环境-大气风险评估”数据库。该系统在对所收集的数据进行处理后,导出分别与腐蚀指数、变黑指数和物理压力指数三种潜在的环境风险有关的三个无关联的指数。

此外,该系统收集了工业分布、机动车数量、供暖消耗、公路系统和大型工厂分布等信息,建立了一个石材风化模型,可使国内大气污染风险较高的地区实时处于“监测”状态。在此基础上,对不同环境的风险级别进行抽样调查,包括零级别(无污染)、海洋悬浮微粒含量低的情况、海洋悬浮微粒含量高的情况、污染物浓度高的市区。对石质文物表面进行大气污染影响调查。利用可移动观测站对污染物进行研究,对气候和微环境参数进行实时监测和研究。

这些分析结果可勾勒出风化情况分布的大体轮廓,并对侵蚀程度给予评估。对遗迹中试样本身的数据和环境数据的比较,有助于了解环境对文物的影响及环境与风化速度的关系,其最终目的是要明确环境对不同石材的"破坏程度"。

（3）人为风险。人为风险由人口密度来衡量,这项研究是通过采用官方信息资源对居民区、中心和集中建设区的城市密度、游客流量、艺术品参观者和文物失窃情况等因素进行综合分析来进行的,主要针对那些没有任何地区规划或文化财富使用规划的区域,并根据市政区划,建立了"人为风险评估"数据库。

5. 历史建筑风险防控工作程序

（1）识别和定位数据,根据目录文献中心编制的卡片,以相同结构为依据,对文化遗存进行归类。

（2）收集主要的历史信息,尤其是那些对文物保护最重要的信息。

（3）制定措施。

（4）完成12种建筑单元易损性数据的收集,包括地基、提升结构、横梁、屋顶、纵向接头、室内地面、室外地面、室内加工、室内装饰、室外装饰、涂层、室内外围墙及装置设施的易损性数据。

此过程对已损毁之处要根据危急程度和严重级别分别记录,分类整理。按两种类型整理这些数据。首先,从定性的角度研究6种损害,即结构性破坏、材料的风化、湿度、生物危害、表面层改变和部分缺失;其次,从定量的角度实现多达31种损害的鉴别,同时对所使用的材料和技术进行详细整理。

6. 文化古迹和考古遗迹工作程序

（1）识别和定位数据。

（2）收集主要的历史信息,尤其要注意那些对文物保护最重要的信息。

（3）制定措施。

（4）收集易损性数据,采用新编包含57种不同类型专有名词的词典对这些损害进行归类。

（5）形成制约和保护系统。

6.2.2.3　成功应用案例

通过意大利文化遗产风险评估系统有效的管理,以便对意大利建筑和考古遗迹进行科学保护、长期维护和及时修复,逐步形成一种有利于文化遗产保护得更加经济合理的观念。该系统可评估文化遗产保护中有利因素和不利因素,确定可供参照的环境参数"临界"值,减缓退化程度等,达到有计划地维护的目的。

（1）1994年,黑手党在佛罗伦萨制造的汽车爆炸事件,使乌菲奇画廊部分被炸毁,许多名画毁于一旦。

（2）1997年9月26日,意大利中部阿西西发生的地震使圣方济各教堂拱顶的无价壁画遭到毁灭性破坏。

（3）1998 年,意大利帕多瓦斯科洛维尼教堂内修复的乔托装饰壁画是神秘圣洁的艺术之作。

（4）2000 年,米兰感恩教堂修复的达·芬奇壁画开放。

（5）2002 年,意大利拉威纳 7 处世界文化遗产的综合治理和新的经济运行模式值得学习和借鉴。

（6）为了抢救在战争或自然灾害中被破坏的文物古迹和世界文化遗产,2004 年年底,联合国教育、科学及文化组织（United Nations Educational Scientific and Cultural Organization,UNESCO)宣布,有关方面决定成立一个快速反应小组——"文化蓝盔",在必要时采取民事或军事行动,为那些惨遭破坏的文物古迹或世界文化遗产"把脉"并提供诊疗方案。[3]

6.2.3　英格兰遗产风险评估与预警案例分析

6.2.3.1　英格兰遗产风险评估体系产生的原因

英格兰遗产风险评估体系的产生与英国遗产保护体系的发展是密不可分的。

遗产风险指那些使遗产濒临破败甚至消亡的风险因素,包括自然因素和人为因素,例如风蚀、缺少科学的维护等。对风险的评估则是要识别出这些风险因素。英国历史悠久,遗产众多,是世界文化遗产重要的一部分。英国政府十分重视英国文化遗产的保护,英国始终走在世界文化遗产保护理论和实践领域的前沿。在一百多年的世界文化遗产保护历程中,英国不断扩展文化遗产保护对象的类型,并评估其历史价值以及文化价值。然而,当面对众多需要采取保护措施的文化遗产时,如何能够对遗产保存状况存在的风险进行评估,进而实施科学的保护措施就显得极为迫切。

本案例从保护对象、立法体系和管理体制三个方面简述英国现有的遗产保护体系。在遗产保护对象方面,19 世纪中叶,有古建筑及古迹保护运动,1882 年,通过了英国最早的保护法案《古迹保护法》（Ancient Monuments Protection）确立保护史前遗址和古堡等古迹,20 世纪 60 年代提出了保护区的概念,完成了从对单体建筑的保护到对历史地段保护的漫长过程。在法律框架方面,英国也将保护组织的监督及参与立法都纳入立法与执法的程序中,英国在遗产保护领域实行的是中央统一集权的制度,形成中央和地方的两级管理体系。在管理体制方面,中央政府文化媒体与体育部负责全国保护法规和政策的制定,地方规划部门负责辖区内保护法规的落实及日常管理工作。

6.2.3.2　英格兰遗产风险评估体系的实施内容

1.英格兰遗产风险评估体系的演变进程

英格兰遗产风险评估体系的前身是 20 多年前的建筑风险调查,该调查在遗产保护进程中具有里程碑式的意义,开创性地建立了遗产的动态跟踪模式。英格兰遗产委员会进一步扩展了评估内容,将历史保护建筑以外的遗产类型纳入评估体系中。经过几年的准备,英格兰遗产委员会在 2008 年主导试行了遗产风险评估制度。制度建立的目的主要有三个方面:一是全面掌握英格兰的历史文化遗产状况;二是跟踪记录正在衰败的遗产;三是依照评估结果,根据轻重缓急,及时准确进行修缮资金分配并提供管理支持。遗产风险评估制度建立后,评估的对象从建筑拓展到历史公园、古战场等其他类型的历史文化遗产,针对不同类型遗产的特殊性,进一步增加和改进评估准则。[4]

在进入 21 世纪后,该体系与作为遗产保护重点的信息化建设进行了全面衔接和配合,利用英格兰遗产名录电子系统的数据优势,在已登记信息的基础上建立了遗产风险登记数据库,为地方政府、规划管理部门、民间保护组织、遗产产权所有者和普通民众建立了公开的信息平台,可以随时了解某个地区的保护状况、某个类型遗产面临的问题或某座建筑的保存现状等一系列相关信息。

2. 英格兰遗产风险评估体系评估对象

英国的遗产保护经历了从对少数重要的历史纪念性建筑物,到有特色的城市历史地区,最后发展到涵盖工业遗产、历史园林、历史战争地等细分类型的过程。遗产风险评估的对象涉及了英格兰 9 个地区的文化遗产的各个类别,以登录建筑、在册古迹、保护区为主,还包括宗教场所等具有特殊意义的其他遗产类别,共分为 7 大类。

3. 评估标准和程序

评估总体原则是依据遗产现状与遗产原来状态的差异,判别遗产所处风险的高低。在具体操作时从遗产属性出发,评判保存现状和延续性,分析可能存在的风险等不同因素,再通过综合的评估分析,最终划定风险等级。但是考虑到遗产类型的差异,从保护措施和管理的多样性出发,针对不同遗产采取差异化评估标准。例如考虑沉船遗迹的保存状况,对使用情况的评估就被剔除在该类型的评估标准外。

1) 保存现状

保存现状是对除地下遗址以外其他所有类别遗产整体情况最直观的评估因素。一般而言,根据保存状态差异,按照保存得好、一般、破败进行评估分类。但是对于在册古迹、历史公园等占地面积相对较大的遗产,对保存现状的评估会进一步细化,可以针对局部进行评分,例如某个广场大部分保存较好,但局部存在破坏。总体而言,评估标准和分类等级越多,显示出的问题也越具体和明确,越有利于向遗产所有者或管理者提供保护实施的具体指导措施,提高保护的针对性和效率。

2) 使用状况

特别针对登录建筑、宗教场所和保护区这类以建筑为实物载体的遗产,是否正在被使用直接影响到遗产的保存情况。比较棘手的是,虽然房屋空置毫无疑问是威胁遗产安全的重要因素,但是不恰当的使用也会造成不同程度的破坏。因此,针对建筑类的遗产要充分考量是否空置或仍在使用,或是部分建筑正在使用的级别,依此进行合理维护。对于评估显示存在风险的建筑,修缮措施需要考虑使用者的利益,例如居住建筑的修缮需考虑居住者对现代化生活设施的不断更新。[4]

3)保存趋势评估

针对在册古迹、历史公园和园林、古战场以及沉船遗址这些非建筑、遗迹型的遗产,还额外增加了对遗址的保存趋势进行评估。遗址的保存趋势划分为 4 个等级,包括改善、稳定、恶化和不可预见。此外,英国的保护区也有关于保存趋势的测评,评估的内容围绕保护区内的建筑和周边历史环境是否相比于原有状态发生了改变。简单地说,评估的重点是保护区的真实性。

4)遗产权属

为了便于后续工作的开展和相关事宜的协商,评估报告中还会标注遗产的权属和联系人及其联系方式。遗产权属问题关系到保护措施实施的协调难度,尤其当遗产涉及多个产权人时,报批程序、修缮工程、资金使用等问题都变得更加复杂。需要说明的是,可能由于责任明确、联系方便的原因,在报告中专门将负责调查的评估人员标注为相应联系人。对于保护区,联系人会填写当地规划管理负责人。包括公众在内的任何人如果有任何疑问都可以与遗产的联系人沟通。[11]

6.2.3.3 结果

英格兰遗产风险评估是近年在历史文化遗产保护与管理方面一次较为成功的探索,该制度通过对英格兰地区的各类文化遗产的保存状况进行全面、持续性的评估,为针对性保护措施制定和保护资源分配提供技术支撑。[12]遗产风险评估通过设定的评估程序实现对保护对象的量化评估,并结合大数据库建设提升保护管理的信息化水平,实现全国的遗产可持续跟踪和深度比较分析。从 2008 年发布第 1 份年度评估报告至今,英格兰遗产风险评估已经取得了显而易见的成绩,挽救了 700 多处岌岌可危的文化遗产。

下面是 7 类评估对象取得的成果。

1. 登录建筑

登录建筑是最早受保护的遗产,同时也是英国全部遗产资源中比重最大的类型。以 2013 年的遗产风险评估报告为例,与 1999 年的建筑风险调查相比,73％的建筑物得到了保护。与 2012 年相比,75 个建(构)筑物由于采取了有效的保护措施而没有出现在 2013 年的报告中,但相应地也新增了另外 72 个。

2. 保护区

英国划定保护区的历程已经超过 40 年并取得了显著的成效。[13]保护区是由地方规划管理部门负责管理的,具有特殊建筑艺术价值和历史意义的区域,可以是一个完整的城镇,也可以是一个广场或一组建筑。[14]从 2010—2013 年,127 个有风险的保护区的保存状况得到了明显的改善。[15]

3. 在册古迹

古迹主要是指那些一般没有具体用途、无人居住的历史遗产,如史前遗迹、古代建筑物等。2009—2013 年,708 处存在保护威胁的在册古迹得到了改善。[16]

4. 古战场遗迹

英国对历史遗留下来的战场的保护始于 1995 年,接近一半的在册古战场是 17 世纪中叶的南北战争时期遗留下来的。

5. 沉船遗址

目前,英格兰遗产委员会在不断搜寻更多值得保护的沉船遗址,扩大此类对象的保护内容。

6. 历史公园和园林

历史公园是一类特殊的文化景观遗产,英国对历史公园的遗产价值认知起源于 20 世纪中叶。到 20 世纪 80 年代提出将历史公园与园林纳入遗产登记制度并进行保护。

7. 宗教场所

英国目前有超过 14 500 个已登记的宗教场所。在 2013 年评估的 3 208 个宗教场所中,16.7% 被认为存在风险。根据英格兰遗产风险评估体系的分析确立了宗教场所的保护策略,认为宗教场所的保护问题更多地依赖于教会的力量。

6.2.4 上海吉安里沈宅、陆宅保护修缮工程风险分析

6.2.4.1 项目概况

1. 项目背景

本项目 2 幢区级文物保护点建筑名称分别为:沈宅和陆宅。位于上海黄浦区中山南路 600 号,是董家渡 11 号地块旧区改造项目中 3 号地块内沈宅、陆宅两幢区级文物保护点迁移加固保护修缮项目,沈宅、陆宅平移顶升工作目前已全部完成。2020 年 3 月 26 日获准平移,取得《建设工程规划许可证》后,沈宅于 2020 年 5 月 31 日平移顶升到位,陆宅于 2020 年 7 月 1 日平移顶升到位。项目修缮后沈宅属于商业及商业办公类公共建筑。陆宅首层为商业展示区,二三层为办公区(表 6-1)。

表 6-1   建筑基本信息表

项目	陆宅(陆伯鸿故居)——区级文物保护点建筑	沈宅(沈氏住宅)——区级文物保护点建筑
建造年代	20 世纪初	19 世纪 60 年代
建筑高度	12.70 m	12.19 m
建筑楼层	地上 3 层,有一部原有楼梯上至屋顶露台	地上 3 层,局部(辅楼)2 层

项目	陆宅（陆伯鸿故居）——区级文物保护点建筑	沈宅（沈氏住宅）——区级文物保护点建筑
建筑面积	732.08 m²（占地面积 242.52 m²）	1 445.02 m²（占地面积 696 m²）
结构形式	砖木结构，双坡屋顶，局部有屋顶露台，修缮后结构主体使用年限 30 年	砖木结构，修缮后结构主体使用年限 30 年
认定时间	2012 年被列入第三次全国文物普查登记不可移动文物，2017 年被公布为黄浦区文物保护点	2012 年被列入第三次全国文物普查登记不可移动文物，2017 年被公布为黄浦区文物保护点
留存情况	原陆宅建造有辅楼及南北楼，由南向北布局，如今留存的是状态良好的中西合璧的独立式住宅——北楼，其余已拆除	沈宅共建造有四进院落，由东向西布局，第一进和第二进已被拆除，现保留第三进、第四进和辅楼
前期已完成工作	整体保护性平移顶升	整体保护性平移顶升
重点保护部位	北立面、南立面、西立面 基本平面布局 内门扇、天花线脚、壁炉、楼梯等装饰	平移顶升后的南立面、东立面和西立面 主楼天井内立面 主楼、辅楼的基本平面布局 砖雕仪门，砖砌拱券，寿字形铸铁栏杆、线脚、楼梯等建筑构件
修缮后用途	首层为商业展示区、二三层为办公区	商业及商业办公，公共建筑
建筑耐火等级	四级	四级
屋面形式及防水等级	瓦屋面，Ⅱ级，防水耐用年限≥10 年	瓦屋面，Ⅱ级，防水耐用年限≥10 年

2. 建筑现状勘查基本信息概述

沈宅共建造有四进院落，由东向西布局，第一进和第二进已被拆除，现保留第三进、第四进和辅楼。陆宅辅楼、南楼质量较差，北楼保留状况相对较好。北楼是一栋中西合璧的独立式住宅，砖木混合结构，地上三层，双坡屋顶，局部有屋顶露台。

本工程位于吉安里地块，沈宅、陆宅架于已建的地下室顶板上，沈宅、陆宅下方为正要施工的地下工程。相比于原址的房屋状况，沈宅、陆宅在经过平移、顶升后，首层墙肢处新增钢筋混凝土托盘梁，内外墙新增了加固用的钢结构，内墙局部新增了混凝土加固面层。

陆宅、沈宅经过整体平移顶升，对内部重点保护构件产生了局部影响，施工前，需要对保护构件进行一次完整的摸排（部分保护构件已经完全缺失）。最后由设计、业主确认保护构件的具体修缮方式。施工前有发现图纸有矛盾或不明之处，及时与业主，设计方联系，经设计方确认后方可施工（例如屋面系统的具体做法需要重新勘查后由设计者确认）。

6.2.4.2　建筑现状风险点分析

1.沈宅现状风险点分析(表6-2)

表6-2　　　　　　　　　　　　　　　　沈宅外立面结构劣化汇总

房屋立面	楼层	劣化情况
东立面	一层	一层墙面多处因安装空调等设备造成的墙面孔洞;落水管处有明显的墙面受潮、发霉现象,且落水管在腰线处有明显的植物病害现象;中部北侧近地面处砖块风化较严重;三进与四进连接处墙体脱开
	二层	落水管处有明显的墙面受潮、发霉现象,且落水管在腰线处有明显的植物病害现象;三进、四进连接处墙体脱开
	三层	落水管处有明显的墙面受潮、发霉现象,且落水管在腰线处有明显的植物病害现象;南侧檐口植物病害严重
南立面	一层	外墙墙面转角西立面转角砖块缺失较严重;与东立面转角处有明显裂缝;外墙砖灰缝不饱满;中部正门门套上部有植物病害;中部靠西侧原空调支架造成墙面开洞
	二层	西侧原空调支架造成的墙面开洞;墙面中部局部有植物病害
	三层	西侧建筑檐口处植物病害较为严重
西立面	一层	顶部腰线处有明显受潮发霉现象;落水管处有明显的墙面受潮、发霉现象,且落水管在腰线处有明显的植物病害现象;钢结构加固对原结构墙及靠南侧窗台处造成破损
	二层	落水管处有明显的墙面受潮、发霉现象,且落水管在腰线处有明显的植物病害现象
	三层	墙面中部一处砖墙开洞;墙面南侧近窗洞处一处植物病害;檐口处少量植物病害
北立面	一层	中部砖墙局部表观轻度风化
	二层	西侧空斗墙面倾斜严重、表观轻度风化
	三层	有明显结构性劣化

归纳汇总

- 沈宅北立面空斗墙外凸情况严重。
- 各外立面均有不同程度的墙面砖墙风化现象。
- 外墙墙面局部区域有植物病害现象。
- 部分房屋外墙面因安装空调等设备造成墙面开孔洞,孔洞直径多为5~10 cm。设备孔洞不仅影响建筑美观,同时对防水及耐久性也不利。
- 三进、四进连接处墙体脱开

东立面墙面孔洞

东立面钢结构加固现状

东立面南侧顶部檐口植物病害

东立面落水管植物病害

东立面中部北侧砖墙风化

东立面中部现状

东立面三进、四进连接处脱开1

东立面三进、四进连接处脱开2

图6-19　沈宅外立面结构劣化现状示意图

现场勘查表明,房屋构造措施未存在明显严重性结构劣化,但室内外墙均已做过灌浆与钢结构加固,无法掌握墙体内准确情况。三层多数房间吊顶未拆除(或局部拆除),顶部屋架现状是否有劣化未知(表 6-3)。

表6-3　　　　　　　　　　　沈宅室内结构劣化汇总

楼层	房间编号	轴号	劣化情况
一层	2	(1/2—2/3)/(G—I)	东墙最南侧木柱干裂,且木柱向北侧明显倾斜
	9	(1/2—1/7)/(F—G)	南侧墙体自下而上可明显看出有轻微倾斜
	12	(2—4)/(E—F)	天井四面墙自下而上均与其他墙体有不同程度的脱开;北墙靠近东侧墙面砖墙风化
	13	(4—5)/(F—G)	楼梯间东侧墙体南北两处墙体交接处均有墙体脱开现象,脱开0.2～6 mm;东侧墙体三条竖向裂缝
	14	(5—6)/(F—G)	天井各墙体相接处均有轻微脱开现象;东墙窗框处两条竖向裂缝;东西墙墙面砖块均有不同程度的风化现象,且部分砖块已破损
	19	(4—5)/(C—D)	顶部木格栅绝对高程与同楼层其他房间绝对高程相差50 mm
	22	(3—6)/(B—C)	南侧砖柱均有不同程度的风化现象
	23	(1—3)/(A—B)	北侧墙体近东墙处墙体破损,多处砖块破损掉落
	25	(6—8)/(A—B)	门洞处红砖风化较严重、多处破损

	楼层	房间编号	轴号	劣化情况
	二层	34	(7/8)/(F—G)	北侧梁底钢筋锈蚀
		42	(1/2—)/(A—D)	东墙中部墙面开裂；顶板中部梁开裂
		43	(3—4)/(B—D)	底部木格栅局部受损，木楼板缺失
		南侧天井	(3—6)/(A—B)	扶手栏杆多处开裂、破损
	三层	50	(1—4)/(D—E)	底部木格栅局部受损，木楼板大面积缺失
		52	(3—4)/(C—D)	底部木格栅局部受损，木楼板缺失
		55	(3—5)/(B—C)	扶手栏杆多处开裂严重、破损严重
		56	(6—8)/(A—B)	西侧扶手栏杆破损严重，且有明显弯曲

三层52#房(3—4)/(C—D)底部木格板局部受损,木楼板缺失

三层56#房(6—8)/(A—B)西侧栏杆破损严重,且有明显弯曲 三层56#过道(3—5)/(B—C)扶手栏杆多处开裂严重、破损严重

图 6-20 沈宅室内结构劣化具体情况

从航拍图来看,整体屋面外貌相对完好,东西侧屋面塌陷严重,各檐口处有不同程度的瓦片脱落、植物病害等情况,尤其以南侧天井处的屋面破损最严重(图 6-21)。

图 6-21 沈宅航拍屋面劣化汇总

沈宅结构性劣化分析及建议

由于现场室内外均有钢结构加固,且各外墙内侧及部分内墙均已进行过灌浆加固,具体墙体劣化情况暂不明确,部分屋架结构劣化由于吊顶尚未拆除不明。19#房上部木格栅顶部绝对高程与同层其他房间绝对高程相差 50~70 mm,推测可能为顶部木格栅沉降(木格栅搁置砖墙的承载力受损等原因导致)、沈宅底部切除影响、平移工程造成的影响、平移工程前原房屋已有本现象等多种可能其一或多种情况同时作用导致,但具体原因无法通过目前状况推断。

整体房屋除屋架外,东西屋面均有塌陷现象。各室外墙体均有不同程度的风化、破损等现象,且现在内墙灌浆厚度不一,仅为临时加固,需要第三方检测单位对现有墙体的实际破损情况及承载力是否满足要求进行分析,并且需要上海先为土木工程有限公司方提供一份钢结构加固及现有临时的灌浆加固的拆除指导书。

2. 陆宅现状风险点分析（表6-4、图6-22）

表6-4   陆宅外立面结构劣化勘查汇总

房屋立面	楼层	劣化情况	
东立面	一层	墙面砖块局部有风化现象	
	二层	未见明显结构性劣化	
	三层	未见明显结构性劣化	
南立面	一层	墙面砖块局部有风化现象	**归纳汇总**
	二层	东侧墙面有因外挂设备等原因造成的孔洞	• 重点西立面，至少4处墙体外凸，墙体整体向西南倾斜。与北立面转角处疑似存在贯穿裂缝（现被角钢包边，无法确认）。
	三层	檐口破损，木望板近檐口处有局部破损；西侧有因外挂设备等原因造成的孔洞	• 各外立面均有不同程度的墙面砖墙风化现象。
西立面	一层	重点，至少4处墙体外凸，墙体整体向西南倾斜。与北立面转角处疑似存在贯穿裂缝（现被角钢包边，无法确认）	• 外墙墙面局部区域有植物病害现象。
	二层		• 部分房屋外墙面因安装空调等设备造成墙面开孔洞，孔洞直径多为5～10 cm。设备孔洞不仅影响建筑美观，同时对防水及耐久性也不利。
	三层		• 檐口处有不同程度破损，木望板近檐口处有局部区域破损。
北立面	一层	靠北侧有局部砖墙破损现象，且砖墙灰缝不饱和	
	二层	西侧墙面有因外挂设备等原因造成的孔洞	
	三层	檐口破损，木望板近檐口处有局部破损	

东立面现状   东立面砖墙现状   南立面现状   南立面二层孔洞

南立面三层孔洞   西立面现状   北立面现状   北立面钢结构加固现状

图6-22 陆宅外立面结构劣化现状示意图

现场勘查表明，房屋构造措施未存在明显严重性结构劣化，但室内外墙均已做过灌浆与钢结构加固，无法得知墙体内准确情况（表6-5、图6-23）。

表 6-5　　　　　　　　　　　　　　陆宅室内结构劣化汇总

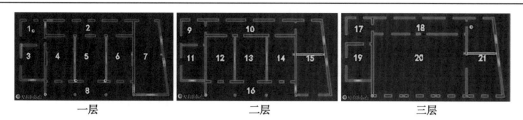

楼层	房间编号	轴号	劣化情况
一层	1	(1—2)/(1/C—E)	顶部木格栅北侧有明显下陷现象
	5	(3—4)/(C—D)	四周墙面顶部均有不同程度开裂
二层	10	(2—5)/(D—E)	过道同时使用了木地板与瓷砖,经过现场观察,现状为:瓷砖在木地板上方铺贴
三层	21	(5—7)/(A—E)	北侧靠近入室门处有明显的楼板下陷现象

一层 1#房(1—2)/
(1/C—E)现状图(地)

一层 1#房(1—2)/
(1/C—E)现状图(天)

一层 1#房(1—2)/
(1/C—E)现状图(西)

一层 1#房(1—2)/
(1/C—E)现状图(南)

一层 1#房(1—2)/
(1/C—E)现状图(东)

一层 1#房(1—2)/
(1/C—E)现状图(北)

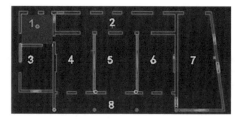

图 6-23　陆宅室内结构劣化具体情况

从航拍图来看整体屋面相对完好,但各檐口处有不同程度的瓦片脱落、植物病害等情况。屋面有少量挖破破损现象。

陆宅结构性劣化分析及建议

相较于沈宅,陆宅现状情况保存较为良好。

1#房顶部木格栅下陷,原因可能有很多种,推测可能为木格栅受损、支撑木格栅的砖墙受损、平移工程的影响等多种原因其一或多种原因同时影响导致。

21#房地面下陷现象为明显结构性劣化,疑似木格栅承载力下降(或破损)。

由于现场室内外均有钢结构加固,且各外墙内侧及部分内墙均已进行过灌浆加固,具体墙体劣化情况暂不明确,局部屋架结构劣化由于吊顶尚未拆除不明。

整体房屋除屋架外,各室外墙体均有少量风化、破损等现象,且现在内墙灌浆厚度不一,仅为临时加固,需要第三方检测单位对现有墙体的实际破损情况及承载力是否满足进行分析,并且需要上海先为土木工程有限公司方提供一份钢结构加固及现有临时的灌浆加固的拆除指南书(图 6-24)。

图 6-24　航拍陆宅屋面劣化汇总

6.2.4.3　托盘梁、槽钢拆除的风险分析及应对举措

1. 拆除原建筑平移用的托盘梁拆除的风险分析(表 6-6)

表 6-6　　　　　　　　　　　　　　　　托盘梁拆除

风险部位	沈宅、陆宅首层约+0.000 m 至+0.05 m 标高处的混凝土托盘梁
风险内容	托盘梁的拆除
风险分析	1. 托盘梁属于老宅平移顶升时的结构构件,平移顶升单位制作托盘梁时采用现浇混凝土工艺,导致原墙肢同托盘梁已连成整体,拆除托盘梁时会对原墙肢造成损坏。2. 由于托盘梁的存在,墙体加固钢筋无法直接锚入基础梁,上部墙体加固构件同基础不容易连接

2. 拆除原建筑平移用的原外墙、内墙加固用的槽钢拆除的风险分析（表 6-7）

表 6-7 槽钢加固

风险部位	原外墙、内墙加固用的槽钢
风险内容	槽钢拆除、换撑
风险分析	1. 按照设计，需要进行外墙内侧的钢筋混凝土加固，由于外墙槽钢的存在，导致墙体加固钢筋无法贯通，影响加固整体性。 2. 老宅经过平移顶升，原加固用的槽钢已经成为结构承重构件，拆除时墙体会有倒塌风险

3. 针对性措施

托盘梁在施工过程中已经与上部结构构成了一个完整的结构体系，是施工期间结构稳定的保障措施。拆除托盘梁应有科学可靠的施工工艺及施工流程，避免在托盘梁拆除过程中造成上部结构的二次损伤。

1）基本原则

在拆除前和拆除中必须采取有效措施，防止使保护建筑原有结构和重点保护部位受到影响或造成新的损坏。

在拆除前必须做到:先探测后拆除,先分离后拆除,先加固后拆除,先保护后拆除。在拆除过程中必须做到边拆除、边检查,边拆除、边加固,边拆除、边保护。

(1) 先探测、后拆除。先摸清一般性拆除部位与原建筑物的关系、构造连接节点,然后确定和使用适宜的拆除方法。

(2) 先分离、后拆除。对一些伸进原建筑结构内的混凝土构件等,应先用切割机将该构件先行切割断开,使其先与原建筑物分离,然后拆除应该拆除的部位,最后用手工凿除的方法清除伸进原建筑物的残存部分构件。

(3) 先加固、后拆除。对需要拆除的结构应进行必要的临时支撑或加固,以防止拆除过程中发生拆除构件坠落伤人或砸坏建筑保护部位等情况。

(4) 先保护、后拆除。对在拆除过程中可能会影响到保护部位的作业,应事先在保护部位设置围挡板保护、遮盖物等保护设施,以防止损坏、污染保护部位的情况发生。

2) 拆除方案

(1) 所有建筑内外的拆除工作,必须经设计单位现场交底后进行。

(2) 本项目在全面拆除前需对重点保护部位先进行保护。保护措施为:细木工板包裹内填防火毯。防止拆除过程中损坏原细部装饰。

(3) 拆除过程中不得破坏原有结构;原有设备拆除要注意保护,对易损设备先将其卸下专门存放保存。

(4) 拆除施工前对结构现有状态进行现场核实并记录,且必须具有可靠安全保障及结构实时监测措施,方可施工。严格遵循拆除范围的界定,不得超范围拆除。并做好与原结构的衔接,不得擅自截断与原结构相连的钢筋或其他钢构件。

(5) 拆除施工应采取必要的施工临时支撑,以保证保留构件的结构安全和稳定,不得损伤原结构,并对周围构件进行强度和稳定分析,必要时对保留构件进行加固。

(6) 为尽量减少对老建筑的影响,拆除施工不得采用重型机械作业,以免造成保留结构超载或受损。

(7) 拆除后的建筑垃圾应及时运出施工场地,严禁在拆除现场堆积或停留,防止楼面负荷过重。

(8) 根据业主要求,合理安排施工时间,以减少对周边的影响。

3) 拆除混凝土

(1) 拆除。采用链锯将托盘梁分解成较小的混凝土块体。

(2) 混凝土块体破碎。根据拆除时间,采用静力膨胀破碎工艺将混凝土分解。

4) 拆除流程

(1) 先拆除平面水平支撑。

(2) 拆除内部纵向自承重墙体梁。

（3）拆除内部横向承重支撑梁。

（4）待外部脚手架调整完成后，拆除外部支撑梁。

（5）拆除示意图如图 6-25—图 6-32 所示。

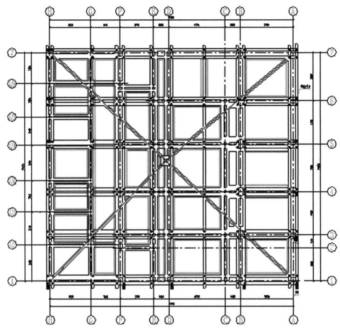

图 6-25　沈宅托盘梁拆除（第一步拆除内部支撑梁）

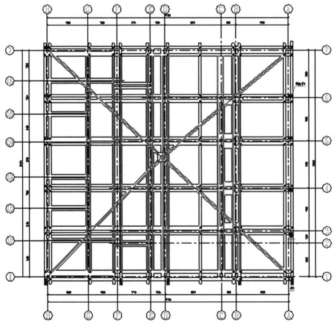

图 6-26　沈宅托盘梁拆除（第二步拆除纵向自承重墙体梁）

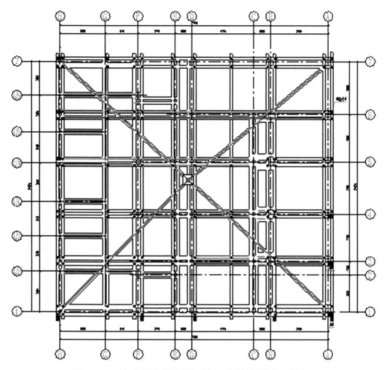

图 6-27　沈宅托盘梁拆除(第三步拆除横向支撑梁)

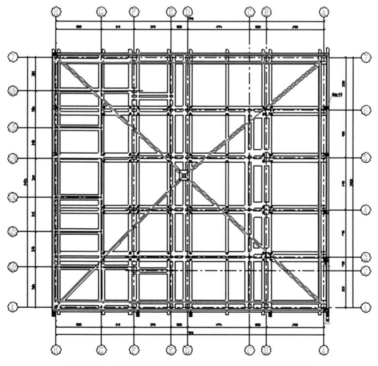

图 6-28　沈宅托盘梁拆除(第四步拆除外侧支撑梁)

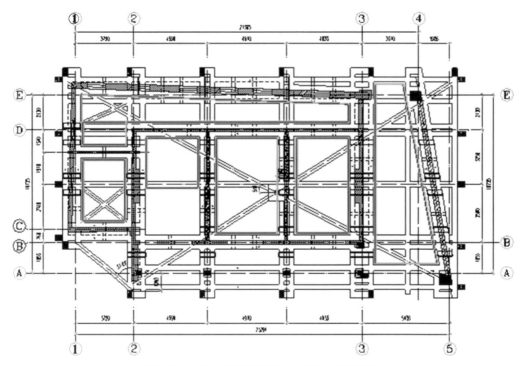

图 6-29 陆宅托盘梁拆除（第一步拆除内部支撑梁）

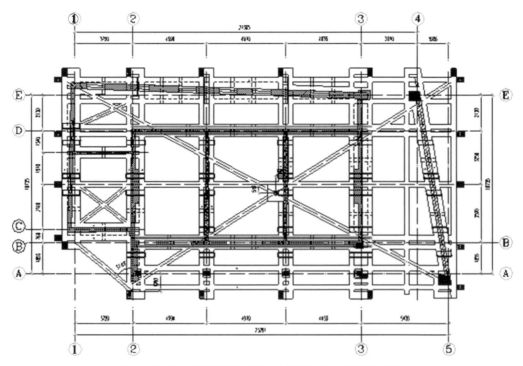

图 6-30 陆宅托盘梁拆除（第二步拆除纵向自承重墙体梁）

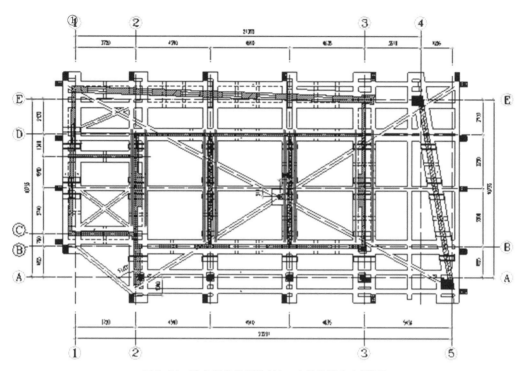

图 6-31　陆宅托盘梁拆除(第三步拆除横向支撑梁)

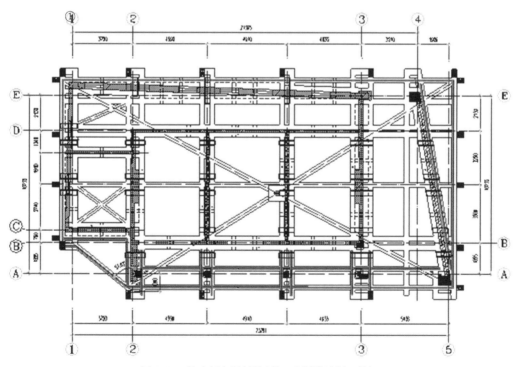

图 6-32　陆宅托盘梁拆除(第四步拆除外侧支撑梁)

6.2.4.4　BIM 技术在项目风险控制中的作用

本项目是以 BIM 应用为载体的历史保护建筑的信息化模型,提升项目质量,保留建筑的历史信息,建立本项目的新型档案保存方式和检索方式,具体如下:

（1）创建修缮设计 BIM 模型,将修缮设计意图和信息体现。

（2）现场扫描获得建筑点云模型,通过逆向建模方式,表达现有建筑状态。

（3）对建筑缺损部位、构件通过相关留存信息进行三维还原。

（4）对古建筑进行最大程度的建筑模型信息还原,协助施工进行建筑修复。

（5）修正修缮设计 BIM 模型,将修缮模型完整化,优化新增机电管线,避免机电管线对建筑再次产生不必要的损伤。

（6）创立修缮构件库,将修缮构件信息集成在本项目 BIM 模型中,为今后的古建筑的运维提供有价值的信息。

1. 工程项目流程

工程项目流程如图 6-33 所示。

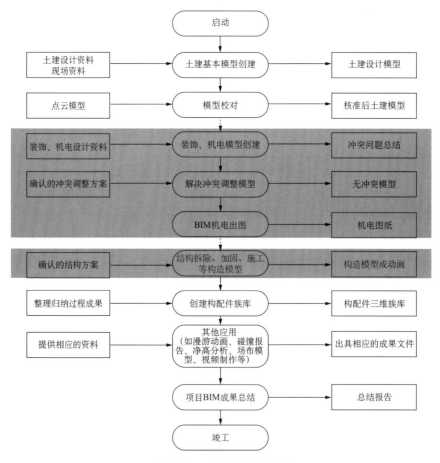

图 6-33　工程项目流程示意

2. BIM 实施方案

（1）制定本项目的 BIM 策划,根据项目特点和目标以及现实情况与要求,划分工作任务,确定模型深度,制订工作计划,确定成果形式与数据交换方式。

（2）BIM 工程师之间协同工作,实时同步了解对方的工作进度和模型状态,通过对模型权限的设置控制各自负责部分不被其他人员修改,做到问题追溯到人,及时发现问题并及时解决问题(图 6-34)。

图 6-34　BIM 工程师协同工作

（3）修缮设计模型分阶段进行,第一阶段:土建先行,先将修缮设计的土建部分创建 BIM 模型,并附带修缮信息。由于本项目为历史保护建筑的改造,结构构件年久失修,再加上后期改造过程中的平移旋转,结构和墙体均发生了一定的变形和损坏,根据建筑修缮前现状,将建筑现状作为建筑历史性信息集成在 BIM 模型中(图 6-35、图 6-36)。

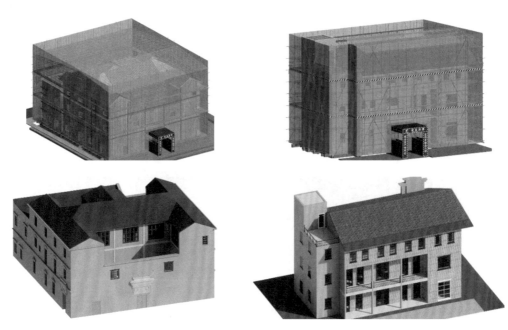

图 6-35　沈宅演变 BIM 模型　　　　图 6-36　陆宅演变 BIM 模型

　　（4）获取三维扫描点云模型，根据三维扫描点云模型与修缮设计模型做对比，形成差异说明，这种差异体现比现场人工检查更加全面可靠，不易造成遗漏。同时对修缮设计模型中空间位置进行修正，保证空间尺寸的有效控制（图 6-37）。

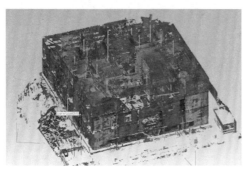

图 6-37　沈宅点云模型

（5）修缮设计模型第二阶段，机电模型，原建筑几乎没有机电设备，改造后需增加符合规范和使用要求的机电设备，对机电进行碰撞检查、管线综合和净高分析，使机电布置井然有序，保证使用高度（图 6-38、图 6-39）。

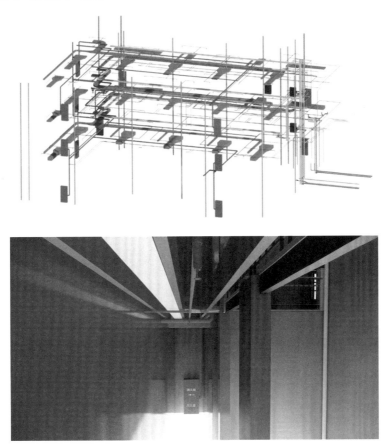

图 6-38　沈宅机电 BIM 模型

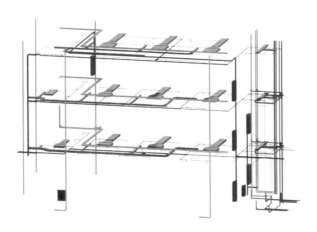

图 6-39　陆宅机电 BIM 模型

（6）修缮设计模型第三阶段,创建修缮模型和修缮构件库,将修缮构件数字化,体现修缮形式、状态、材料、供应商等信息都由修缮构件的 BIM 模型承载,查看模型即可获取相应的信息。并能够为今后本项目的运维和其他历史保护建筑的改造提供有价值的信息(图 6-40)。

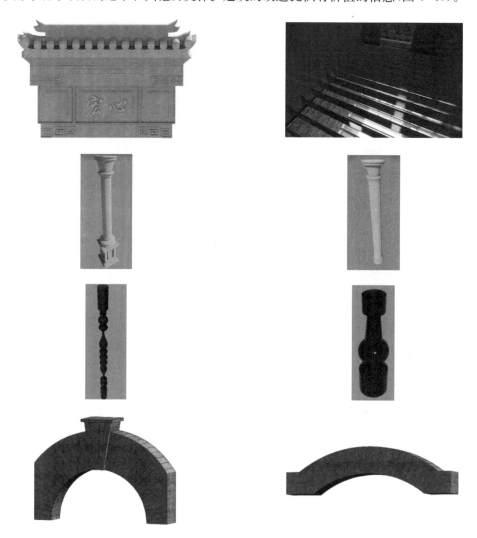

图 6-40　构件库

参考文献

［1］朱伟.基于层次分析法的基坑开挖对相邻历史建筑影响的风险评价[J].建筑施工,2016,38(7):860-862.

［2］李凡,符国强,齐志新.基于 GIS 的佛山城市文化遗产景观风险性的评估[J].地理科学,2008(3):431-438.

［3］詹长法.意大利文化遗产风险评估系统概览[J].东南文化,2009(2):109-114,129.

［4］胡敏,张帆.英格兰遗产风险评估制度及其启示[J].国际城市规划,2016,31(3):49-55.

［5］周萍,齐扬.国际文化遗产风险防范的发展与现状[J].中国文物科学研究,2015(4):79-84.

［6］王明明,文琴琴,张月超.基于风险管理理论的文化遗产地监测研究[J].文物保护与考古科学,2011,23(3):1-5.

［7］Vacher H. Extension planning and the historic city:Civic design strategies in the 1908-09 Copennhagen international competition [J].Planning Perspectives,2004,19:255-281.

［8］Noha N. Planning for urban heritage places:Reconciling conservation,tourism,and sustainable development [J]. Journal of Planning Literature,2003,17（4）:467-470.

［9］胡明星,董卫.基于GIS的镇江西津渡历史街区保护管理信息系统[J].规划师,2002,18（3）:71-73.

［10］陈述彭,黄翀.文化遗产保护与开发的思考[J].地理研究,2005,24(4):489-497.

［11］中英合作历史古城保护规划研究报告[R].中国城市规划设计研究院,1996.

［12］王林.中外历史文化遗产保护制度比较[J].城市规划,2000,24(8):49-51,61.

［13］张杰.英国保护区的发展与现状[J].北京规划建设,2000,(4):16-18.

［14］刘爱河,英国文化遗产保护成功经验借鉴与启示[J].中国文物科学研究,2012,(10):91-94.

［15］English Heritage. Heritage at Risk 2013/London[EB/OL]. England:（2013-10-10）［2014-3-25］. https:∥content.historicengland.org.uk/imagesbooks/publications/har-2013-local-summaries/har-2013-lo-summary.pdf/.

［16］English Heritage. National Summary of Heritage at Risk 2013[EB/OL]. England:（213-10-10）［2014-3-25］.https:∥content.historicengland.org.uk/images-books/publications/har-2013-national-summary/HAR-2013-national-summary.pdf/.

7　数字保护技术在风险管理体系中的应用及案例分析

7.1　圣三一基督教堂结构健康监测应用实践案例分析

7.1.1　工程概况

圣三一基督教堂位于上海市黄浦区江西路九江路口,是著名的英国建筑师斯科特爵士(Sir George Gilbert Scott)的建筑设计佳作之一,现为上海市文物保护单位一类优秀保护建筑。这座外观为砖墙加木屋架的英国哥特复兴式建筑,平面布局为传统的拉丁十字式,占地 3 500 m^2,主堂长约 47 m,宽约 18 m,高约 19 m,建筑面积约 2 240 m^2(图 7-1)。

图 7-1　圣三一基督教堂

7.1.2　保护建筑修缮的前期准备和调研

1. 遵循的法律法规

对优秀历史建筑的保护、利用和改造,可以按不同的保护等级、建筑类型、建筑年代、建筑风貌采用不同的保护方式。

根据法律法规的解读来定义文物历史建筑保护的范围和保护方式,在目前无疑是非常明确而又规范的途径。圣三一基督教堂建筑为上海市文物保护单位一类优秀保护建筑,所以,对于该类文物建筑项目进行施工,应受法律条件的约束和保护。

(1) 1931 年,雅典宪章第一次提出,将历史遗产真实地、完整地传下去是我们的职责。

(2) 1964 年,威尼斯宪章古迹的保护与修复必须求助于对研究和保护考古遗产有利的一切科学技术。

(3) 中国文物保护准则的宗旨是对文物古迹实行有效的保护。保护是指为保存文物古迹实物遗存及其历史环境进行的全部活动。保护的目的是真实、全面地保存并延续其历史信息及全部价值。保护的任务是通过技术和管理的措施,修缮自然力和人为造成的损伤,防止出现新的破坏。所有保护措施都必须不改变文物原状的原则。

(4) 1991 年,上海市颁布了优秀近代建筑保护管理办法,就优秀近代建筑的保护要求,分为以下四类:

一类保护建筑:不得变动建筑原有的外貌、结构体系、平面布局和内部装修。

二类保护建筑:不得变动建筑原有的外貌、结构体系、基本平面布局和有特色的室内装修;建筑内部其他部分允许做适当的变动。

三类保护建筑:不得改动建筑原有的外貌;建筑内部在保持原结构体系的前提下,允许做适当的变动。

四类保护建筑:在保持原有建筑整体性和风格特点的前提下,允许对建筑外部作局部适当的变动,允许对建筑内部做适当的变动。

因此,在各个级别下的保护建筑都应遵循相应的标准进行设计和修缮施工。

7.1.3　保护建筑修缮的前期准备

历史保护建筑修缮工作开始之前,应做好相关资料、数据等的收集。同新建建筑不同,历史建筑,特别是文物保护级的建筑,其设计图纸、相关资料等几乎没有留存,这就给修缮工作带来了相当大的难度。"先天不足",就要"后天补上"。在设计、施工前,要利用各种途径如网络、档案资料、历史文集、书籍图库查找相关的资料、图片,充分了解其相关的历史。实地考察,这是必不可少的工序。通过现场勘探,可以获得第一手的图片资料;亲临现场,实地测量,可以获得较为准确的数据资料。除此之外,还应进行建筑的检测工作,通过检测和分析,能掌握更加详细的有关建筑材料力学性能、结构强度等有关涉及建筑施工安全的信息。这些工作的实施,是为了能更好地开展今后的修缮恢复工作,也为将来若干年后的再次修缮留有足够多的数据和资料,为后人留下宝贵的财富和便利。

7.1.4　保护建筑的历史和现状

在历史保护建筑修缮中,对史料记载的掌握、历史价值的挖掘,对建筑历史各个发展阶段的层理进行合理正确分析研究,才能确定保护修缮正确、合理的方案。

圣三一基督教堂(图 7-1),亦称作"圣公会堂""红礼拜堂""大礼拜堂",是上海现存最老、最著名的教堂之一。1847 年,由老牌大鸦片商宝顺洋行的老板捐出位于今江西路九江路口的地产,建造了专供英国侨民礼拜用的教堂(圣三一基督教堂的前身)。于 1866 年破土动工,开工一年后因资金耗尽问题而停工。1868 年,重新恢复建造,并于 1869 年 8 月 1 日正式开放。教堂占地 3 500 m²,在 1893 年,于教堂东南角增建方形钟楼和连廊,后又增建了塔尖和门斗。1928 年,在教堂的北侧建造了四层的钢筋混凝土建筑,作为教区学校。1955 年,上海市政府拨款对其进行恢复原样的大修,1958 年至 1965 年 10 月,办公楼全部由医院使用,同时教堂成为上海市卫生局的门诊部,至1966年为止。1966年,钟楼尖顶被强行拆除,教堂成为上海市直属机关革命造反联络部卫生连队门诊部,1969年6月由黄浦区革命委员会接管。1977年11月,由于教堂年久失修,结合对教堂的大修,对教堂进行了加层改造,其中在教堂中厅部分的侧窗下采用混凝土梁和预制板插建了一层,天花用木吊顶覆盖,用作办公楼,将教堂的底层部分修缮为大礼堂,其中圣台修缮为舞台,在舞台前的左右延伸部分的两侧插建了侧光室,在教堂靠近门庭处插建了放映间,同时将地坪从舞台开始逐步加高,上设礼堂座位,教堂东首草地修缮为街心花园。1985年7月至1986年4月,对教堂的有关设备和装修重新施工。1986年在教堂的东侧建造了车棚和2层办公楼。1999年12月,其钟楼外墙多处风化损坏,外墙粉刷脱落,故再次进行了维修处理。

2004年,教堂被停止作为礼堂和办公室使用;2005年,圣三一堂开始作为基督教堂使用。

7.1.5 保护建筑的修缮、恢复

1. 修缮方式的解读

不同类型的建筑,有不同的保护目标,正确运用不同的技术方法,不仅是达到有效保护、展示优秀历史建筑潜在价值的手段,也是寻求充分发挥它可利用价值的有效方法。

修缮的关键是保存,即保护原来的建筑风格,保存原来的结构体系,保存原来的建筑材料,保存原来的工艺技术,保存建筑最有价值的部分。

要保护优秀历史建筑原先的、本来的、真实的原物,要保护它所遗存的全部历史信息,修缮工作要坚持"修旧如旧,以存其故"的原则,修缮是使建筑"延年益寿"而不是"返老还童",要用原来的材料、工艺,原式原样以求达到原汁原味,还原其历史本来面目。[1]

原真式修复是在尊重历史文献的基础上,在对旧的进行修补或添加时必须展现增补措施的明确可知性与增补物的时代性,以展现旧肌体的史料原真性,进而保护其具有的文化史料价值。

圣三一基督教堂建筑作为文物保护单位、优秀的近代保护建筑,其根本的修复理念或修复原则就是原真式的修复。从石柱、大理石、屋面、木制品的清洗、修复到彩色玻璃、十字架、钟楼的尖顶的恢复,都应该体现"恢复原建风格"的修缮理念和恢复基督教文化的内涵。

2. 保护建筑修缮过程中的施工技术

历史建筑保护良好的修复效果不能脱离技术和材料的应用。一部建筑历史的发展同时也是建筑技术和材料的发展史。技术创新、工艺改进是建筑装饰施工企业发展永恒的主题,而建筑修缮工程对新技术、新材料的应用提出了更高的要求。

首先确立材质分布在建筑物表面的机理、造型、尺寸及加工工艺方法特征,整理成文、拍照留档。本工程修缮施工,首先要求对建筑物各种材质机理污染和附加物进行剔除并清洗,并采用与之相近或相同的旧材料修补残缺与破损部位,使修复达到"缺失部分的修补必须达到与整体保持和谐"的效果,同时不破坏原有保留体。

圣三一基督教堂修缮修复工程范围包括,拆除教堂内外所有后期所增加的插层部位及搭建

部位结构部分,清洗教堂、钟楼建筑饰面部分,以及对钟楼大小尖顶、管风琴夹层、基础、墙身、石柱及木屋架、木门窗、彩色玻璃等部位等修复及加固等。

7.1.6 信息监测技术措施

圣三一基督教堂是上海市优秀近代建筑,保护级别为Ⅰ级,历经百年的使用,在自身影响和周边新建建筑等内外因素的作用下,教堂存在局部损坏和一定的不均匀沉降。为保证施工过程中教堂和钟楼的安全性,建立在结构分析基础上的施工安全监测是必不可少的重要环节。

结构施工监测的主要功能是实时监测和预报建筑结构的性能,及时发现和估计结构内部损伤的位置和程度,预测结构的性能变化。监测依靠网络技术,利用分布在建筑物各个部位的传感器,实时对建筑结构的变形、应力、温度等参数进行测量计算,及时反映整个建筑的"健康"状况并对可能发生的损伤进行识别。

1. 监测方案

1) 变形及应变监测

在修缮过程中,从结构安全的角度来看,插层楼板拆除时的荷载变化由临时支撑承担,对整体结构的影响不大;拆除插层混凝土梁和板时,部分屋面荷载会发生转移,对结构受力有一定影响。

质量检测报告指出,现有结构受力体系比较完整,因此不需要做大的改动。在进行具有一定风险的拆除工作时,首先应确定结构大体上是安全的,因为要复原的结构已经安全运转了130余年;其次,在拆除时要考虑临时支撑拆除会不会对结构产生大的影响。从这点上看不赞成对木屋架进行支撑,因为当工程完工后荷载从临时支撑转移到木屋架时风险更大。而且在施工期间,必然会有荷载不均匀变化的情况发生,这时最佳的方法就是对可能发生危险的部件进行应力-应变监测。

结构分析的结果是,拆除插层结构时受到影响最大的是两榀木屋架中间位置的屋顶檩条结构,其余部位受到的影响不大。根据这个结果,我们确定了教堂主体结构监测的主要方向和方法。

根据后加插层层结构的位置特点,我们将选取其中相邻的两榀木屋架及其中间的屋顶檩条所组成的结构作为主要监测对象。在这个结构片段中,主要进行两方面的监测,一是屋顶结构的变形,二是木拱脚上下的应变变化。前者是因为木屋顶已有百年历史,其弹性模量等参数已不可考,必须用变形来监控其变化;后者是因为木拱脚下是后来填浇的素混凝土,其承受的压力情况难以辨别,所以除了对木拱脚下的素混凝土进行直接应变监测外,还有必要对木拱脚上方的结构进行间接监测。在这个方案中,变形的监控难以做到实时监测,因此应变监测将成为主要的监控手段。

出于下列需要,必须在施工过程中对改造中的教堂的状态进行实时监测,预测其构件应力发展趋势,以指导合理的施工。

(1) 为永久结构和临时结构的施工过程提供安全保障。

(2) 控制永久结构线形变化。

(3) 保证结构内力处于合理的状态。

(4) 使结构在施工完成后,处于健康状态。

本工程监测的目标为木拱屋架的变形、插建楼层部位木拱脚上下的应变、教堂顶部中轴线的线形、钟楼的垂直度。

本方案采用的电子数据采集仪具有同时测量多个通道的功能,而且能够根据需要设定采集频率和存储数据,数据采集仪具有通用接口与电脑相连,可以同步将数据转移到电脑内进行运算处理。监测过程中如果建筑结构发生异变时计算机会发出预警报告。

根据结构分析结果,决定对木屋架在施工过程中的竖向变形进行监测,测点布置在位移较大的点(跨中木格栅上)及屋架上部和下部构件,共 21 个测点,如图 7-2 所示。

为了控制拆除加层时承重墙体的应力和变形,在混凝土梁的上部和下部设置应变测点,梁上应变测点放在扶壁柱上,梁下应变测点布置在梁垫上,如图 7-3 所示。

2. 沉降监测

根据检测报告的结果,教堂和钟楼存在不均匀沉降,教堂部分东西两端的沉降大于中部沉降,北侧沉降大于南侧。以 6 轴为界,教堂东部向东倾斜率约 4.1‰,西部向西倾斜率约 0.19‰,向北倾斜率约为 5.14‰。钟楼部分向北倾斜率较大,在 10‰~20‰ 之间,向西倾斜率在 3.45‰~5.10‰ 之间。需要加强施工过程中的沉降观测,以监测结构整体的变形。

在施工过程中应用沉降观测加强过程监控,指导合理的施工工序,预防在施工过程中出现不均匀沉降,及时反馈信息,为设计施工提供详尽的一手资料,避免因沉降原因造成主体结构的破坏或产生影响结构使用功能的裂缝。沉降观测对时间有严格的限制条件,特别是首次观测必须按时进行,否则沉降观测得不到原始数据,整个观测也不完整。其他各阶段的复测,根据工程进展情况必须定时进行,不得漏测或补测。只有这样,才能得到准确的沉降情况或规律。相邻的两次时间间隔为一个观测周期,本工程的沉降观测按一定的时间段为一观测周期(如:次/10 天)或按钟楼的加荷情况每升高一层为一观测周期。

1) 应变计

根据项目要求须长期进行测试,因此测试仪器的长期稳定性就成为最重要的性能指标之一。根据经验,采用电阻式应变计难以满足工程要求。

可选用的应变计包括弦式应变计和光纤应变计。弦式应变计属于传统的应变计,测量数据稳定,技术成熟,具有良好的精度和长期稳定性,但是抗电磁干扰能力差。光纤应变计属于新技术,具有良好的性能:体积小,重量轻;抗电磁场干扰能力强,即测量时不需要对电磁场屏蔽;耐老化,光纤本身的强度大、可靠性高,可以在恶劣的环境下工作,不受温度、湿度、盐度、酸碱度等物理化学因素的影响;被动式感应,低功耗;高精度,高灵敏度;带宽大,容量高。

图 7-2　变形监测点布置图

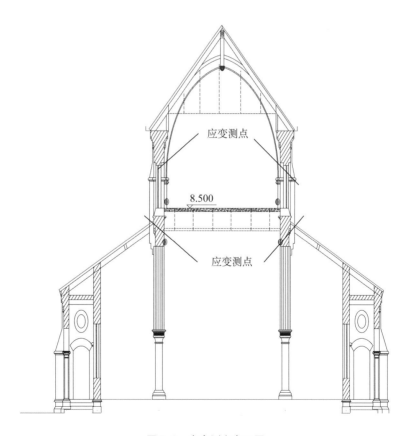

图 7-3　应变测点布置图

这两种应变计都能满足测试的需要,施工中可根据性能和价格综合比较选用其中的一种。

2)数据采集仪

本工程拟采用的数据采集仪将具有同时测量多个通道的功能,而且能够根据需要设定采集频率,并可存储数据。所采用的数据采集仪具有通用接口,能够与电脑相连,将数据转移到电脑内以便进一步处理。

3)变形测量和沉降观测仪器

变形测量和沉降观测仪器采用水准仪和全站仪,如图7-4所示。

图7-4 水准仪和全站仪

图7-5 三维激光扫描仪器

4)大空间三维激光扫描仪

三维激光扫描仪器如图7-5所示。

3. 三维扫描电子数据的建立

对于历史建筑,在修缮之初和最后还应该留下测绘记录档案,为日后的改造留下依据。以前我国都采用手绘的方法,费工费时;所幸随着技术的发展,一种全新的技术可以取代人力进行这项工作,那就是激光扫描三维成像技术。

三维激光扫描技术利用全站仪等仪器,连续对空间以一定取样密度进行扫描测量,可以对构成空间的界面进行空间定位。现有的激光测量技术精度极高,地球与月亮之间的距离也只有厘米级的误差,完全能够符合三维扫描的精度所需。在配合数码摄像设备的情况下,还能对观测对象上色渲染。

三维激光扫描技术获得的数据可以处理成三维模型,在电脑中可处理成三维动画。其数据完全符合实际情况,精度比手绘高出很多,而且蕴含的信息量也不是手绘图纸可以比拟的,虽然还有一些不尽人意之处,但是完成本工程测绘的要求却是不存在大的问题。现在同济大学在上海市和宜宾市已经有使用这种仪器的工程实例,当然也能满足本工程的观测要求。

4. 传感监控和安全预警

本工程选用的振弦式应变计和弦式应变数据采集仪器设备(图 7-6)抗干扰能力强、稳定性好、感应精确度高、同步监测预警信息分级明确。曾在多个重要结构荷载合成过程中得到成功应用,符合施工现场复杂环境测试的要求。

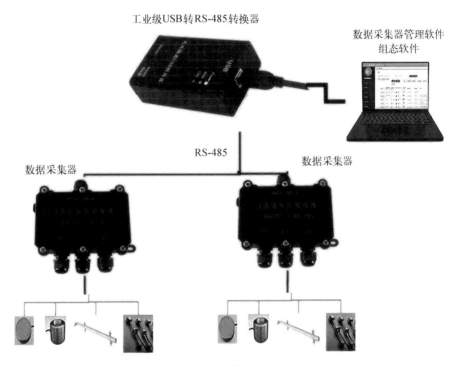

图 7-6 应变数据采集仪器

在切割插层梁板过程中,对拱肋屋架体系、立柱及墙体受力体系的应力变化情况进行实时监测,监测数据与结构安全等值线图自动对比,如果累积增量达到 5 MPa,将自动发出报警,停止现场施工作业,按预定应急方案采取有效措施保证结构的安全性。

旧建筑改造过程中,引入信息化监控设备和技术对结构改造的拆除、加固进行检测、预警、评估,是一种新方法和新技术,对智能化信息监控技术的应用在本建筑施工中主要体现以下几方面的作用。

(1) 结构工作状态的预警:它能通过结构上布置的有限传感器了解整个结构的实时工作状态,并实现自动报警。

（2）结构变形的自动记录:它能通过结构上布置的有限传感器自动诊断出结构可能损伤的发生位置和变形程度。

（3）结构实时安全的评定:它能依据结构的实时工作状态和结构的变形情况,实现对结构实时安全的评价。

在倡导建设节约型社会的当下,城市建设古旧建筑修缮改造工程也会越来越多,对于如圣三一基督教堂百年建筑此类复杂多变的保护性改造工程,如何紧紧依靠科学技术服务于保护工程的建设,以现代信息技术、现代控制技术、现代高新技术装备使文物历史建筑修缮项目逐步整合发展,探索历史文物应急反应关键技术,科学合理地提高历史文物修缮工程抵御各种工程灾变的能力,从而提高工程在突发性事故及工程灾害中的快速反应能力与抵御能力,这是一项非常有意义的技术革命。

7.2　河南路桥修缮数字化保护技术的应用案例分析

7.2.1　改造背景

2004年,上海第一次全面系统地制定了苏州河桥梁规划方案,《上海中心城跨苏州河桥梁的布局及景观研究》的新规划大纲不仅使苏州河上的桥在景观上更和谐统一,还将在交通功能上进一步拓展。桥梁的主要功能是交通,尤其像苏州河上的桥,横跨市区,连接南北,地位重要。经专家实地考察论证,苏州河在上海全长53 km的河段上共有31座桥梁,宛若天然的桥梁博物馆。但无论桥梁总数,还是单座桥上的车道数,都远远不能适应上海日益发展的交通需求。所以当下主要解决的问题是力求完善苏州河桥梁的交通功能。

苏州河上东段的桥梁,从外白渡桥到西藏路,大都已是百年身,即始建于20世纪初期。乍浦路桥、四川路桥、河南路桥和西藏路桥,基本呈典型的欧式风情,与两岸建筑风格十分协调。在新规划大纲中,今后东段的桥梁仍以保持原有风貌为主,"整旧如初";同时,规划新建的江西路桥、大田路桥、昌平路桥及拆老建新的福建路桥将"建新如旧"。乌镇路桥、新闸路桥、成都路桥、恒丰路桥、普济路桥、长寿路桥等6座桥梁,则强调交通功能,桥体外部线条简洁明快。计划中的此路段,还将新建安远路桥、新会路桥、规划路桥、东新路桥和白玉路桥。新规划大纲要求下列桥梁需要整治改建,如昌化路桥、江宁路桥、西康路桥、宝成路桥、武宁路桥、曹杨路桥、校园路桥、凯旋路桥、中山西路3号桥等。"因为受限于那个时代的经济政治因素,所以桥型结构较为简单,造价也相对低廉。"另外,根据《上海中心城跨苏州河桥梁的布局及景观研究》,东段乍浦路桥、四川路桥、河南路桥、西藏路桥的桥梁应以"整旧如初"的方式保持原有风貌为主。

河南路桥之所以要拆除重建,主要有两方面原因,一是为2010年世博园区而建设的轨道交通10号线,将从河南路桥下的苏州河底穿越,为了确保盾构安全穿越,老河南路桥虽然是混凝土桥梁,但它的下部却密密麻麻地打了500多根木桥桩,没有一丝空间,而轨道交通10号线走向,恰好就在老桥投影线以下,群桩导致轨道建设的盾构无法穿行老桥,拆除重建势在必行;二是河南路的拓宽,原有的老河南路桥一直承担着巨大的南北车流压力,只有两来两往四条车道,现有老桥已不能满足今后的通行需求。

河南路桥地处外滩历史文化风貌区和苏州河滨河景观区内,其拆除重建受到众多的专家学者及市民、媒体等各方的关注。苏州河上众多风格各异的桥梁,是苏州河沿线的特色景观,也是历史文化风貌区内的重要组成部分。

如何使河南路桥的再生风格与周边的历史建筑风貌相协调,又能够满足市政交通的功能需求,是各方共同重视的课题。

7.2.2 河南路桥历史

苏州河河南路桥始建于 1875 年,距今已有 131 年的历史。河南路桥原本只是一座木桥,原来的木桥名为"三摆渡桥",它还有个别名为"铁大桥",因为附近曾有一条通往吴淞口的铁路。那是中国第一条铁路,1874 年,由一批英国商人瞒着清政府"悄悄"铺设,虽然使用了不足三年就被清政府"收归国有"并随即拆毁,市民却仍然把由老路基改成的道路(今河南北路)称为"铁马路",把这座桥也称为"铁大桥"。1884 年,桥的北堍建了一座"天后宫",于是河南路桥有了一个更漂亮的名字——"天妃桥",也称为"天后宫桥"。

河南路桥后来由工部局改建成的混凝土悬臂挂孔桥,中孔跨度达 37.64 m,高度 5.6 m,可以通行 100 吨的驳船,桥面限载 15 吨,极限可载重 60 吨。1946 年,上海工务局在此桥上铺设了混凝土路面,1996 年河南路桥还经过了大修,换上了钢梁。

7.2.3 保护原则构思

由于市政轨道 10 号线的开发而将在河南路桥原址拆除重建,新桥比原桥升高 1.6 m,原宽 18.2 m 改为 29 m,桥长 64.65 m 变为 111.5 m,原三孔桥变为五孔桥……对于这样一座处于苏州河外滩风景区、极具艺术特色的老桥在重建过程中,更应注意与风貌区的协调并保留原桥风格,包括将原桥建筑构件整体移植重组,恢复原桥装饰美学的风格体系。就河南路桥再建风格重生的策划思路是:"将老桥转换成另一段生命的开始",其主要措施是将桥眉上 32 朵直径 400 cm、造型各异的混凝土雕塑莲花,四个 3 000 cm 高、1 000 cm 宽的带有绶带莲花纹样的混凝土桥座,以及 6+1 个宫灯组成的四组灯杆、灯座,在保护方案中考虑实行数字化复制和整体切割,部分原物镶嵌在新桥上可以近距离观赏的适当位置,留存文字铭牌,以延续老桥的艺术生命。四组灯杆和灯座作为城市发展的见证物被整体送入市政博物馆留存展示。所以,将历史古迹结合现代规划,使将消失的古迹重获重生,也因其风貌被注入了新的理念而得到升华。

7.2.4 重点保护对象分析

历史建筑保护主要是保护其有特色的建筑构件和装饰构件,在本工程中作为构筑物的桥梁建筑,河南路桥是典型的欧式风格桥梁,桥体线型优美流畅,桥身细部刻画丰富,桥梁整体与该段苏州河两岸的建筑风格十分协调。如何保留河南路桥的历史元素,是这次重建的重要工作内容。

由于河南路桥是一座未被列属为保护范畴内的百年历史老桥,因而此次保护方案将参照上海近代历史建筑两类保护建筑的条例,以"再生外观历史风貌,保留桥梁特色装饰"为标准,以期达到"整旧如初、建新复原"的效果。在新建桥外观效果中,重点考虑保留原有桥梁的外观风格和历史风貌特色。将原桥梁具有特色的装饰构件应用到新建桥梁上,目的在于更多地保存原有的历史信息;采用整体切割的方式,将原桥梁花饰、灯柱等标志性外观构件重新安置在新建桥梁上;其余线条采用三维激光扫描技术,与新建桥梁同比例放大复制,使新桥的风格与老桥基本保持一致。

7.2.5　河南路桥风貌的再生理念

苏州河上众多风格各异的桥梁,是苏州河沿线的特色景观,也是历史文化风貌区内的重要组成部分。城市的发展,市政的改造,是经济发展的必然趋势。如何使这些桥梁在现今的条件下,获得保留和再生呢?事实上,政府主管部门、投资方、管理方及设计施工方早已改变了过去那种简单拆除重建的概念,在保存河南路桥的艺术特征和风貌的过程中,建设者们引用国际文化遗产保护"再生"的理念,使其达到历史与现代共存、风貌和功能并举的效果。河南路桥的造型延续和艺术装饰再生将是国际再生理念应用的典型案例。

再生(rehabilitation)一词有更新修护的意义,可包含"保留""保存""保护""修复""修缮""替换""增建"等理念,因此"历史性建筑"不同使用的修护、复建,会有不同的再生手法。(引自国际古迹保护与修复宪章《威尼斯宪章》)

7.2.6　河南路桥具有文化特征的现有构件调查原则

根据上海市政府关于《历史文化风貌区和优秀历史建筑保护条例》的规定,河南路桥装饰再生修复计划都应接受保护专业知识的评估,同时对构造物特征和历史价值元素的有效性进行论证。修复的过程乃是一项高度专业性的工作,河南路桥再生的每个步骤都要遵循国际、国内和地方相关法规条例,避免在装饰再生过程中造成文化价值的损失。

7.2.7　河南路桥重生技术

1. 三维立体激光扫描测量

国外三维立体激光扫描仪在历史建筑保护方面的应用已经有4~5年的时间,上海的一些科研院校也正在考虑这项技术研究的应用。2019年12月6日凌晨1:00—6:00(河南路桥交通流量处于最少的时间),上海市建筑装饰工程有限公司相关技术人员对河南路桥实施了上海第一个真正意义上的三维工程扫描,真实的路桥三维数据扫描信息在没有遮挡施工前得到了保存。为后期对原始桥的 CAD 图纸合成、矢量考证、虚拟图像编辑、数字工程等方面的应用,留下了宝贵的数据资料(图 7-7)。

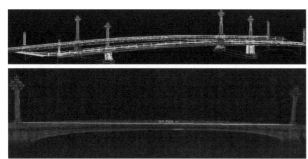

图 7-7　河南路桥三维图

2. 原装饰浮雕构件拓模技术

原河南路桥两侧精美的莲花状花瓣和彩带球状花饰代表了桥的年代和环境文化,是桥的灵魂。必须采用精确、安全、环保的拓模技术,以保证其桥梁的建筑艺术和风貌特征的再生。

绿色环保 BRC-205♯系列模具胶是目前国际上采用较多、较安全可靠的专用材料,可直接刷、涂、喷(注:喷涂时成模更快,适用于大型模具成型制作),具有成模块,耐腐蚀,耐老化,拉力强,不变形,收缩率小,抗冻,不粘模,无须脱模剂、固化剂等优点,广泛应用于古建筑复杂浮雕拓模、环境雕塑、欧式饰件制模及文物复制等领域。

3. 特征构件整体切割和整体复原

部分保留现有河南路桥具有经典艺术和历史价值的装饰构件,采用整体切割和整体复原安装,是实现"再生"该工程重要的技术手段。采用切割面光滑、不扰动保留体、噪音小、无污染的链式切割技术,能够确保特征构件的施工安全。整体复原前的特征构件,在经过切割、打包、异地仓储、清洗修复、整体加固后,通过锚栓焊接的方式重新整体安装在新建桥体上,以展示旧姿新颜。

4. 花饰构件拓模和 GRC 复制

大多数的文化遗产会随着时间的改变而改变。某些能够适时显现出建筑物时代风貌的变迁特征,必须被保留与保存。

历史性建筑物反映当时设计者的意图和建筑设计的高水平。重生时必须尊重当时构思的文化艺术价值,对匠心的尊重与新价值的创造,也是新旧元素的融合,使历史性建筑的艺术的价值得到升华。

5. 原貌构件分解与恢复

《雅典宪章》第 7 条描述:修复工作可以使用现代技术与材料,关于保存对象物宜考虑其原来之形态、材料、技法等,所以要了解其保存价值,其范围或要素等均有了解的必要,可能更新部分与应保留的要素宜以简单明了的方式表示出来,对以后的保全或再改修均有帮助。

6. 装饰构件抗震式背栓连接、二次灌浆浇筑

装饰构件抗震式背栓连接方法:连接锚栓采用锥体锚杆,外设有抗震缓冲装置,并带有定位柱体带抗震垫,具有抗震无应力的能力,可以起到缓冲车辆行驶桥梁振动的作用。

二次浇筑安装的方法:采用 H 系列无收缩灌浆料,H 系列无收缩灌浆料是一种以水泥为胶结材料、配以复合外加剂和特制骨料,现场加水搅拌后即可使用,具有无收缩、大流动性、高强特性的专用灌浆料。

桥梁一次浇筑结构部分预埋拉结筋,二次浇筑线条构件采用玻璃钢模,H 系列无收缩灌浆料一次成型。

7. 仿清水混凝土涂装技术

涂装底漆,底漆主要是对基层进行平滑处理,提高涂料的附着能力并封闭基层,防止水泥泛碱现象。

水性硅胶泥整体修饰批嵌,解决了结构混凝土局部漏浆、蜂窝、麻面、模板接口、装饰,构件安装公差等瑕疵。

水性 ACRYL60 着色剂是全面体现混凝土纹理、色泽、防水保护的关键中间涂层。

水性氟碳系列面漆是体现清水混凝土原色及质感重要的透明保护面层漆。面漆采用无气喷枪喷涂,可以保证大面的颜色均匀一致,确保清水混凝土装饰质量。

涂装后效果:整体涂装后桥的清水混凝土模板机理清晰,新旧构件浑然一体,整体色调与周边老建筑环境相吻合。

7.3 贵州安顺古城历史文化街区保护修缮项目风险应对措施分析

7.3.1 项目概况

安顺古城(普定卫城)是明初"调北征南"军事活动中贵州境内修建的第一座卫所城市,安顺古城历史文化街区(以下简称古城街区)是安顺古城中的重要片区,是贵州明代古城建设历史的重要遗迹。古城街区是安顺历史上传统商贸发达的实物见证,是安顺人古城集体记忆的重要载体,其情感价值和社会价值突出。

1. 实施的价值和意义

本项目的实施是古城充分发挥历史文化价值的必要途径。

本项目的实施有助于传承历史文脉,维护古城风貌。

本项目的建设是提升城市形象的需要。

2. 保护的重点

为加强古城街区的保护、整治与管理,继承安顺历史文化名城的优秀历史文化遗产,促进古

城街区可持续发展,对安顺古城内重点保护街区内各级文物保护单位、历史建筑、历史街巷进行整体修缮(图 7-8)。

古城街区位于安顺古城的东北隅,南至中华东路,北至金匮街以北 50～100 m,东至虹山湖路,西至中华北路,总面积 35.57 hm²。

古城街区有全国重点文物保护单位 3 处:安顺文庙、安顺武庙、王若飞故居;市级文物保护单位 2 处:安顺市学宫、谷氏旧居;安顺市级文物保护单位 6 处:清泰庵、戴明贤宅、帅灿章宅、安顺总管庙、炮台街清真寺、安顺基督堂等。

3. 项目保护范围总平图(图 7-8)

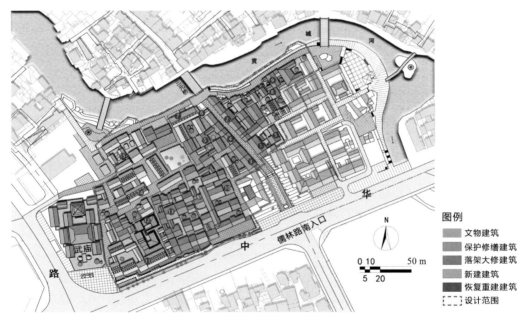

图 7-8 项目保护范围总平图

7.3.2 项目的风险应对举措

1. 对建筑保护和整治进行分类

对古城街区内的建筑物、构筑物,实施分类保护与整治,分为保护类、修缮类、改善类、保留类、整治改造类、拆除重建类、拆除不建类等 7 类,规划分别确定提出相应的保护与整治措施。

第 1 条 保护类

1) 保护类建筑措施的适用对象:包括安顺文庙、武庙等 11 处文物保护单位。

2) 文物保护单位应按照《中华人民共和国文物保护法》的要求,实施原址保护,不得改变文物的原状。

3) 依法编制专门的文物保护规划,作为文物保护、修缮、保护范围划定、工程设施建设、环境整治等工作的依据。

4) 加强对文物本体的修缮和日常保养,修缮工作宜做到保存原形制、原结构、原材料、原工艺和原环境,加强文物周边环境的治理。

5) 抢救性修缮安顺总管庙、谷氏旧居等保存状况较差的文物保护单位。

6) 赋予文物保护单位适当的使用功能。使用时必须遵守不改变文物原状的原则,保护建筑物及附属文物的安全,并突出展示文物的价值。

第2条 修缮类

1) 修缮类建筑措施的适用对象:包括儒林路(原科学路)20号等151栋历史建筑。

2) 划定96处历史建筑的保护范围,范围内包括151栋的历史建筑单体。以历史建筑所在的规划调整后的院落边界作为历史建筑的保护范围,没有院落边界或者院落边界较大的情况,单独划定历史建筑本体作为保护范围。历史建筑保护范围内的其他建筑应与历史建筑在风貌上协调。

3) 历史建筑应建立保护档案,明确建筑历史价值、保护内容、保护要求和责任主体,并设置保护标志。历史建筑应原址保护,不得迁移。

4) 历史建筑应按照《历史文化名城名镇名村保护条例》中关于历史建筑的保护要求进行维护和修缮,保持原有的高度、体量、外观形象、色彩、结构和室内有价值的部件,拆除不协调添加物和改变建筑立面的装饰物。在不改变原有结构和外立面的前提下,内部可增加适应现代生活的设施。

5) 对梅家祠堂等历史建筑进行抢救性修缮,维修破损的屋顶、门窗等部件,维护建筑墙面,加固建筑结构,拆除院内不合理加建,恢复院落原有格局。

6) 对张家祠堂等保存质量较差的历史建筑,依托现存建筑石柱、石墙等既有构件,在充分挖掘历史资料和考古调查的基础上,进行科学修复,恢复建筑形体和院落格局。

7) 加强历史建筑的日常维修和合理利用。历史建筑可利用为博物馆、展示馆、传统手工艺作坊、艺术家工作室、商铺、茶馆、餐馆、旅馆等,展示安顺的民居建筑特色、儒家文化、民俗文化、传统商贸文化和其他优秀传统文化。

第3条 改善类

1) 改善类建筑措施的适用对象:包括街区内未列入保护级别的传统风貌建筑,主要为明清和民国时期建设的木、石、砖建筑。

2) 传统风貌建筑应保持和修缮外观风貌特征,包括外立面形式、材质、色彩等,特别注重保护具有保护价值的细部构件或建筑装饰。在此前提下,加固建筑结构,提高安全性,改善和更新内部设施,适应现代的生活方式和利用功能。

3) 对于继续作为住宅使用的传统风貌建筑,在不改变建筑外观风貌的前提下,内部可增设厨房、卫生间等生活设施,并引入上下水、电力电信、燃气等必要的基础设施,满足居民基本生活使用的需要。

4) 对于作为民宿、餐馆等商业功能的传统风貌建筑,除改善生活设施、保证结构安全性外,应加强建筑构件的防火措施,有条件的情况下应增加楼梯等疏散通道,当疏散条件无法满足时,应限制使用人数。

5)　传统风貌建筑应加强日常维修,并结合自身特点进行利用,鼓励引入办公、文化、商业、娱乐康体、社区服务等多种功能。

第4条　保留类

1)　保留类建筑措施的适用对象:包括外观与传统风貌相协调且有时代特征的现代建筑,如粮库的粮仓建筑、北街社区卫生服务站等。

2)　保留类建筑应保护有特色的外观风貌,根据功能需要改善内部设施和室内环境条件。

3)　粮库粮仓建筑应注重保护体现粮仓储藏功能的通风口、架空木地板,大跨度的木桁架、歇山屋顶以及大面积的实墙等建筑特征。在保护和延续这些建筑特征的基础上,应进行结构加固,允许为了改善室内的采光和通风,增加天窗、墙上适当位置开窗,其中墙面的开窗面积宜控制在实墙总面积的40%以下。

4)　对于保留类建筑应加强日常维护,并引入合理的功能,加强利用,可保留原功能,也可作为办公用房、展览室、民俗文化馆、商业店铺、餐馆、客栈等。

第5条　整治改造类

1)　整治改造类建筑措施的适用对象:主要包括无时代特征的风貌协调现代建筑。对于整治改造类建筑,规划根据其所处位置、对街区历史风貌的影响程度,分别提出立面整治、整治改造、更新等措施。

2)　立面整治:在高度、体量等方面与古城街区历史风貌协调,但建筑立面、屋顶形式、建筑色彩等方面,与历史环境不协调的情况,应对其立面进行整治,采取改变立面色彩、门窗样式、添加坡屋顶等改造措施,使之与街区的历史风貌相协调。

3)　整治改造:对于符合街区高度和建筑形式控制要求,但质量较差、有严重安全问题的建筑;虽然结构安全性较好但不符合街区高度控制要求的建筑;破坏了院落格局的建筑,应进行建筑形体的整治改造。改造时可采用现代材料和技术,但建筑外观形式、色彩等应与古城街区历史风貌相协调;对于不符合街区高度控制要求但结构安全性较好的建筑,可采取降层等改造措施,降层后的建筑除满足街区建筑高度控制要求外,还应不影响邻近的文物保护单位、历史建筑的周边环境。

4)　更新措施:对于核心保护范围内的无时代特征的风貌协调现代建筑,可以根据街区风貌保护和功能发展的需要,在满足街区风貌控制的前提下,进行逐步更新建设。对于建设控制地带内的无时代特征的风貌协调现代建筑,在满足街区风貌保护要求的前提下,可以进行整体更新。

第6条　拆除重建类

1)　拆除重建类建筑措施的适用对象:与风貌不协调的现代建筑,如多层现代住宅,应逐步进行拆除重建;位于建设控制地带内的与风貌协调但无时代特征的现代建筑,为便于城市功能的发展,避免城市机理的破碎,部分建筑规划为拆除重建类。

2）重建后的建筑在高度、外观形式、色彩等方面应与历史风貌相协调,恢复街区院落—街巷空间机理特征,并根据街区功能调整要求,引入有利于街区保护的停车、文化创意等各类功能。

第7条　拆除不建类

1）拆除不建类建筑措施的适用对象:规划为道路、公共绿地、广场、社会停车场等用地功能,需要拆除的风貌不协调现代建筑、无时代特征的风貌协调现代建筑;因街巷宽度调整或广场建设拆除的个别的传统风貌建筑;因上述用途拆除的核心保护范围外沿文庙巷零星分布且无院落格局的传统风貌建筑;因安顺市一中扩建而拆除的核心保护范围外沿金匮街以北的传统风貌建筑;因恢复文物保护单位的文物环境,拆除的风貌不协调现代建筑。

2）拆除后腾退的空间,应予以合理利用,如增加公共开敞空间、公共通道、街巷绿化和小品、院落绿化、停车设施等,改善街区公共环境、院落环境和地块内部交通可达性。

3）拆除后的空间,应与周围的建筑界面形成积极空间。

2. 对火灾风险采取应对举措

措施一　疏散通道设置

1）规划古城街区内黉学坝路等2条道路为城市级消防通道,应满足常规消防设施通行要求;规划儒林路等街巷为街区级消防通道,满足小型消防设施快速通行出警的需要(图7-9)。

图 7-9　疏散通道及消防设施设置图

2）对文物保护单位(耐火等级为四级)周边不满足《建筑设计防火规范(GB 50016—2014)》的予以整改或拆除,留出足够防火安全间距,拆除后的用地应优先建设绿地,满足消防隔离要求。

措施二　消防设施设置

1）古城街区消防原则为:预防为主、防消结合。规划在古城街区中心区域布置微型消防站1座,配备小型消防车辆以及手持式消防设备,方便及时进入街区快速扑灭火情。组建社区级消防志愿协管队,与消防支队共同制定消防协调预案,增大保护环节。

2）消防给水系统为生活和消防合用系统,统一由古城街区供水管网供水,管道与道路同步配套建设并成环状布置,古城街区消防按同一时间内发生一次火灾,建筑室外消火栓设计流量不小于 25 L/s 计,消火栓供水管道最小管径不小于 DN150,以满足消防用水的需求。贯城河作为辅助消防水源。

3）室外消火栓采用低压制消火栓,沿道路两侧布置,并尽量靠近道路交叉口,消火栓间距80 m,重点保护建筑等区域可适当加密布置。为节约地下空间、保持古城街区景观风貌,可缩小消火栓井的横向尺寸,井盖形式可与街巷道路铺装相协调,同时满足检修条件。

4）在古城街区院落内,可设置水池、水缸、沙池、灭火器、手提式水泵及消火栓箱等小型、简易消防设施及装备。

措施三　建筑阻燃防火材料的应用

古城街区内的文物保护单位、历史建筑和其他木结构建筑的修缮、维修和改善工作应尽量使用符合保护要求、耐火等级高的建筑材料,或对木构件进行防火处理。本项目由于其木石结构的特殊性,应用了一种实用新型专利技术——古建管线隐藏板墙结构[2]。

该实用新型包括:板墙边框,板墙边框包括相互贴合的内扇边框和外扇边框;外扇,外扇与外扇边框固定连接,外扇的木挡上开设有若干半圆形的第一槽口;内扇,内扇与内扇边框活动连接,内扇的木挡上开设有若干半圆形的第二槽口,每一第二槽口均与一第一槽口相正对。本实用新型采用管线隐藏的技术,既达到了方便管线、插座、开关的安装、检修和更换,也达到了管线的隐藏、美观的效果,同时也解决了防火、防潮、防老化等一系列安全隐患。在人、财、物方面也得到了相应保护(图 7-10—图 7-12)。

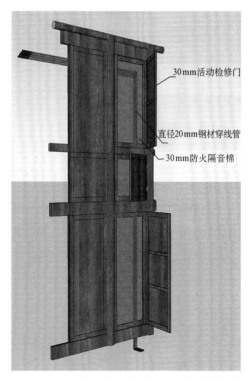

30mm活动检修门

直径20mm钢材穿线管

30mm防火隔音棉

图 7-10　一种古建管线隐藏板墙结构示意图(1)

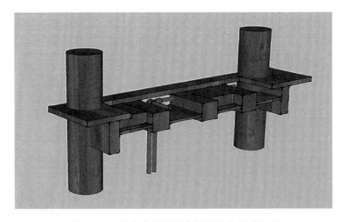

图 7-11 一种古建管线隐藏板墙结构示意图(2)

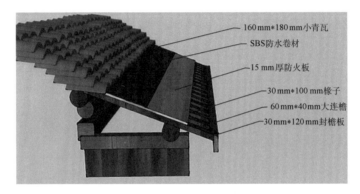

图 7-12 屋面阻燃板使用示意图

参考文献

[1] 陈林,季学雷.保护优秀的历史建筑[J].江苏建筑,2007(3):1-4.

[2] 刘明云,刘颖,侯光耀.一种古建管线隐藏板墙结构:CN201821205891.4[P].2019-04-02.

名词索引

被动应急管理　39

本体风险　45,47

财产损失保险　119

财务型风险防控　111

城市历史建筑　3,7,11,13,18,28,32,35,36,38,41,42,44,51,58,67,81,85,86,90,111,113,116,119,121,122,133,136,145

城市历史建筑风险防控管理体系　28,33,36,38,42

大数据　35,38,39,66,111,162

地理信息系统　38,39,108

风貌区　7,11,13,21,22,36,111,190

风险　13,28,29,31—33,35—45,47,50,51,54,55,57,58,63,64,66,67,73,78,81,85,86,90,92,97,102,111,113,116,119,121,122,133,136,145,146,148—150,152,162,176,190,194

风险防控管理体系　28,32,33,36,38—42,66

风险管理　3,13,26,28,29,31—33,35—44,51,58,63,64,66,67,73,78,111,113,119,121,122,150,176

风险控制　28,36,38,42,64,67,85,90,111,113,176

风险控制策略　28,40

风险评估　28,29,31,32,35,38—40,42,51,54,57,58,63,66,73,86,92,145,146,148—150,152,176

风险评估矩阵图　55

风险评级标准　54

风险评价　86,111,176

风险识别　28,38—45,63,67,92,119

风险预防　32,63

风险预警　33,38,58

拱券　133,162

技术风险　133

监测数据处理平台　111

建筑信息模型　38,39,108

经济补偿　113,119

巨灾风险　45,47,122

可保性　121,122

历史保护建筑　22,50,58,81,92,111,113,119,133,136,145,149,162,176,190

历史建筑　3,7,11,13,18,21,22,24,26,28,29,31—33,35—45,47,50,51,54,55,57,58,63,64,66,67,73,78,81,85,86,90,92,97,102,108,111,113,116,119,121,122,133,136,145,146,150,152,176,190,194

历史建筑修缮　13,22,24,26,37,47,50,78,85,190

历史文化风貌区　11,18,21,22,24,26,47,81,85,190

历史文化名城名镇名村　7,11,22,26,194

流程图分析法　45

木格栅　162,176,190

木拱脚　190

人工智能　38

三维激光扫描仪　108,190

三维扫描点云　176

事故树分析法　45

数字保护技术　176

损失储备基金　113

文化街区　13,108,145,190

文化遗产　3,11,13,26,28,29,31,32,35,38,
　40－42,51,57,58,63,66,67,73,78,92,108,111,
　113,116,145,146,148－150,152,162,176,190

文物古迹　3,11,31,63,66,111,152,190

文物建筑　3,7,11,18,22,78,81,111,145,176

物联网　35,38,39,90,92,97,102,111

现场调查法　45

遗产风险评估　152,162,176

云计算　38,39

责任保险　119,133

整体移位　133

政府专项资金计划　37

专项监测系统　111